湖北苔藓植物图志

上卷

总顾问◎朱瑞良

主　编◎郑　敏　刘胜祥

长江出版传媒　湖北科学技术出版社

图书在版编目（CIP）数据

湖北苔藓植物图志. 上卷 / 郑敏，刘胜祥主编. —武汉：湖北科学技术出版社, 2023.12

ISBN 978-7-5706-2946-6

Ⅰ. ①湖… Ⅱ. ①郑… ②刘… Ⅲ. ①苔藓植物－植物志－湖北－图集 Ⅳ. ① Q949.35-64

中国国家版本馆 CIP 数据核字（2023）第 204839 号

策划编辑：赵襄玲　兰季平　　　　　　　　　　　　　　　　　　责任校对：陈横宇
责任编辑：许　可　王承晨　　　　　　　　　　　　　　　　　　封面设计：曾雅明

出版发行：湖北科学技术出版社
地　　址：武汉市雄楚大街 268 号（湖北出版文化城 B 座 13—14 层）
电　　话：027-87679468　　　　　　　　　　　　　　　　　　邮　编：430070

印　　刷：湖北金港彩印有限公司　　　　　　　　　　　　　　　邮　编：430040

880×1230　　　　1/16　　　　　　　　　　　　　18.75 印张　　　500 千字
2023 年 12 月第 1 版　　　　　　　　　　　　　　　　　2023 年 12 月第 1 次印刷
定　　价：300.00 元

《湖北苔藓植物图志(上卷)》

编 委 会

总顾问：朱瑞良

主　编：郑　敏　刘胜祥

副主编：童善刚　郭　磊

编　委：(按姓氏笔画排列)

马俊改	马晓英	王　敏	王小琴	王克华	韦玉梅
方元平	田春元	龙健军	冯　超	刘　苏	刘　亮
刘永英	刘胜祥	衣艳君	严雨阳	李晓艳	杨　阳
吴　林	吴玉环	何　钰	张　力	陈　妞	陈桂英
邵小明	郑　敏	郑桂灵	项　俊	赵东平	胡　蝶
晏　启	郭　磊	郭水良	涂俊超	姬　星	黄文专
黄国红	曹　同	彭　丹	程丹丹	童　芳	童善刚
谢峰淋	熊　妁	熊源新	戴　月	魏年鹏	

野外采集：

黄大钱	田春元	刘胜祥	黎维平	杨福生	许凯杨
龙健军	彭　丹	程丹丹	张炎华	王克华	秦　伟
王小琴	马俊改	郑桂灵	陈桂英	王长力	陈　妞
赵文浪	黄　娟	喻　融	郑飞翔	李俊莉	刘双喜
余小菁	潘小玉	吴展波	郑　炜	李　俊	项　俊
方元平	董洪进	李世升	胡晓星	付　俊	姜益泉
郑　敏	吴　林	姚发兴	杨志平	胡章喜	李粉霞
贾　渝	余夏君	洪　柳	范　苗	姜炎彬	林文静
房雪飞	尹芷瑶	王　琴	王胤璇	陈　露	陈　丽
许佳妮	奉玉欣	胡小龙	尹　恒	孙广芳	李　芳
张永锋					

照片拍摄：

童善刚　陈怡冰　张文瑄　王鹏飞　赖明昊　敖连柏
牟　锐　孙培东　方辰辰　靳文翠　郑琳琳　何　钰
杨婧媛　李晓艳　龙建军　李佳慧　严雨阳　陈　丽
陈　露　许佳妮

照片处理与组图：

涂俊超　魏年鹏　黄国红　王鹏飞　林文静　房雪飞
陈瑞佳　郑琳琳　胡小龙

标本鉴定专家：

吴鹏程　研究员，中国科学院植物研究所
汪楣芝　高级实验师，中国科学院植物研究所
曹　同　教授，上海师范大学
朱瑞良　教授，华东师范大学
郑　敏　副教授，中国地质大学(武汉)
张　力　研究员，中国科学院仙湖植物园
刘永英　教授，焦作师范高等专科学校
吴玉环　教授，杭州师范大学
赵东平　副教授，内蒙古大学
衣艳君　教授，青岛农业大学
郭水良　教授，上海师范大学
熊源新　教授，贵州大学
邵小明　教授，中国农业大学
沙　伟　教授，齐齐哈尔大学
张梅娟　讲师，齐齐哈尔大学
冯　超　副教授，内蒙古农业大学
韦玉梅　研究员，广西植物研究所
黄文专　博士，华东师范大学
田春元　教授，湖北工程学院
马晓英　博士，贵州师范大学

前言

    在湖北，以一个自然地理单元进行苔藓植物的采集与研究，始于1978年神农架中美联合考察队吴鹏程研究员等人对神农架林区苔藓植物的研究。1998年，湖北省自然科学基金项目——湖北省苔藓植物资源研究，拉开了湖北全省采集苔藓植物的序幕。而同年，湖北苔藓植物研究中心成立，标志着湖北苔藓植物志的编辑工作的开始。在这以后，华中师范大学刘胜祥团队，湖北工程学院田春元团队，黄冈师范学院项俊、方元平团队，中国地质大学（武汉）郑敏团队，湖北民族大学吴林团队，华中农业大学姜炎彬团队，湖北师范大学姚发兴团队，武汉市伊美净科技发展有限公司植物技术员，对湖北全境的苔藓植物进行了大量采集与研究工作。同时国内苔藓同行也对湖北苔藓植物采集和研究贡献较大，2005年8—9月，贵州大学熊源新教授团队赴鄂西南地区采集苔藓植物标本1876份，进行了鄂西南地区苔藓物种多样性和区系研究。中国科学院北京植物所贾渝研究员的团队于2007—2009年期间在湖北宜昌大老岭国家自然保护区采集苔藓近1000份，于2011年报道了宜昌大老岭国家自然保护区的苔藓植物名录。青岛农业大学衣艳君教授在湖北恩施大峡谷采集到德氏小壶藓和扭萌大帽藓等分布罕见的苔藓植物。

    2019年，华东师范大学朱瑞良教授到湖北九宫山采集苔类植物标本时，我和郑敏老师与朱教授讨论了《湖北苔藓植物图志》编撰工作的可行性，决定启动这项工作，并聘请朱瑞良教授作为总顾问。朱教授对书稿大纲、编写体例、初稿进行了指导，并联合国内苔藓分类权威专家们一起支持编书过程中的标本鉴定和文稿审核工作。

    《湖北苔藓植物图志》分上卷、下卷两册，上卷正文收录藓类植物28科73属210种，对于有文献报道湖北有分布但未见标本的物种和鉴定有疑问的物种放于附录列出，共计 151 种,供读者参考。本书物种种名依据美国密苏里植物园 Tropicos 植物资料库 https://www. tropicos. org/home,物种中文名、分类系统、物种国内分布依据《中国生物物种名录 2023 版》,国外分布依据《中国苔藓志》。

近 20 年来,湖北苔藓植物标本采集 10000 多份,标本整理工作是一项巨大而又艰难的工作。编委会成立后,用了 1 年多的时间,对标本进行了分类、显微拍摄、专家鉴定复核等工作,并在 2020—2021 年进行了补点采集,特别是对湖北五峰后河国家级自然保护区在 2021 年每月 1 次共 7 次的采集,获得了大量新鲜的苔藓标本,为显微拍摄工作提供了质量较高的材料。

湖北苔藓植物研究工作,得到了全国苔藓专家的精心指导与无私的帮助,在 2000 年前,湖北没有叶附生苔的报道。在吴鹏程研究员的指导下,我们对后河保护区内的叶附生苔的标本进行了系统采集。当时,叶附生苔的分布一直局限在南、北纬 30°之间的区域。我们在后河灰沙溪采集到了我国叶附生苔分布当时最北的叶附生苔。吴先生对每份标本进行了细致的鉴定,并指导彭丹研究生论文写作,最后成果得以正式发表(彭丹,刘胜祥,吴鹏程. 中国叶附生苔类植物的研究(八):湖北后河自然保护区的叶附生苔类[J]. 植物学学报,2002,020(003):199-201.)。饮水思源,如果没有吴鹏程先生在 20 年前的指引,湖北叶附生苔的研究将不知会推迟到何年何月! 衷心感谢吴鹏程先生、汪楣芝先生对湖北苔藓植物资源开创性研究与湖北苔藓人才的精心培养! 这段珍贵的史料将永远记录在湖北苔藓植物研究史中。

2019 年,在齐齐哈尔全国苔藓植物学术会议上,我在大会上通报了《湖北苔藓植物图志》编写计划,得到了全国苔藓专家的大力帮助。许多国内苔藓专科专家参加了保护区苔藓的鉴定工作,如,上海师范大学曹同教授:白发藓科、紫萼藓科等;上海师范大学郭水良教授:缩叶藓科;中国科学院深圳仙湖植物园张力研究员:短颈藓科;华东师范大学朱瑞良教授团队:泥炭藓科、曲尾藓科及苔类植物;河南焦作师范高等专科学校刘永英教授:真藓科;内蒙古大学赵东平副教授:丛藓科;杭州师范大学吴玉环教授:柳叶藓科;中国农业大学邵小明教授:金发藓科;广西植物研究所韦玉梅研究员:凤尾藓科;青岛农业大学衣艳君教授:提灯藓科;贵州大学熊源新教授:葫芦藓科;贵州师范大学马晓英博士:泥炭藓科;齐齐哈尔大学沙伟教授团队:珠藓科;内蒙古农业大学冯超副教授:大帽藓科;海南大学张莉娜副教授:扁萼苔科;贵州师范大学向友良博士:叶状体苔类;湖北工程学院田春元教授:对 2000 年以前的神农架保护区所有藓类植物标本的鉴定工作。

标本采集工作自然十分不易,标本的显微拍摄工作更是非常复杂且花费大量的时间,从标本的整理、切片、解剖镜观察与拍摄、显微镜拍摄、对照片的后期处理等工作花了 1 年多的时间。湖北第二师范学院的戴月副教授安排了一批又一批的学生,通过做本科毕业论文和社会实践等多种形式,保证了显微拍摄工作按计划进行。中国地质大学(武汉)郑敏副教授经常到武汉市伊美净科技发展有限公司精心指导和培训,提高了标本的鉴定和拍摄工作的质量。黄冈师范学院方元平教授派出了图片处理专家涂俊超同学参加了本书的 3 万余张图片处理工作,使我们的工作锦上添花。武汉市伊美净科技发展有限公司提供了工作室、编写人员和显微拍摄与图片处理的工作全部经费,保证了编写工作正常有序进行。

毫不夸张地说,该书的苔藓植物显微拍摄组图是目前我国已经出版的苔藓植物专著中,工作量最大同时也是种类最丰富的一个版本。

《湖北苔藓植物图志》的编写工作,得到了湖北科学技术出版社的大力支持,该书获得湖北省公益学术著作出版专项资金资助!湖北科学技术出版社赵襄玲编辑为本书的编排设计、审校付出了辛勤的劳动,并给予我们热情和耐心的帮助,在此表示感谢。

在编写的过程中,本书得到了全国苔藓专家的精心指导、湖北第二师范学院等高校师生的长期参与、武汉市伊美净科技发展有限公司组织人力和经费持续投入,等等,在此深表谢意!

由于作者水平有限,书中恐有不足之处,敬请读者批评指正!

2023 年春于武昌桂子山

目录

湖北苔藓植物研究概述

　　湖北省位于中国中部,地处南北过渡地带,地理位置为东经 108°21′～116°07′,北纬 29°05′～33°20′,属亚热带温湿性季风气候区。周围与河南、陕西、重庆、江西、安徽、湖南六省市接壤。全省东西长 740.6km,南北宽 470.2km,总面积 185900km²,其中山地占 55.5%,丘陵占 24.5%,平原占 20%。广大山区,群山连绵,森林茂盛;辽阔的江汉平原,湖泊星罗棋布,水草丰盛。海拔最高处达 3105m。年均温为 16～20℃,年平均降水量为 1300～1900mm,年平均湿度 75% 以上。由于地处东西南北植物区系交汇地带,植物资源十分丰富。

　　追溯湖北苔藓植物的研究历史,最早是 1888 年法国的两个牧师 A. Henry 和 E. Faber 在湖北省境内收集了第一份苔藓植物标本(E. S. Salmon,1900;T. Koponen,1982)。C. H. Wright(1891)根据 A. Henry 和 E. Faber 所收集的标本,对 *Polytrium nudicaule* Wright (*Pogonatum fastigiatum* Mitt.)做了详细描述。E. S. Salmon 在 1900 年报道了湖北的 7 种藓类植物;H. Reimers(1931)和 W. Kabiersch(1937)分别报道了湖北省另外的 7 种和 2 种藓类植物;L. Khanna(1938)根据 S. C. Sun 在武昌县收集的标本报道了湖北省内的第一个角苔类 *Anthoceros fulvisporous* Stephani [*Phaeoceros fulvisporus* (Steph.) Hasegawa]。此后,A. Henry,R. Silvestri,E. S. Salmon 和 Luteyn 等外国学者在湖北西部及西北部地区采集不少标本[《中国苔藓志》(第1～10卷)];中国的一些植物学家(包括苔藓学家),如钱崇澍、高谦、曹同、管开云、孙祥钟、傅书遐、吴鹏程、毕列爵等在湖北西部和西南部采集了大量的植物标本,这些标本被不同的作者以修订或专辑的形式分别报道(A. Noguehi,1987)。但有关湖北苔藓植物的地方记录只有零星记载,20 世纪 80 年代以来,湖北的植物学工作者注意到湖北苔藓植物研究方面的薄弱,对湖北苔藓植物的系统、全面地研究才逐渐展开,并于 1999 年 6 月 20 日在湖北工程学院(原孝感师范高等专科学校)正式挂牌成立"湖北省苔藓植物研究中心"(田春元等,1999)。2019 年,启动《湖北苔藓植物图志》的编写工作。

(一)湖北苔藓植物研究历史与现状

1. 湖北苔藓植物区系的研究

　　对于中国苔藓植物区系,陈邦杰教授将中国苔藓植物分成 7 个区,包括岭南区、华中区、华北区、东北区、云贵区、青藏区和蒙新区(陈邦杰,1958)。R. Hu(1990)的研究也确认了陈邦杰教授对中国苔藓植物的区系划分。2006 年,吴鹏程研究员等对中国苔藓植物的分区和分布类型的研究,将最初的 7 个分区划分为 10 个分区,其中从华中区分出华东区(吴鹏程、贾渝,2006)。不论是陈邦杰的中国苔藓植物区系划分标准,还是吴鹏程的中国苔藓植物区系划分标准,都可将湖北苔藓植物划分到华中区。

华中师范大学苔藓植物标本中，有一份陈邦杰教授鉴定的苔藓标本。

这份标本采集的时间是 1948 年，地点在湖南南岳。采集号"NY"可能是南岳的简称。这份植物鉴定标签随着 1985 年华中师范学院更名为华中师范大学后就停止使用了。由于 1953 年成立华中师范学院，这个标签估计使用了 30 余年。我们猜测，陈邦杰先生鉴定这份标本的时间可能是 1953 年至 1970 年之间。是谁请陈邦杰先生到华中师范学院生物系鉴定苔藓标本呢？在华中师范学院植物学教研室，只有 2 位先生有过采集苔藓植物的记录，

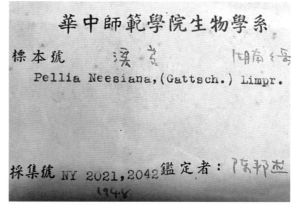

华中师范大学保存的陈邦杰教授鉴定植物的鉴定标签

一位是在湖北五峰采集苔藓植物的毕列爵先生，一位是研究湖北植被的班继德先生。在班继德的植物群落样方表里，在地被层中有苔藓的记载，但是一般在科的水平，我们判断，这份苔藓标本极有可能是毕列爵先生邀请陈邦杰先生鉴定的。

在《中国苔藓志》系列专著中，记载着一位我国著名藻类学家在湖北五峰采集苔藓植物的记录，他就是毕列爵先生。毕列爵先生和付运生先生等人对湖北五峰进行过苔藓植物采集。毕先生在离开华中师范大学时，所有苔藓资料都留在了华中师范大学。在 2000 年时，《中国苔藓志》只出了几本，各省出版的苔藓植物志又很少，书店里根本买不到。老师以及研究生、本科生在鉴定湖北苔藓标本时，这些资料发挥了重要作用。毕列爵先生没有发表过一篇湖北苔藓的论文，但是，他是把论文写在祖国大地上的科学家，为湖北苔藓人才的培养做了开创性的工作。

在 40 年多前，吴鹏程研究员对湖北神农架苔藓植物的采集与研究拉开了湖北苔藓植物研究的序幕。1978 年夏天，中国科学院植物所和湖北植物研究所联合调查，在神农架采集了 400 份标本；1980 年 8 月，中国科学院植物所、昆明植物所、武汉植物所、南京中山植物园，和美国国立树木园、加州大学伯克利分校植物园、哈佛大学阿德诺树木园、纽约植物园、卡内基自然博物馆等组成的中美联合考察队到神农架进行植物考察，历时 39 天，涉足 37 个考察点，行程千余千米，采集了数万份植物标本、种子和种苗，其中苔藓植物近 500 份标本。两次采集加起来鉴定结果为 21 科 35 属 44 种苔类（包含亚种和变种），35 科 110 属 189 种藓类（包含亚种和变种），合计 233 种。这批由吴鹏程先生、管开云先生等人采集的苔藓植物标本，收录到《中国苔藓志》各卷中。人们了解湖北苔藓植物实际上是从神农架的苔藓植物开始的。P. C. Wu，M. R. Crosby 和 R. E. Magill 根据这些标本编制了一份《神农架苔藓植物名录》（Wu et al.，1990）。40 年前的这次神农架苔藓植物的考察成果，吴鹏程先生将其整理发表在 CHENIA（《隐花植物生物学》）第 14 卷上，该论文通过对神农架苔藓植物地理区系分析结果印证了神农架是第四纪冰川时期苔藓植物重要的庇护所（Wu et al.，2020）。

1992 年，刘胜祥、黎维平在武汉地区大学生步行穿越神农架活动中，对神农架林区的苔藓植物进行了采集，共采集苔藓植物标本 1000 余号。

1997—1998 年，华中师范大学刘胜祥团队在神农架国家级自然保护区自然植被的调查中，对

保护区内的苔藓植物进行了系统采集,标本达到 3000 余份。

1998 年,田春元等对神农架自然保护区苔藓植物区系进行研究(田春元等,1998)。

1998 年,湖北省自然科学基金项目——湖北苔藓植物资源研究,获得资助后,华中师范大学刘胜祥团队集中对神农架(田春元等,1998)、五峰后河(刘胜祥等,2000)、利川星斗山(王小琴、马俊改等,2003)、通山九宫山(郑桂灵等,2002)、武汉(刘双喜等)、浠水三角山(赵文浪等,2003),共采集苔藓植物标本 7000 余号。以上研究工作均以"湖北苔藓植物资源研究"为题发表了 10 余篇科学论文以及 3 篇硕士论文和 10 余篇学士论文。中国科学院植物研究所吴鹏程研究员和汪楣芝高级实验师对神农架大九湖藓类标本和五峰后河叶附生苔植物标本鉴定与论文编写进行了指导工作。其他地区的标本鉴定工作由华东师范大学胡人亮教授的弟子、湖北工程学院(原孝感师范学院)田春元老师鉴定并指导完成。

2000 年,湖南省林业局森林植物园的彭春良等在查阅了大量材料的基础上,发表了"The bryophytes of Hubei Province,China:An annotated checklist"(Peng et al.,2000)。

2000 年至今,湖北工程学院(原孝感师范学院)田春元教授对湖北省广水市三潭森林公园、双峰山的苔藓植物进行了长期的采集,共采集 2000 号标本。

2000—2007 年,黄冈师范学院项俊、方元平团队对湖北黄冈龙王山地区苔藓植物的研究(王小琴等,2004)、黄冈团风大崎山(项俊等,2006)和鄂东大别山苔藓植物开展研究(项俊等,2008)。

2006 年,贵州大学熊源新团队对鄂西南苔藓植物标本进行研究,共采集标本 1876 号(熊源新、杨志平,2006)。

2007—2009 年,中国科学院植物研究所贾渝团队对湖北宜昌大老岭自然保护区苔藓植物资源进行研究(李粉霞等,2011)。

2017 年,华中农业大学姜炎彬团队对武汉市中心城区和部分远郊城区 73 个样地的苔藓群落进行调查(范苗等,2017)、五峰后河叶附生苔植物进行研究(Jiang et al.,2018)。

2018 年,湖北民族大学吴林等整理当时所发表的有关湖北苔藓的资料,发表了《湖北苔类植物名录》(吴林等,2018);吴林等收集 44 篇有关湖北省苔藓植物的历年的研究成果,编写了《湖北苔藓植物名录》(Wu et al.,2020)。

2018 年,中国地质大学(武汉)郑敏团队等对大九湖国家湿地公园苔藓进行研究(张永锋等,2018)。

2019 年,青岛农业大学衣艳君教授在湖北恩施大峡谷采集到我国罕见的德氏小壶藓和扭蒴大帽藓(Yi et al.,2021)。

2019 年至今,湖北民族大学吴林团队对湖北西南自然保护区群的苔藓植物(余夏君等,2019;洪柳等,2021)以及湖北省苔类植物进行研究(余夏君等,2018),并开展了泥炭藓生态学研究(王涵等,2020;刘雪飞等,2020;牟利等,2021;李小玲等,2021)。

2023 年,湖北民族大学吴林副教授出版了《湖北木林子国家级自然保护区苔藓植物图鉴》(吴林、陈绍林,2023)。

2019 年,《湖北苔藓植物图志》编写工作开始后,武汉市伊美净科技发展有限公司组织了苔藓植物补点采集工作。2021 年,受五峰后河国家级自然保护区管理局委托,对保护区内的地衣与苔藓植物资源进行了每月 1 次共 7 次的采集工作。完成编写并出版《湖北五峰后河国家级自然保护区地衣与苔藓植物图谱》(刘胜祥、郑敏、邓长胜，2023)。

对湖北苔藓植物多样性研究表明，湖北苔藓具有种类丰富、区系成分复杂、生态类型多样的特点。曲尾藓科 Dicranaceae、凤尾藓科 Fissidentaceae、丛藓科 Pottiaceae、缩叶藓科 Ptychomitriaceae、紫萼藓科 Grimmiaceae、提灯藓科 Mniaceae、珠藓科 Bartramiaceae、锦藓科 Sematophyllaceae、羽藓科 Thuidiaceae、青藓科 Brachytheciaceae、灰藓科 Hypnaceae、金发藓科 Polytrichaceae、蔓藓科 Meteoriaceae、真藓科 Bryaceae、绢藓科 Entodontaceae 和平藓科 Neckeraceae 是湖北苔藓的优势科，鄂西山地、丘陵为其主要成分，鄂东平原较少。由于地处亚热带季风气候区，湖北苔藓区系成分特征表现为北温带、东亚和世界广布成分为主，同时具有热带和泛北极成分色彩。今后应加强对湖北苔藓植物生物多样性的保护，在继续对湖北苔藓植物物种多样性研究的基础上，加强苔藓植物遗传多样性、生态系统多样性、关键种和重要经济类群以及关键地区的研究。

2. 湖北苔藓植物生态学研究

1958 年，陈邦杰教授根据生态分类基础，并参照我国苔藓植物的生长状况将中国苔藓植物生活型分为漂浮型(errantia)、固着型(adnata)和根着型(radicantia)三大类型；并结合学者 Gam 提出的群落分类系统和中国实际情况，将中国苔藓植物分为水生群落(hydrophytia)、石生群落(petrophytia)、土生群落(geophytia)、木生群落(epixylophytia)和叶附生群落(epiphyllitia)五种群落类型(陈邦杰，1958)。陈邦杰对于中国苔藓分布类型的划分对中国苔藓生态学研究影响较大。

通过对九宫山(郑桂灵等，2002)、五峰县后河国家自然保护区(彭丹，2002)、大冶市铜山口铜矿区(彭涛等，2006)和武汉市马鞍山森林公园(吴展波等，2003)等湖北苔藓植物群落研究发现，湖北苔藓植物群落主要包括水生群落、石生群落、土生群落和木生群落四种类型，不同地区的生态群落优势各不相同，群落类型主要受水湿条件的影响。此外，彭涛等还首次对大冶市铜山口铜矿区藓类植物的生活型进行了研究，提出了矮丛集型(short turfs)、交织型(wefts)和高丛集型(tall turfs)三种生活型(彭涛等，2006)。

3. 湖北苔藓植物专科、专属的研究

由于中国苔藓植物区系调查还不够全面、彻底，较深入的专科专属研究工作也刚刚起步。自 20 世纪 80 年代以来，影响较大的科属有提灯藓科 Mniaceae、花叶藓科 Calymperaceae、锦藓科 Sematophyllaceae、紫萼藓科 Grimmiaceae、细鳞苔科 Lejeuneaceae、绢藓属 Entodon、凤尾藓属 Fissidens、缩叶藓属 Ptychomitrium 和羽苔属 Plagiochila 等(钟如涛、陈喜英，2009)。

近 20 年来，湖北省的苔藓学者虽然对湖北省的苔藓植物资源做了大量调查，但是对专科专属的研究较少。主要是彭丹等人对神农架国家级自然保护区提灯藓科植物的研究，发现在神农架自然保护区提灯藓科共有 3 属 17 种及 2 变种。研究表明，该科植物分布在 3 个不同的生物气候带：亚热带落叶阔叶常绿叶混交林带、暖温带落叶阔叶针叶林带和温带常绿针叶林带(彭丹等，1998)。湖北苔藓植物拥有许多古老而稀有的物种吸引了国内外学者的关注。衣艳君等在湖北恩施大峡谷采集到德氏小壶藓 Tayloria rudolphiana (Garov.) Bruch & Schimp.，并利用叶绿体基因 trnL-F 和 rps4 序列比对和形体学特征相结合讨论了该种的分类学问题，这是该种继 1892 年在云南西南地区首次采集后的国内第一次发现(Yi et al.，2020)。同时国内新记录种扭蒴大帽藓 Encalypta streptocarpa Hedw. 也在湖北恩施大峡谷被采集到，该种在亚洲分布罕见，衣艳君等利用 trnL-F 和 rps4 序列进行分子系统分析，结合形态学特征，进行了地理种群系统分类学研究,为该种的摩洛哥—欧洲—亚洲间断分布提供了新证据(Yi et al.，2021)。

4. 湖北苔藓植物开发利用研究

综合近年来国内外的研究成果可以看出,苔藓植物在很多方面与人类有着密切的关系,尤其是在监测环境污染、绿化园林、道路边坡及生态修复等方面。在应用方面,湖北省有药用苔藓16科21属26种,包括消肿止痛类的石地钱 *Reboulia hemisphaerica*（L.）Raddi、蛇苔 *Conocephallum conicum*（L.）Dumort.、小蛇苔 *Conocephalum japonicum*（Thunb.）Grolle、地钱 *Marchantia polymorpha* L. 等;清热凉血的黄牛毛藓 *Ditrichum pallidum*（Hedw.）Hampe、大灰藓 *Hypnum plumaeforme* Wilson. 等;清热解毒的小石藓 *Weissia controversa* Hedw.、大叶藓 *Rhodobryum roseum*（Hedw.）Limpr.、细叶小羽藓 *Haplocladium microphyllum*（Sw. ex Hedw.）Broth. 等;舒筋活血的葫芦藓 *Funaria hygrometrica* Hedw.;抗肿瘤的尖叶匐灯藓 *Plagiomnium acutum*（Lindb.）T. J. Kop.、波叶仙鹤藓 *Atrichum undulatum*（Hedw.）P. Beauv. 等;利尿的密叶绢藓 *Entodon compressus*（Hedw.）Müll. Hal.;治疗心悸怔忡、神经衰弱的东亚小金发藓 *Pogonatum inflexum*（Lindb.）Sande Lac.、疣小金发藓 *Pogonatum urnigerum*（Hedw.）P. Beauv. 等;镇静安神的牛角藓 *Cratoneuron filicinum*（Hedw.）Spruce 等(马俊改等,2005;项俊等,2006;项俊等,2007;刘明乐等,2017;刘胜祥,2019)。

五倍子是目前医药、工业多个领域的重要原料,提灯藓科植物是五倍子蚜虫冬寄主苔藓植物,湖北五峰仁平五倍子种植专业合作社采用了3种提灯藓科匐灯藓属植物作为五倍子蚜虫的夏寄主苔藓植物,成功养殖五倍子,使湖北省成为五倍子主产地之一。但是,目前仍然缺乏对这些药用苔藓植物深入的生物制药研究及保护利用。

泥炭藓湿地是一种重要的湿地类型,这些湿地在调节气候、改善生态环境方面,发挥着巨大作用。亚热带亚高山泥炭藓湿地在湖北省主要分布于鄂西的恩施土家族苗族自治州和神农架林区。2020年10月,神农架国家公园科学研究院首次尝试种植了10亩(1亩≈666.7m²)泥炭藓,经过两年多的养护,如今存活率已在90%以上。科研人员尝试通过人工干预加速大九湖泥炭藓栖息地恢复生境。

在监测环境污染方面,苔藓是被公认的对大气污染最敏感的一类生物,对大气污染的反应敏感度是种子植物的10倍(Mudd J B and Kozlowski T T,1984),高谦等用苔藓做指示植物对大气污染进行监测研究,结论与大气监测数字相符(高谦、曹同,1992)。湖北苔藓在监测环境污染方面应用研究较少:2017年,范苗等的研究表明树附生苔藓对汽车尾气等因素更为敏感(范苗等,2017);2018年,郑敏等研究神农架大九湖沼泽生态移民前、后大气重金属沉降变化状况表明,生态移民后锯齿藓重金属污染物含量降低(张永锋等,2018)。但在绿化园林及生态修复等方面对湖北苔藓植物进行开发利用的研究几乎没有开展。

（二）湖北苔藓植物技术队伍的发展与壮大

1987年,胡人亮先生编著的《苔藓植物学》正式出版。这是我国苔藓植物学高级人才培养的一个标志性成果。吸引着更多的年轻人投身于苔藓植物研究队伍。

1992—1998年,华中师范大学刘胜祥教授、田春元教授团队对神农架苔藓植物进行了比较深入的研究,此项研究工作,为湖北苔藓植物技术人才的培养发挥了重要作用。

2000年,华中师范大学率先在湖北高校开始招收苔藓植物研究方向的硕士研究生。彭丹研究生主攻五峰后河藓类和附生苔的研究(2000)、王小琴研究生主攻利川星斗山藓类研究(2004)、马俊改研究生主攻利川星斗山苔类研究(2004)。通过本科生学士论文和大学生科研活动,郑桂灵、陈桂英、王长力和陈妞主攻通山九宫山藓类植物研究(2002),赵文浪、黄娟、喻融、郑飞翔、李俊莉主攻浠水三角山苔藓研究(2003),刘双喜、彭丹、秦伟、余小菁、潘小玉主攻武汉苔藓的研究(2001)。吴展波、李俊对武汉市马鞍山森林公园马尾松林中苔藓植物群落及生活型研究(2003)。

华中师范大学生命科学学院先后有2位大学生毕业后到胡人亮先生那里学习苔藓植物。一位是胡人亮先生的弟子——田春元(1991—1994年攻读硕士学位),主攻藓类;一位是胡人亮先生的徒孙——朱瑞良老师的学生郑敏(2000—2007年硕博连读)。田春元和郑敏毕业后都回到湖北高校工作,成为湖北藓类和苔类分类的代表人物。

1990年,华东师范大学开办植物学助教班,来自全国各高校17名学生中有2名是从华中师范大学生命科学学院毕业、已经在黄冈师范学院工作的项俊和方元平老师,胡人亮先生主讲苔藓植物学,王幼芳老师、朱瑞良老师指导苔藓植物实验,并在西天目山进行了1周的实习。项俊和方元平老师回来后,一直坚持采集苔藓植物,特别是湖北大别山地区的苔藓植物资源的研究。

湖北师范大学姚发兴老师(华中师范大学77级)主讲植物学课程,并对黄石地区的苔藓植物进行了研究。

湖北民族大学吴林副教授2015年毕业于中国科学院大学、中国科学院新疆生态与地理研究所,在湖北民族大学林学园艺学院工作至今,一直从事湖北苔藓植物的研究工作。

华中农业大学姜炎彬副教授2012年毕业于中国农业大学,师从邵小明教授,对叶附生苔植物种多样性分布格局和武汉市苔藓植物进行研究。

2019年,武汉市伊美净科技发展有限公司植物技术人员郭磊毕业于河南农业大学,硕士生阶段做苔藓的研究工作,童善刚毕业于湖北第二师范学院生物科学专业,他们在郑敏副教授和国内许多专家的精心指导下,通过刻苦学习,已经成为《湖北苔藓植物图志》编写的主要力量。武汉市伊美净科技发展有限公司熊姁高级工程师、王敏工程师、童芳工程师、李晓艳工程师、晏启工程师、杨阳工程师、刘亮工程师、陶全霞工程师等植物技术人员通过参加编写图志,逐步形成湖北苔藓植物专科、专属的研究队伍。

现在,湖北已经形成了一支由高校与高新企业组成的苔藓植物研究比较稳定的技术队伍,这种模式既保证了研究经费的落实,又有厚实的技术支撑。

(三)《湖北苔藓植物图志》编撰工作

2019年,华东师范大学朱瑞良教授、华中师范大学刘胜祥教授和中国地质大学郑敏副教授经讨论,决定启动《湖北苔藓植物图志》编撰工作。全书分为上卷、下卷两册。

本书编委会将湖北各地采集的苔藓植物标本集中收集整理。华中师范大学刘胜祥教授,中国地质大学(武汉)郑敏副教授,湖北第二师范学院戴月副教授,黄冈师范学院方元平教授、项俊教授,湖北工程学院田春元教授安排多批实习学生进行苔藓补点采集,并提供解剖镜和显微镜进行苔藓植物显微拍摄工作。郑敏副教授负责对苔藓植物的鉴定与显微拍摄技术指导工作和对外专家的鉴定联系工作。刘胜祥教授负责标本分科整理、日常的人员安排和野外补点采集工作。

近20年来,湖北苔藓植物标本采集10000余份,标本整理工作是一项巨大而艰难的工作。编委会用了1年多的时间,对全省苔藓标本进行了分类、显微拍摄、专家鉴定复核等工作,并在2020—2021年进行了补点采集,特别是对湖北五峰后河国家级自然保护区在2021年进行每月1次共7次的采集,获得了大量新鲜的苔藓标本,为显微拍摄工作提供了质量较高的材料。

湖北苔藓植物研究工作,得到了全国苔藓专家的精心指导与无私的帮助,在2000年前,湖北没有叶附生苔的报道。在吴鹏程研究员的指导下,我们对后河保护区内的叶附生苔的标本进行了系统采集。吴鹏程先生、汪楣芝先生对湖北苔藓植物资源开创性研究与湖北苔藓人才的精心培养,这段珍贵的史料将永远记录在湖北苔藓植物研究史中。

2019年,在齐齐哈尔全国苔藓植物学术会议上,《湖北苔藓植物图志》编写计划得到了全国苔藓专家的大力支持。许多国内苔藓专科专家参加了湖北苔藓植物的鉴定工作。如,上海师范大学曹同教授:白发藓科,紫萼藓科等;上海师范大学郭水良教授:缩叶藓科;中国科学院深圳仙湖植物园张力研究员:短颈藓科;华东师范大学朱瑞良教授团队:泥炭藓科、曲尾藓科及苔类植物;河南焦作师范高等专科学校刘永英教授:真藓科;内蒙古大学赵东平副教授:丛藓科;杭州师范大学吴玉环教授:柳叶藓科;中国农业大学邵小明教授:金发藓科;广西植物研究所韦玉梅研究员:凤尾藓科;中国科学院北京植物所王庆华副研究员:木灵藓科;中国科学院北京植物所何强高级工程师、河南师范大学易照勤讲师、浙江农林大学暨阳学院王钧杰讲师:灰藓科;中国科学院北京植物所娜仁高娃博士:蔓藓科;中国科学院北京植物所于宁宁工程师:塔藓科;青岛农业大学衣艳君教授:提灯藓科;贵州大学熊源新教授、曹威博士:葫芦藓科;齐齐哈尔大学沙伟教授团队:珠藓科;海南大学张莉娜副教授:扁萼苔科;中国科学院沈阳应用生态研究所李微高级工程师:叶苔科、齿萼苔科;贵州师范大学向友良讲师:叶状体苔类。

黄冈师范学院方元平教授派出了图片处理专家涂俊超同学负责上册3万余张图片修正与组图工作,使我们的工作质量锦上添花。涂俊超同学并培养了一批图片处理技术人员,为后期的苔藓编志工作奠定了良好的基础。

《湖北苔藓植物图志》编撰工作经费由武汉市伊美净科技发展有限公司(以下简称"公司")这家高新企业提供。3年来,公司提供了工作场所和标本采集与显微拍摄人员的所有劳务支出,并安排了童善刚和郭磊两位植物技术员分别负责苔类和藓类标本的整理与鉴定工作,公司10多位植物技术员参加了《湖北苔藓植物图志》的编写工作。

在湖北科学技术出版社的大力支持下,《湖北苔藓植物图志》获得湖北省公益学术著作出版专项资金资助！出版经费不足部分由刘胜祥教授科研经费资助。

（四）湖北苔藓植物前景展望

1. 对特殊地理位置的地区苔藓植物开展工作

虽然1980年以来,苔藓植物学者对湖北省的苔藓植物资源做了大量调查,但是全省不乏有许多处于特殊地理位置的地区,如地处昭君故里与神农架原始林区、巴东县交会处的龙门河国家森林公园,具有南北过渡的气候特征,并保存少有的一片比较完整的中亚热带北缘原生地带性植被,被植物学家誉为"天然林木园";地处武陵山脉东段北部余脉的湖北长阳崩尖子国家级自然保护区,地处中亚热带与北亚热带过渡性地带,具有丰富的野生动植物资源,至今未有苔藓植物的有关研究;地处中国第二阶梯向第三阶梯的过渡区域,北亚热带向暖温带过渡性地带的湖北五道峡国家级自然保护区,生物资源丰富,苔藓植物资源有待调查;位于江汉平原南缘,地处亚热带季风气候区的长江天鹅洲白鳍豚国家级自然保护区,其周围有40多万亩的沼泽湿地,具有丰富的生物资源;由湖泊、滩涂、草甸等组成的以生物多样性和内陆水域生态系统为主要保护对象的龙感湖国家级自然保护区,是中国长江中下游重要的湿地保护区之一;地处巫溪、神农架、巴东三县交会处的葱坪湿地公园,是重要的原生亚高山湿地。这些地区的苔藓植物有待进一步研究。

2. 苔藓植物中的濒危物种以及关键地带进行研究

对于已调查地区的苔藓植物中的濒危物种以及关键地带,缺乏科学管理保护,应对有重要科学意义的种类和地区应进行重点研究和保护。应继续加强对湖北苔藓植物物种多样性的基础研究,全面搞清湖北省苔藓植物的种类和分布,确定湖北苔藓植物的关键地带、濒危物种,并加以重点保护,建立苔藓植物自然保护区,保护苔藓植物的分布区,以保证苔藓植物资源的可持续利用。

3. 积极开展苔藓植物细胞学、生理生态学、分子生物学等领域的研究

运用新的技术和方法对湖北苔藓植物尤其是中国特有种类方面进行研究,积极开展苔藓植物细胞学、生理生态学、分子生物学等领域的研究,为深入开展苔藓植物的遗传多样性和生态系统多样性的研究奠定坚实的基础。

4. 开展苔藓植物关键种和重要经济类群的研究

目前,湖北苔藓植物有2种列为国家二级保护植物,即桧叶白发藓和多纹泥炭藓。湖北苔藓分布有中国特有种50余种。

开展苔藓植物关键种和重要经济类群的研究,一方面研究它们在不同生态环境条件下的生态保护对策,另一方面,进行苔藓植物开发利用研究,找出在监测环境污染、园林绿化、药用、生态修复等方面利用价值较大的种类,使湖北乃至我国丰富的苔藓植物资源发挥出作用,产生重大的社会效益和经济效益。

苔藓植物名词术语解释

苔藓植物的一般特征

苔藓植物是介于藻类与蕨类之间的一类植物，是植物界从水生到陆生的中间过渡的代表类群。苔藓植物具明显的世代交替，配子体(n)世代占优势；配子体达到高度的发育，没有维管束，具类似茎、叶与假根的分化；孢子体($2n$)依附于配子体，不能独立生活；雌性生殖器官为颈卵器，雄性生殖器官为精子器，精子具鞭毛，受精作用离不开水。精卵结合后形成胚，发育成孢子体。

藓 类 植 物

（一）概述

藓类植物体多为茎叶体，辐射对称；假根由 1 列细胞组成，茎中常有皮部和中轴的分化，叶多有中肋，叶由一到几层细胞组成；茎分化成表皮、皮层和中轴，中轴细胞纵向较长，但不是真正的输导组织；孢子体有蒴轴、蒴齿，蒴柄坚挺；孢蒴顶端有兜形的蒴帽，除去蒴帽可见蒴盖，蒴盖与蒴壶通过环带连接，蒴盖脱落可见到口部有内外两层的细齿——蒴齿层。外部蒴壁（由多层细胞构成），中央为蒴轴，紧贴蒴轴周围的造孢组织，由造孢组织发育成孢子母细胞，经减数分裂形成四分孢子。发育后的原丝体上因种不同，而形成不等数量的芽体。芽体再继续发育成分枝或不分枝的绿色自养植物体（配子体）。藓类的植物体发育后多数种的原丝体即死亡，但少数的原丝仍然存活，行营养作用。

（二）名词术语解释

1. 茎

（1）结构。茎的内部结构，从横剖面看可分为表皮、皮层和中轴三部分。表皮细胞通常是平滑的呈规则的方柱形，排列紧密、整齐，外侧壁常较厚，有色，常由单层细胞组成；皮层由多层薄壁或厚壁细胞组成，细胞形状和大小变化较大。排列较疏松，有时具细胞间隙；中轴为茎中央的细胞束，细胞腔较小，薄壁或厚壁，排列较为致密。

（2）形状。

圆柱形：茎的横切面大多数种类为圆形（图 i A）。

椭圆柱形：茎的横切面为椭圆形（图 i B），如凤尾藓属 *Fissidens* 和虾藓属 *Bryoxiphium*。

三棱柱形或多棱柱形：茎的横切面为三棱形（图 i C）或多棱形（图 i D），如平珠藓属 *Piagiopus*、提灯藓科 Mniaceae 和金发藓目 Polytrichales 等的一些种。

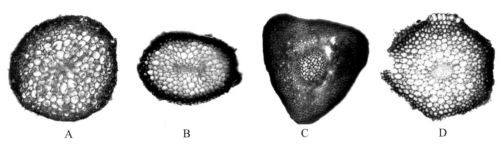

图 i　藓类植物茎的横切面的各种形状

A. 圆形；B. 椭圆形；C. 三棱形；D. 多棱形

2. 枝条

（1）分枝形式。藓类植物有些种类有直立茎和横茎之分。茎的分枝形式是指直立茎的分枝。横茎是指贴基质横展，常具鳞叶或小型叶片。

单一不分枝：植物体茎不分枝，如金发藓目 Polytrichales 的一些种类。

叉状分枝：植物体呈简单的叉状分枝，有时呈复叉状分枝，如扭口藓属 *Barbula*。

树状分枝：如万年藓属 *Climacium*，树形小金发藓 *Pogonatum sinense*（Broth.）Hyvönen & P. C. Wu。

丛状或束状分枝：植物体的分枝集中在植物体的某一部位分生，分枝呈丛状或束状，如泥炭藓属 *Sphagnum* 的丛状分枝在茎中部，并有强枝和弱枝之分，顶端常有头状丛生的短枝，如泽藓属 *Philonotis* 和疣灯藓属 *Trachycystis* 等的一些种。

羽状分枝：植物体呈 1～3 回羽状分枝，如羽藓属 *Thuidium* 和梳藓属 *Ctenidium* 等的一些类群。

节状分枝：植物体的分枝不延长生长，呈节状，如砂藓属 *Racomitrium* 的一些种。

（2）枝的类别。

不育枝或营养枝：枝条仅具营养功能，如提灯藓科 Mniaceae 等一些种类。

生殖枝：枝条上生雌、雄生殖器官。

茎、枝、叶的自然生殖——无性（营养）繁殖器官：①掉落枝尖部。指枝的顶端部分脱离母体而形成新的植株，是一种较少见的无性繁殖方式，这种繁殖体有分叉状的叶片，下部常有假根。②鞭状枝。是指具小叶的柔嫩细枝状的繁殖体，较常见。③易掉落的小枝。④珠芽。⑤假根芽胞或块茎。⑥内生芽胞。⑦芽胞。⑧脆折的叶片（陈圆圆等，2008）。

鳞毛和假鳞毛：鳞毛是藓类植物茎、枝表皮细胞衍生出多列细胞构成的条状、丝状或片状附属物，多见于侧蒴藓类。此外，还有些种类有假鳞毛，它们的构造与鳞毛相近似，但较大型，从枝芽中产生，鳞毛有时分枝，假鳞毛常单一呈楔形或丝状。羽藓科 Thuidiaceae、塔藓科 Hylocomiaceae 的许多种都有鳞毛，灰藓科 Hypnaceae 的部分属如灰藓属 *Hypnum* 和鳞叶藓属 *Taxiphyl-*

lum 具假鳞毛。

腋毛：多为单列多细胞构成的丝状体，如丛藓科 Pottiaceae 主要根据腋毛不同、从扭口藓属 Barbula 中分出对齿藓属 Didymodon，其他一些科也具腋毛。

3. 叶片

（1）叶形。苔藓植物叶的形状呈多种多样，但基本上可归纳为两大类。①对称叶：指苔藓植物叶片的两侧等大、左右对称。其形状各异，主要有针形、带形、披针形、三角形、卵形、倒卵形、卵状三角形、心形、椭圆形、圆形、舌形、矩圆形、镰刀形、楔形等。②不对称叶：指叶片的两侧不等大、左右不对称，多数侧蒴藓类，如棉藓属 Plagiothecium 的一些种。此外，还有一类叶片分为两裂片，折合生长而形成前翅和背翅，如凤尾藓属 Fissidens。叶片尖部按其形态不同，主要可分为短尖、突尖、急尖、长尖、渐尖、尾状尖、毛尖、芒状尖、圆钝、截形、兜形尖、背仰尖、扭曲长尖、微缺等（图 ⅱ）。

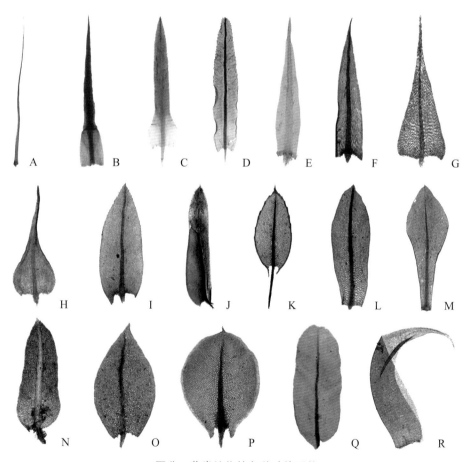

图 ⅱ 藓类植物的各种叶片形状

A. 线形叶；B. 叶基舌形向上呈披针形叶；C. 叶基卵形向上呈披针形叶；D. 带形叶；E. 披针形叶；F. 线状披针形叶；G. 三角披针形叶；H. 卵状披针形叶；I. 长椭圆披针形叶；J. 舌形至披针形叶；K. 椭圆形叶；L. 长椭圆形叶；M. 匙形叶；N. 卵状长椭圆形叶；O. 卵形叶；P. 圆形叶；Q. 舌形叶；R. 镰刀形叶

（2）叶细胞。藓类植物叶片细胞的形态多种多样（图 ⅲ），不同种类以及生长部位不同、形状差异较大，细胞壁的厚薄也因种而异，主要有以下 3 种。

等轴形：叶细胞两端平截形，内径长宽相等，包括圆形、方形、菱形和多边形。

长轴形：叶细胞内径长大于宽，包括长菱形、长方形、椭圆形、纺锤形和狭长形。

虫形：叶细胞细长形，呈弯曲虫状。

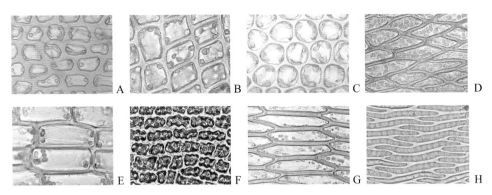

图ⅲ　藓类植物的各种细胞形态

A. 方形（壁厚）；B. 方形；C. 圆形；D. 菱形；E. 长方形；F. 长方形（胞壁波状加厚）；G. 长六角形；H. 虫形

（3）叶边。叶片边缘的变异较大，包括下列形式。

不分化叶边：叶片边缘的细胞与叶片其他细胞同形（图ⅳA）。

分化叶边：叶边细胞与叶片细胞异形，常为长形或其他形状（图ⅳB），如提灯藓科 Mniaceae 等（图ⅳB）。

全缘叶边：叶片边缘没有任何突起或齿（图ⅳC），如真藓属 *Bryum* 内的一些种。

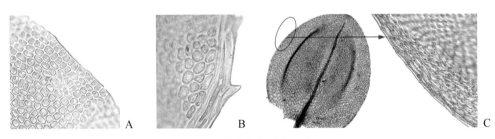

图ⅳ　藓类植物叶边形态

A. 不分化叶边；B. 分化叶边；C. 全缘叶边

叶边细齿或齿突：叶片边缘有细胞突出形成齿状突起或细齿（图ⅴA），如羽藓属 *Thuidium* 等。

叶边粗齿：叶片边缘由多细胞或单细胞形成粗齿（图ⅴB），如丛藓科 Pottiaceae 等。

叶边单齿：叶片边缘有单列齿（图ⅴC），如青藓属 *Brachythecium* 等一些种。

叶边双齿：叶片边缘有两列齿（图ⅴD），如曲尾藓属 *Dicranum* 和大叶藓属 *Rhodobryum* 的一些种。

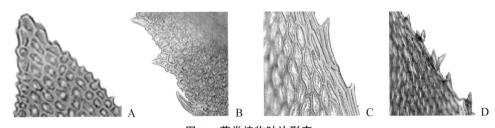

图ⅴ　藓类植物叶边形态

A. 叶边细齿；B. 叶边粗齿；C. 叶边单齿；D. 叶边双齿

　　叶边平直：叶片边缘平展，不卷曲，亦无波纹（图ⅵA），如棉藓属 *Plagiothecium* 等一些属。

　　叶边背卷：叶片边缘向背面卷曲（图ⅵB），如扭口藓属 *Barbula* 等。

　　叶边内卷：叶片边缘向腹面卷曲（图ⅵC），如小石藓属 *Weisia* 等。

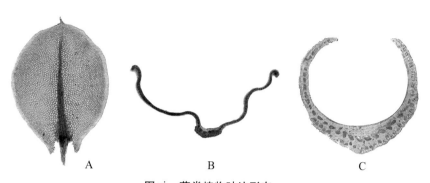

图ⅵ　藓类植物叶边形态

A. 叶边平直；B. 叶边背卷；C. 叶边内卷

　　（4）叶基。叶片基部的形态在不同种类中有变异。

　　叶基宽阔：叶片基部比叶片中部宽阔（图ⅶA），如牛舌藓属 *Anomodon* 等一些种。

　　叶基下延：叶片基部沿茎下延（图ⅶB），如提灯藓科 Mniaceae、青藓科 Brachytheciaceae、棉藓属 *Plagiothecium* 和光萼苔属 *Porella* 等一些种较明显。

　　叶基狭窄：叶片基部比叶片中部狭窄（图ⅶC），如绢藓属 *Entodon* 等一些种。

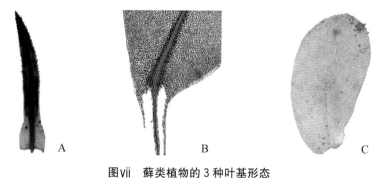

图ⅶ　藓类植物的 3 种叶基形态

A. 叶基宽阔；B. 叶基下延；C. 叶基狭窄

　　4. 中肋

　　苔藓植物叶中肋的形态与种子植物的叶脉较近似，苔藓植物的中肋主要分为两类：单中肋多挺直伸展，少数种类的中肋尖部呈"之"字形曲折，如羊角藓属 *Herpetineuron* 和凤尾藓属 *Fissidens* 的一些种。双中肋见于侧蒴藓类的许多科、属。少数属种无中肋多属于侧蒴藓类。从切面观，中肋呈背、腹面内凹或向外凸，其表皮细胞平滑或具疣。疣和细胞的形状、大小、高低因种而异。中肋的各种类型如图ⅷ所示。

　　5. 孢蒴

　　孢蒴位于蒴柄顶端，是形成孢子的部分。孢蒴的形状主要可分为球形、卵形、圆柱形、梨形、壶形等（图ⅸ）。有些种类的孢蒴的外表具多棱，如金发藓属 *Polytrichum* 等。

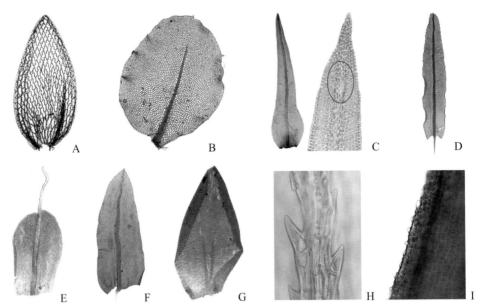

图Ⅷ　各种中肋类型

A. 无中肋;B. 单中肋,中肋较短;C. 中肋较长,不达叶尖;D. 中肋达叶尖;E. 中肋达叶尖露出长芒尖;

F. 中肋曲折;G. 双中肋;H. 中肋有齿;I. 中肋背面具瘤突

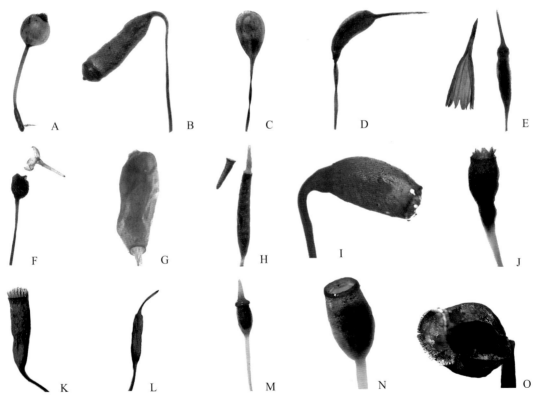

图ⅸ　藓类植物的部分孢蒴形态

A. 孢蒴直立,呈圆球形,蒴口狭小;B. 孢蒴圆柱形,重倾;蒴盖乳头状;C. 孢蒴弯梨形,不对称;D. 孢蒴倾立,不对称,呈柱形;蒴盖具长尖;E. 孢蒴直立,长椭圆形;蒴帽大,钟帽形,基部有裂瓣;蒴盖圆锥形,具细长尖喙;F. 孢蒴直立,近圆形;蒴盖顶端具短直喙;蒴帽具直立长喙状尖头,成熟时下部分瓣成钟帽形;G. 孢蒴仅有小短柄,金黄色,不对称而稍偏斜,呈略有背腹面及弯曲短尖的圆锥形;H. 孢蒴直立,呈细长圆柱形;蒴盖圆锥形;I. 孢蒴下垂,呈长卵形,略弯曲,蒴台发达;J. 孢蒴倾立,呈壶形,蒴台发达;K. 蒴柄弯曲下垂成鹅颈状,孢蒴呈圆柱形;L. 孢蒴圆柱形,蒴盖具长喙;M. 孢蒴直立,呈短圆柱形,蒴盖圆锥形;N. 孢蒴倾立,呈短圆柱形;O. 孢蒴为具4棱的椭圆形

（1）孢蒴的外部构造。

孢蒴的构造从外部形态主要可分为蒴盖、蒴壶和蒴台（图 x ）。

蒴盖：位于孢蒴顶端的盖状构造，常被蒴帽罩覆。当孢蒴成熟时蒴盖裂开，孢子向外散放，这种类型称为裂蒴，多数藓类属这一类型。蒴盖的形状有的先端圆钝，有的具短尖、具长尖、具直喙、具斜喙等多种形式。

喙：指蒴盖、蒴帽、腹瓣、蒴萼等器官逐渐变窄形成尖细的顶端或顶点。

环带：位于蒴盖与蒴壶之间，环绕蒴口，为 1 列或数列细胞构成的环形构造。其细胞薄壁或厚壁，或是加厚不平均。环带对水湿特别敏感，可产生收缩、膨胀和变形运动，能促使蒴盖脱落。

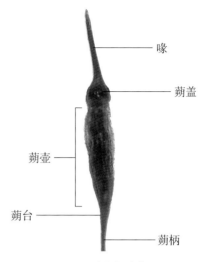

图 x　暖地大叶藓 *Rhodobryum giganteum* 孢蒴

蒴台或蒴托：位于蒴柄与蒴壶之间，有些种类蒴台不明显或较小，而有些藓类的蒴台特别发达，如小烛藓属 *Bruchia*、葫芦藓属 *Funaria*、丝瓜藓属 *Pohlia* 和真藓属 *Bryum* 都有较发达的台部。

（2）孢蒴的内部构造。

蒴轴：蒴轴是孢蒴中央非生殖性的圆柱状构造，通常由内孢囊的中部组织形成。

蒴齿：蒴齿是生于胞蒴口部的边缘、蒴盖内的齿状构造，蒴齿可随水湿而运动，有助于散放孢子。①双齿层。指蒴齿具有外齿层和内齿层两层构造（图 xi）。一般具双层蒴齿的种类是由蒴周层的 3 层细胞发育而成。这三层细胞由外到内分别称为外蒴齿层、原蒴齿层和内蒴齿层。发育成熟的双齿层分为外齿层和内齿层。外齿层系指具双层蒴齿的最外层，常分裂成披针形或条状的齿片，通常分为 8、16 或 32 齿片；内齿层指位于外齿层里面，通常色淡、膜质、褶形，一般内齿层与外齿层的形态和构造明显相异，多由 16 枚具脊纹的齿组成，基部常愈合成基膜，齿条之间常有 1～3 条丝状齿毛。②单齿层。指仅具一层蒴齿，由蒴周层的内层蒴齿层和初生层发育形成，系由细胞的彼此融合而成，具蒴齿 16 枚（图 xii）。初生层具 16 个细胞，内层蒴齿层具 24 个细胞，因此，对于每个蒴齿来说，外表面与内表面细胞数之比为 2：3，或称之 2：3 模式。这样的蒴齿外表面仅具横脊，而内表面具横脊和中脊，这一细胞组成的模式与双齿层的外齿层刚好形成对照。

齿片：指外齿层通常分裂成披针形或条状的裂片，多呈红棕色或黄棕色（图 xi）。①中脊：指齿片外面中央有垂直的或呈"之"字形的脊，通常平直且不高出，或加厚而高出。②节片：指中脊和横脊分隔的小片，节片上常有横纹、斜纹或纵粗纹，平滑

图 xi　双齿层

图 xii　单齿层

或具疣。③横隔：指齿片内面的横行突起，少数种类横隔之间还有纵隔。④纵隔：指齿片内面与横隔相垂直纵壁。⑤横脊：指齿片外面与中脊成垂直相交的横壁，通常向外面突出。

齿条：生于内齿层的基膜上与齿毛相间着生，齿条多为狭长条形，平滑或具疣，齿条之间相通

的孔,称为穿孔。

齿毛:生于内齿层的基膜上,通常细长、毛状,多为 1~3 条,与齿条相间生长,有些种类齿毛不发育。齿毛常具粗的节状突起称为节瘤。

基膜:生于内齿层基部,直接着生于蒴壁上,有些种类的基膜高,如墙藓属 *Tortula* 和赤藓属 *Syntrichia*。有些种类的基膜低或完全不发育。

6. 其他结构

（1）栉片。金发藓科（Polytrichaceae）植物及部分丛藓科 Pottiaceae 植物中,在叶片上,着生于中肋腹面纵行排列、由单列细胞构成的组织,高 1~10 个细胞（图ⅹⅲ）。

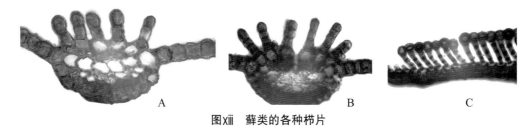

图ⅹⅲ　藓类的各种栉片

A. 小仙鹤藓 *Atrichum crispulum* Besch. ;B. 小胞仙鹤藓 *Atrichum rhystophyllum*（Müll. Hal.）Paris;
C. 疣小金发藓 *Pogonatum urnigerum*（Hedw.）P. Beauv.

（2）疣。叶细胞壁表面的局部加厚突起,以大小和形状而分为细疣、粗疣、刺疣、叉状疣和马蹄疣等（图ⅹⅳ）。

单疣指的是一个细胞上单个疣,如图ⅹⅳE 所示的属于单疣。

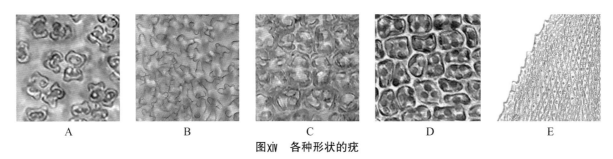

图ⅹⅳ　各种形状的疣

A. 马蹄疣;B. 叉状疣;C. 密疣;D. 多疣;E. 单疣

（3）棘刺。指叶片中肋或是叶上部细胞不规则突出的刺状突起,如仙鹤藓属 *Atrichum* 的一些种类（图ⅹⅴ）。

（4）芽胞。由单细胞或多细胞构成,能起营养繁殖作用的条状或圆盘状构造,通常着生茎或叶上（图ⅹⅵ）。

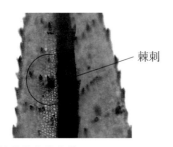

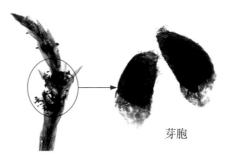

图ⅹⅴ　仙鹤藓多蒴变种 *Atrichum undulatum*
var. *gracilisetum* Besch. 的棘刺

图ⅹⅵ　芽胞银藓 *Anomobryum*
gemmigerum Broth. 的芽胞

苔类和角苔类植物

（一）概述

苔类植物配子体为叶状或具茎叶分化，多数类群背腹扁平，植物体为两侧对称，具背腹之分；假根为单细胞，茎叶内部细胞少分化，叶为一层细胞；具有油体；孢子体构造简单，多数无蒴轴、无蒴齿，蒴柄不发达；孢子囊内有弹丝形成，成熟时，纵向瓣裂；孢子萌发时产生原丝体，原丝体不发达，不产生芽体，每个原丝体只形成一个新植物体（配子体）。

角苔类植物的配子体是背腹之分的叶状体；每个细胞有一个大的叶绿体，叶绿体上有一个蛋白核；雌雄同株，生殖器官生于组织内部；孢子体角状或针状，基部有发达的基足埋于叶状体内。无蒴柄，有蒴轴；孢蒴二瓣裂；孢子体壁有叶绿体，有气孔，能独立生活一段时间。

（二）名词术语解释

1. 叶状体苔类

植物体呈片状而未分化成茎和叶。分为以下3类。

（1）体内基本没有组织分化，即叶状体横切面的细胞均一（绿片苔科 Aneuraceae、溪苔科 Pelliaceae）。

（2）体内略有分化的叶状体苔（南溪苔科 Makinoaceae、带叶苔科 Pallaviciniaceae、叉苔科 Metzgeriaceae）。

（3）具有内部组织分化的叶状体苔（钱苔科 Ricciaceae、地钱科 Marchantiaceae 等）。

地钱科 Marchantiaceae 是分化最复杂的叶状体苔类，叉状分枝，群落近于圆形。叶状体横切面的上表皮为一层含少数叶绿体的表皮细胞，因种的不同有单一形（亦称简单形）气孔，或筒形（亦称烟筒形）气孔。表皮下具不同分隔、不同层次的气室，通过气孔与外界通气，部分科属气室内尚有营养丝。气室下为多层薄壁细胞，有些科属黏液胞连接为黏液道，也有些真菌在薄壁细胞中共生。地钱目 Marchantiales 的假根分化为4种：有内壁平滑的简单假根，有内壁突起的疣状假根，有内壁片状突起的舌状假根，有内壁三角突起的分隔假根，但均为单细胞构成假根。地钱目的腹鳞片也发达，通常中肋两侧2～3列，每枚腹鳞片分化有附器、鳞片、假根、油胞或黏液胞等（图xvii）。

2. 茎叶苔类

植物体（配子体）分化为茎叶状，形态上具根、茎、叶，但并无内部组织分化，故亦称拟茎、叶植物体（图xvii～xix）。雌雄苞生于茎、枝先端。

（1）茎和枝。茎和枝的组织分化弱，仅表皮细胞（皮部）比内部（髓部）细胞大而薄壁或相反。茎和枝的横切面背腹明显，通常是椭圆形，少数为圆形。

（2）苔类的叶。苔类的叶片源于配子体。在茎、枝上对称着生，排列成2～3列，2列侧叶，1列腹叶，还有保护生殖器官的雄苞叶、雌苞叶和苞腹叶。

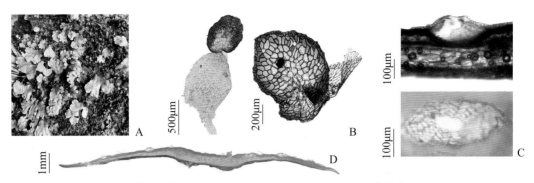

图XVII　蛇苔 *Conocephalum conicum*（L.）Dumort. 形态结构图
A. 叶状体；B. 腹鳞片与附器；C. 气孔侧面观和正面观；D. 叶状体横切

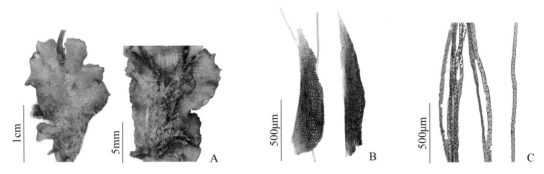

图XVIII　地钱 *Marchantia polymorpha* L. 形态结构图
A. 叶状体背面观和腹面观；B. 腹鳞片；C. 假根

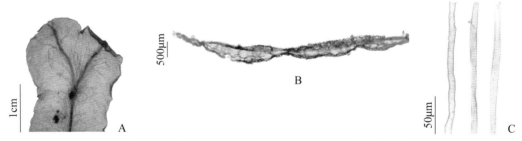

图XIX　毛地钱 *Dumortiera hirsuta*（Sw.）Nees. 形态结构图
A. 叶状体背面观；B. 叶状体横切；C. 假根

　　腹叶：腹叶排列于茎、枝腹面，常与侧叶异形，小于侧叶。因属种不同，而差异悬殊。先端分裂呈齿状，近方形的叶，如鞭苔属 *Bazzania*。腹叶 2 裂，边缘有齿的，如裂萼苔属 *Chiloscyphus*。边缘有毛的，如裂叶苔属 *Lophozia*。还有 2 裂，边全缘的，如细鳞苔属 *Lejeunea*。

　　侧叶（茎叶、枝叶）：侧叶排列在茎或枝的两侧，通常排列对称，明显大于腹叶，与腹叶异形。苔类中，从植物体背面观看，后叶的前缘蔽覆前叶的后缘的排列方式，称为蔽前式，常见于某些茎叶型苔类，如鞭苔属 *Bazzania*。反之，从植物体背面观看，前叶的后缘蔽覆后叶的前缘的排列方式，称为蔽后式，常见于某些茎叶型苔类，如异萼苔属 *Heteroscyphus*。侧叶一般分为 2 瓣：一瓣向茎的背面称背瓣，另一瓣向茎的腹面称腹瓣。许多种有腹瓣，腹瓣卷曲变化成各种形式。

　　叶片的形态：全缘叶（不裂叶），如圆叶苔属 *Jamensoniella*。裂叶的叶片分裂形式较多，不规则裂的，如裂叶苔科 Lophoziaceae，二浅裂的如钱袋苔属 *Marsupella*，二深裂的如剪叶苔属 *Herbertus*、大萼苔属 *Cephalozia*、拟大萼苔属 *Cephaloziella*；三到四裂的毛叶苔属 *Ptilidium*、睫毛苔

属 *Blepharostoma* 等，裂瓣不等大的，合叶苔属 *Scapania* 的叶片背瓣小腹瓣大，而扁萼苔属 *Raduda* 的裂瓣背瓣大腹瓣小，耳叶苔属 *Frullania* 的腹瓣常变形成盔状，光萼苔属 *Porella* 的腹裂瓣常呈舌状或不规则的波状，边缘常具附属裂片或毛（图XX）。

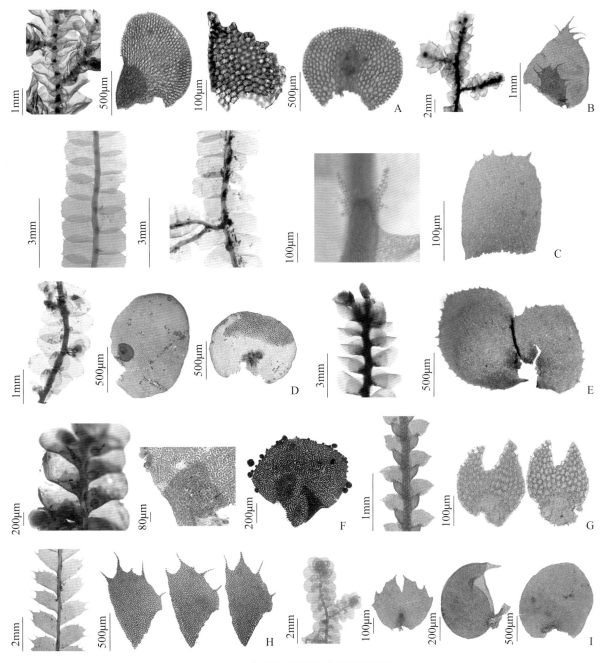

图XX　茎叶体苔类的叶形状结构图

A. 南亚顶鳞苔 *Acrolejeunea sandvicensis*（Gottsche）Steph. 植株、侧叶（背瓣和腹瓣）、腹瓣、腹叶；B. 毛边光萼苔 *Porella perrottetiana*（Mont.）Trevis. 植株、侧叶（背瓣和腹瓣）；C. 四齿异萼苔 *Heteroscyphus argutus*（Reinw.，Blume & Nees）Schiffn. 植株背面观、植株腹面观、腹叶、侧叶；D. 达乌里耳叶苔 *Frullania davurica* Hampe ex Gottsche，Lindenb. & Nees 植株腹面观、侧叶（背瓣、腹瓣）、腹叶；E. 斜齿合叶苔 *Scapania umbrosa*（Schrad.）Dumort. 植株背面观、腹瓣、背瓣；F. 芽胞扁萼苔 *Radula lindenbergiana* Gottsche ex C. Hartm. 植株腹面观、腹瓣、背瓣；G. 尖叶细鳞苔 *Lejeunea neelgherriana* Gottsche 植株腹面观、腹叶；H. 刺叶羽苔 *Plagiochila sciophila* Nees ex Lindenb. 植株腹面观、侧叶；I. 羊角耳叶苔 *Frullania acutiloba* Mitt. 植株腹面观、腹叶、腹瓣、背瓣

叶片细胞:苔类植物的叶片细胞也是分类的重要依据,其形状多为等轴形,少数为长轴形。尤其是部分属种的叶基部细胞,多见长轴形细胞,苔类的叶细胞壁也有明显的差异,多数属种为薄壁细胞,部分属种为厚壁细胞,常见的属种是角隅加厚,称之为三角体加厚或三角体。部分属种细胞壁不等加厚呈节状。细胞壁的表面多数平滑,但也有各种不同纹饰,如具圆形疣、乳头、星形疣、尖锐疣或细疣等不规则突起。

油体:苔类叶片细胞中特有的、由单位膜构成的、内含丰富萜类的细胞器,它们的大小、形状、颜色,或每个细胞中的数目,常成为种属的特征。苔类叶片的油体普遍存在。油体和遗传有关,是鉴别属种的依据之一(图xxi)。

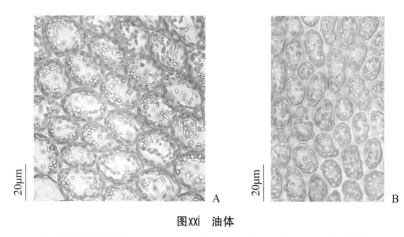

图xxi 油体

A. 南亚顶鳞苔 *Acrolejeunea sandvicensis* (Gottsche) Steph. 油体;

B. 钝叶光萼苔 *Porella obtusata* (Taylor) Trevis. 油体

油胞:在茎叶体苔类植物中,具有一个大的油体但缺乏叶绿体的异细胞,分布于侧叶或腹叶、蒴萼以及苞叶中,新鲜时其颜色与其他普通细胞不一样,如细鳞苔科和耳叶苔科的一些种类。

3. 苔类的无性繁殖

苔类的无性繁殖形式多样。主要有两种形式。

(1) 植物体前端继续生长,基部逐渐死亡腐朽,至分枝处,即成为两株新生植物体。其中因机械作用,茎、枝或叶断裂,断裂茎、枝或叶又发育为新植物体。

(2) 在植物体上形成芽柱、芽壶、芽杯等,形成各种形状的芽胞。其中尚有在植物体先端、叶边或叶背面形成的芽胞。苔类的芽胞多数为1~2个细胞构成,但也有多细胞星形芽胞。

4. 苔类的有性繁殖

苔类的有性生殖器官(精子器和颈卵器)着生形式:大致可分为3种类型。①直接着生于叶状体背面的;②着生在叶状体背面或腹面分枝特化成的生殖托;③生于主茎或侧枝先端或叶腋中。

孢子体:苔类的孢子体可分为基足、蒴柄和孢蒴三个部分。

孢蒴:成熟的孢蒴呈球形、椭圆形、短棒状或长棒状,浅(淡)黄色、褐黄色至黑褐色。苔类孢蒴的解剖结构远比藓类简单,缺乏蒴齿和蒴轴,但通常有弹丝。

弹丝:弹丝起源于孢蒴内造孢组织,壁上有螺纹,是帮助散布孢子的器官。

一、泥炭藓科 Sphagnaceae

沼泽地或长期水湿的林地呈大片生长，稀在森林坡地或山涧坳中生长。植物体色泽淡绿，干燥时呈灰白色或淡褐色，有时具紫红色。茎长可达 20cm 以上，单一或叉状分枝；具中轴；表皮细胞有时具水孔及螺纹。茎顶短枝丛生，侧枝含短劲、倾立的强枝及纤长贴茎下垂的弱枝。茎叶与枝叶异形。茎叶一般长大，稀形小。舌形、三角形或剑头形，叶细胞的螺纹及水孔较少。枝叶阔卵形、长卵形或长披针形，无色具螺纹加厚的大型细胞与狭长绿色细胞相互交织。雌雄同株或异株。精子器球形，具柄，集生于头状枝或分枝顶端。雌器苞由头状枝丛的分枝产生。假蒴柄白色，柔弱。孢蒴球形或卵形，成熟时棕褐色，无蒴齿，具小蒴盖，干时蒴盖自行脱落。孢子外壁具疣及螺纹。原丝体片状。

本科全世界 1 属。广布世界各地，以北半球温带和寒带地区为多。

（一）泥炭藓属 Sphagnum L.

属的特征同科所列。

本属全世界 303 种。中国 46 种；湖北 7 种。

1. 泥炭藓 Sphagnum palustre L.

植物体黄绿或灰绿色，有时略带棕色或淡红色。茎直立，皮部具 3 层细胞，表皮细胞具螺纹，每个细胞上具 3～9 水孔，中轴黄棕色。茎叶阔舌形，长 1～2mm，基部阔 0.8～0.9mm，上部边缘细胞有时全部无色，形成阔分化边缘；无色细胞往往具分隔，稀具螺纹和水孔如枝叶。枝丛 3～5枝，其中 2～3 强枝，多向倾立。枝叶卵圆形，长约 2mm，阔 1.5～1.8mm，内凹，先端边内卷；无色细胞具中央大型圆孔，背面具半圆形边孔及角隅对孔；绿细胞在枝叶横切面中呈狭等腰三角形，或狭梯形，偏于叶片腹面，背面完全为无色细胞所包被，或稍裸露。雌雄异株，雄枝黄色或淡红色。雌苞叶阔卵形，长约5mm，阔2.5～3mm，叶缘具分化边，下部中间纯为狭形无色细胞，无螺纹及水孔；上部具两种细胞，无色细胞密被螺纹及水孔与枝叶同。孢子呈赭黄色，直径28～33μm。本种是泥炭藓属植物中分布最广且较习见之种，世界广泛分布，植株色泽及大小变异较大。

生境：生于酸性沼泽地，湖北省大多分布在海拔1400～1600m低洼处。

分布：产于湖北省五峰黄粮坪、神农架大九湖、咸丰二仙岩、宣恩七姊妹山、通山九宫山等地；广西壮族自治区、福建省、西藏自治区、海南省、贵州省、江西省、重庆市、广东省、云南省、香港特别行

图1 泥炭藓 *Sphagnum palustre* L. 居群

政区、安徽省、四川省、甘肃省、浙江省、江苏省、内蒙古自治区、辽宁省、吉林省、台湾地区、河北省、河南省有分布；除亚洲分布外，欧洲、美洲、大洋洲也有分布。

用途：由泥炭藓和其他植物长期沉积后形成泥炭，其1t的燃料热量相当于0.5t的煤。泥炭藓植物迄今仍为苗木、花卉等长途运输的最佳包装材料。全草药用，具清热明目、止痒功效。

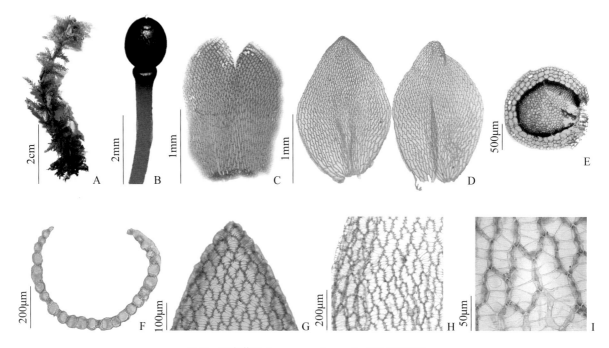

图2 泥炭藓 *Sphagnum palustre* L. 形态结构图

A. 植株；B. 孢蒴；C. 茎叶；D. 枝叶；E. 茎横切；F. 枝叶横切；G. 枝叶尖端；H. 枝叶边缘；I. 枝叶中部细胞

（凭证标本：刘胜祥，10081）

2. 拟狭叶泥炭藓 *Sphagnum cuspidatulum* Müll. Hal.

植物体密集丛生,呈淡绿白色或带褐色。茎粗壮,皮部具 2～3 层无色细胞,细胞狭长与中轴细胞分界不明显。茎叶呈广舌形,或三角状舌形,长 0.7～16mm,阔 0.5～0.9mm,有的叶基宽大于长,先端圆钝,顶部边缘有时消蚀呈缲状,两侧具狭分化边;无色细胞较短宽,通常无螺纹,具分隔,腹面常具大型中央孔。每枝丛具 4～6 枝,有 2～3 强枝,枝端渐细,往往弓形下垂。枝叶整齐 5 列,呈卵状披针形,长 0.8～1.3mm,阔 0.3～0.6mm,先端渐尖,边内卷,具狭分化边;无色细胞密被螺纹,腹面具多数大型角孔,背面具小型厚边角孔,基部有时亦具大型角孔;绿色细胞在叶片横切面观呈三角形,偏于叶片背面,腹面几乎全为大型无色细胞所包被。

生境:常生于海拔 1500～2500m 的高山阴坡林地或潮湿的林下。

分布:产于湖北省神农架大九湖;西藏自治区、贵州省、广东省、云南省、四川省有分布。克什米尔、尼泊尔、印度、缅甸、泰国、马来西亚、菲律宾及印度尼西亚也有分布。

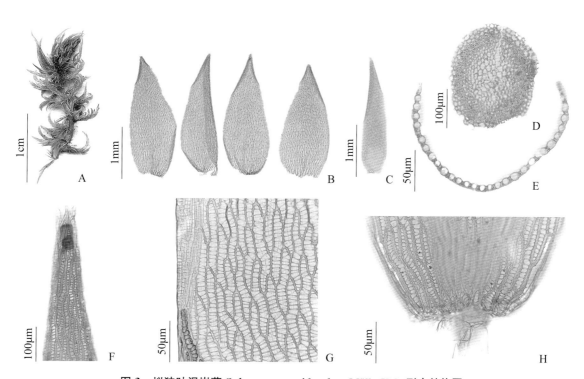

图3 拟狭叶泥炭藓 *Sphagnum cuspidatulum* Müll. Hal. 形态结构图

A. 植株;B. 茎叶;C. 枝叶;D. 茎横切;E. 枝叶横切;F. 枝叶叶尖细胞;G. 枝叶中部细胞;H. 枝叶基部细胞

(凭证标本:郑敏,DJH-1)

3. 暖地泥炭藓 *Sphagnum junghuhnianum* Dozy & Molk

植物体较粗大，约达10cm，淡褐白色，或带淡紫色，干燥时具光泽。茎直立，细长，表皮无色细胞特大，薄壁，具大型水孔，侧壁具纵列小水孔；中轴黄棕带红色。茎叶大，呈长等腰三角形，长约1.8mm，基部阔0.7～0.85mm，上部渐狭，先端狭而钝，具齿，上部边内卷，狭分化边向下不广延；无色细胞狭长菱形，位于叶上段密被螺纹及水孔，基部疏被螺纹，背面多具成列之半圆形对孔，腹面具多数大型圆孔。枝丛4～5，2～3强枝，倾立。枝叶大型，下部贴生，先端背仰，呈长卵状披针形，渐尖，长1.5～2mm，宽0.8～0.9mm，顶端钝，具细齿，具狭分化边，上段内卷；无色细胞长菱形，具多数膜褶及稍突出的螺纹，腹面基部及边缘有多数大而圆形的无边水孔，背面具半椭圆形厚边成列的对孔及大而圆形的水孔；绿色细胞在叶片横切面观呈三角形，位于叶片腹面，背面完全为无色细胞所包被。雌雄异株。雌苞叶较大，卵状披针形；无色细胞阔菱形，往往有多次分隔，无纹孔。孢蒴近球形；孢子散发后具狭口；孢子呈四分孢子形，赭黄色，具粗疣，直径19～21μm。

生境： 多生于沼泽地、湖湿林地、树干基部及腐木上。

分布： 产于湖北省神农架大九湖；广西壮族自治区、福建省、浙江省、西藏自治区、海南省、贵州省、江西省、湖南省、云南省、台湾地区、四川省有分布；印度尼西亚、菲律宾、马来西亚、泰国、印度、喜马拉雅地区及日本也有分布。

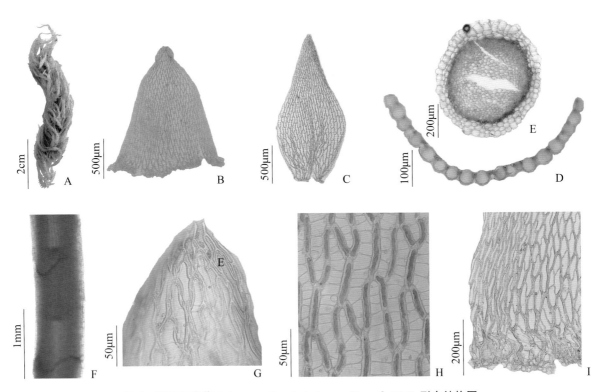

图4　暖地泥炭藓 *Sphagnum junghuhnianum* Dozy & Molk 形态结构图

A. 植株；B. 茎叶；C. 枝叶；D. 枝叶横切；E. 茎横切；F. 茎表皮；G. 枝叶叶尖；H. 枝叶中部细胞；I. 枝叶基部边缘细胞

（凭证标本：刘胜祥，恩施001）

4. 多纹泥炭藓 *Sphagnum multifibrosum* X. J. Li & M. Zang

物体粗壮,高达 10cm 以上,往往呈大面积丛生,淡绿带黄色。茎及枝表皮细胞密被螺纹及水孔。茎叶扁平,长舌形(长为阔的 2 倍以上);先端圆钝,顶端细胞往往消蚀成不规则锯齿状,叶缘具白边;茎叶无色细胞呈长菱形至虫形,密被螺纹及水孔,同枝叶无色细胞。枝叶呈阔卵状圆形,强烈内凹呈瓢状,先端圆钝,边内卷呈兜形;无色细胞呈不规则长菱形,密被螺纹,背面角隅处往往具半圆形对孔,腹面稀具孔;绿色细胞在枝叶横切面观呈等腰三角形,偏于叶片腹面,背面全为无色细胞所包被。

生境:生于海拔 1800~3200m 的沼泽地、高山林地以及水湿的岩壁上。

分布:产于湖北省咸丰二仙崖;福建省、西藏自治区、贵州省、云南省、黑龙江省有分布。中国特有种。国家二级保护野生植物。

用途:同泥炭藓。

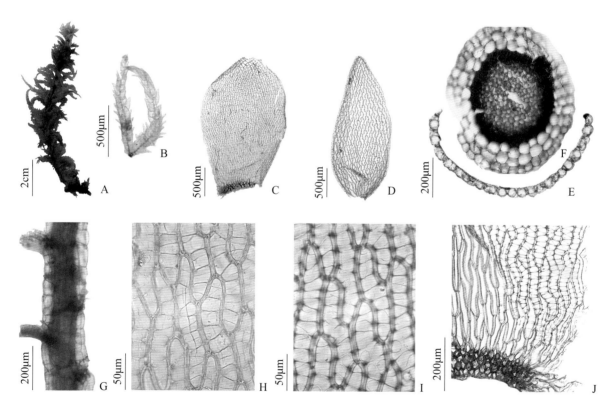

图 5 多纹泥炭藓 *Sphagnum multifibrosum* X. J. Li & M. Zang 形态结构图

A. 植株;B. 强枝;C. 茎叶;D. 枝叶;E. 枝叶横切;F. 茎横切;G. 枝茎表皮;

H. 茎叶中部细胞;I. 枝叶中部细胞;J. 茎叶基部边缘细胞

(凭证标本:刘胜祥,咸丰 0011)

5. **尖叶泥炭藓** *Sphagnum capillifolium*（Ehrh.）Hedw.

植物体疏丛生，大小、色泽深浅变异均甚大，通常呈淡绿色、黄褐色，带紫红色，干时无光泽。茎皮部 2～4 细胞层，中轴淡黄或浅红色。茎叶在同株上往往异形，一般下大上小，叶片呈长卵状等腰三角形，渐狭，上部边缘内卷，几呈兜形，叶长 1～1.5mm，基部宽 0.4～0.7mm，分化边缘上狭，下部明显广延；上部无色细胞阔菱形，多具分隔，下部细胞长菱形，分隔渐少，背腹面均具不明显之大型膜孔。枝丛 3～5 枝，2～3 强枝。枝叶卵状长披针形，上部叶边内卷，先端平钝具齿，长 0.9～1.4mm，宽 0.4～0.5mm。无色细胞密被螺纹，腹面上部细胞上下角隅均具小孔，下部及边缘细胞具多数大圆孔，背面则密被半圆形厚边成列对孔，渐向下则孔渐大而壁渐薄；绿色细胞在叶横切面观呈三角形，偏于叶片腹面。雌雄杂株；雄枝着生精子器部分带红色；雄苞叶短宽，急尖；雌苞叶较大，阔卵形，内凹呈瓢状。孢子淡黄色，壁光滑或具细疣，直径 20～25μm。

生境：多生于沼泽地、林下、灌丛下、潮湿腐殖土上。

分布：产于湖北省神农架林区及大九湖；西藏自治区、新疆维吾尔自治区、贵州省、江西省、内蒙古自治区、云南省、吉林省、黑龙江省有分布；印度、日本、俄罗斯（萨哈林，堪察加半岛）、欧洲、非洲、南北美洲也有分布。

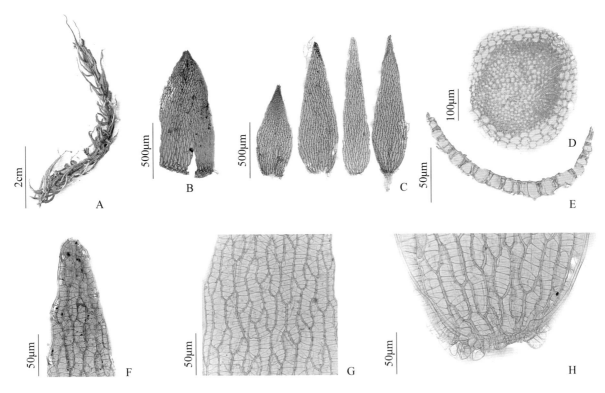

图 6 尖叶泥炭藓 *Sphagnum capillifolium*（Ehrh.）Hedw. 形态结构图

A. 植株；B. 茎叶；C. 枝叶；D. 茎横切；E. 枝叶横切；F. 枝叶叶尖细胞；G. 枝叶中部细胞；H. 枝叶基部细胞

（凭证标本：郑敏，DJH-WZ14）

植物体较为纤细,密集丛生或散生,呈暗绿色、淡绿色,或带红棕色。原丝体丝状,易凋萎,或为片状及棍棒状的原丝体叶,往往宿存,聚生于植株周围。茎直立,单一,稀具分枝。叶疏生,排成3～5列。叶片阔卵状或长卵状披针形,先端急尖或渐尖,边全缘或具小圆齿,叶片单细胞层;

中肋单一,长达叶中上部或在叶尖稍下部消失,有时细弱或缺失。叶中上部细胞为绿色,多角状圆形或不规则菱形、六角形或长方形;叶基部细胞狭长方形,细胞壁均平滑。雌雄同株异苞,生殖器顶生;雄器苞张开成花状,具丝状配丝;雌生殖苞芽状,无配丝;雌苞叶较茎叶长大,卵状披针形。蒴柄细长且直立。孢蒴长圆柱形或卵状柱形,直立,对称,蒴壁平滑。蒴齿由多层细胞构成,成熟后裂成4片,齿片呈等腰三角锥体形,外层细胞壁厚,内层干缩成纵纹。具蒴轴,与蒴盖不相连。蒴盖圆锥体形,单细胞层。蒴帽长圆锥体形,往往纵长皱褶,基部呈瓣状深裂。

本科全世界2属。中国均有记录。

(二)**四齿藓属** *Tetraphis* Hedw.

该属藓类植株密集丛生且纤细,绿色略带红棕色。茎直立,细长,高8～18mm,横切面3层3列,较下部之叶为阔卵形,先端急尖;上部的叶长圆状披针形,先端渐尖,叶面为单层细胞,中肋粗壮,中央有厚壁束分化。叶片上中部细胞多角状圆形,细胞角部增厚。雌雄异苞同株,孢子体顶生,内孢叶较狭长,呈线状披针形。蒴柄细长;孢蒴无环带,蒴帽呈长圆锥形,具纵长沟槽;蒴齿狭长等腰三角形,着生于蒴口加厚边内部深处,黄棕色;蒴盖圆锥蒴的大部。雄器苞顶生。原丝体丝状,柔细而易凋萎。具无性繁殖的孢芽杯。

本属全世界2种,均分布于寒带及北温带地区,广泛生于高山针叶林下。中国2种;湖北1种。

6. 四齿藓 *Tetraphis pellucida* Hedw.

　　植株纤细，往往成纯群落密集丛生。茎直立，单生，往往下部裸露。叶集生于上段，阔卵圆形或长椭圆形，先端急尖，叶边全缘；中肋粗壮，长达叶先端或几至顶，在叶背面突出。叶片上中部细胞多角状圆形，壁薄而角部增厚，蒴柄直立，平滑；孢蒴细长，圆柱形；蒴齿棕色，成熟后裂成 4 片，狭长等腰三角形；蒴盖长圆柱状锥形。蒴帽棕色，上半部粗糙，下部平滑。无性芽胞片状，着生于芽胞杯内。

　　生境：多生于高山林下的林地上和腐木上或树桩上。

　　分布：产于湖北省神农架、宜昌大老岭；西藏自治区、贵州省、重庆市、云南省、四川省、甘肃省、陕西省、新疆维吾尔自治区、内蒙古自治区、辽宁省、吉林省、台湾地区、黑龙江省有分布；朝鲜、日本、俄罗斯西伯利亚及欧洲、北美洲也有分布。

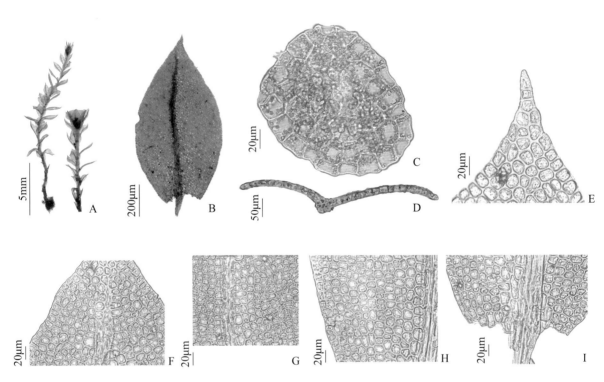

图 7　四齿藓 *Tetraphis pellucida* Hedw. 形态结构图

A. 植株；B. 叶片；C. 茎横切；D. 叶横切；E. 叶尖细胞；F. 叶上部细胞；G. 叶中部细胞；H、I. 叶基部细胞

（凭证标本：刘胜祥，10502-2）

一年生或多年生植物,通常土生,大型、粗壮至小型,直立,一般硬挺,绿色、褐绿色至红棕色,密集成片、疏生或散生于其他藓类植物中。叶片湿时伸展,似松杉幼苗;干燥时叶片紧贴、伸展、略卷或强烈卷曲。茎多数单一,稀分枝,少数属种呈树状分枝,茎上部密被叶片,下部一般无叶或具鳞片状叶,基部丛生棕红色或无色假根,常具地下横茎。叶片螺旋排列,多为长披针形或长舌形,常具宽大的鞘

部;叶中肋较宽阔,及顶、突出叶尖或呈芒状,叶腹面一般具多数明显的纵行栉片及两侧无栉片的翼部,不同种的栉片顶细胞形态各异。雌雄异株,稀雌雄同株。雄株常略小,雄苞顶生,呈花盘状,有时于中央继续萌生新枝;雌株较大。孢蒴顶生或侧生,多数为卵形、圆柱形或呈四至六棱柱形。蒴帽兜形,有多数金黄色纤毛,稀平滑无毛。

本科全世界 20 属。中国 8 属;湖北 5 属。

(三)仙鹤藓属 Atrichum P. Beauv.

植物体小至中等大小,硬挺,直立,暗绿色至棕绿色,密集丛生或疏生于土表或土坡上。茎单一或稀疏分枝,具中轴,基部常有多数假根。叶长剑头形或舌形,渐尖或具短尖,常具斜向波纹,背面多具斜列棘刺,干时常强烈卷曲或皱缩,湿时倾立,稀疏或密集着生;叶常具 1~3 列长或狭长细胞构成的边缘,一般具双齿,单中肋常达叶尖或突出,栉片仅生于中肋腹面,一般由同形细胞构成。雌雄异株,稀雌雄同株。蒴柄细长,直立;孢蒴长圆柱形,直立或略弯曲。蒴盖圆锥形,有长喙。

本属全世界约有 22 种,16 种常见,一般分布于温带地区。中国 7 种及 1 变种;湖北 5 种 1 变种。

7. 小仙鹤藓 *Atrichum crispulum* Besch.

植物体较大，一般高 2～8cm，绿色至暗绿色。叶长舌形或剑头形，中上部最宽，背面具少数斜列的棘刺，具披针形短尖，干时常强烈卷曲，湿时倾立；叶中部细胞一般近六边形，多数 18～26μm，基部细胞方形或长方形，叶边常具双齿，有 1～3 列狭长细胞的边缘，单中肋长达近叶尖部，中肋腹面栉片多数 2～6 列，高一般 1～3 个细胞。雌雄异株。蒴柄棕红色，细长，1.5～3cm，直立；孢蒴长圆柱形，略弯曲，单生，多数倾立；蒴齿单层，齿片 32，棕红色，具中脊；蒴盖圆锥形，多具长喙。蒴帽兜形，尖部具少数细毛。

生境：多生于较潮湿的路边、林地或土面、岩面。

图 8　小仙鹤藓 *Atrichum crispulum* Besch. 居群

分布：产于湖北省五峰后河、利川星斗山等地；广西壮族自治区、浙江省、西藏自治区、贵州省、江苏省、重庆市、上海市、辽宁省、云南省、台湾地区、四川省有分布；朝鲜、日本和泰国也有分布。

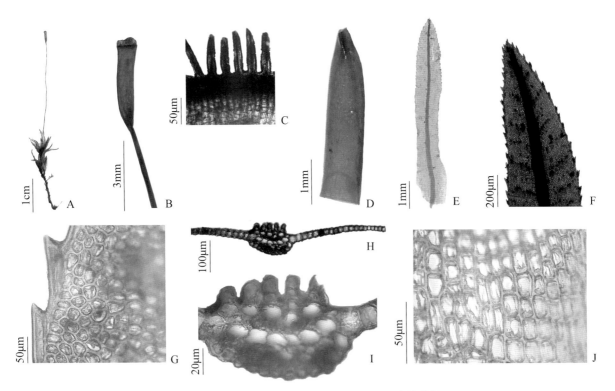

图 9　小仙鹤藓 *Atrichum crispulum* Besch. 形态结构图

A. 植株；B. 孢蒴；C. 蒴齿；D. 蒴帽；E. 叶片；F. 叶上部；G. 叶上部边缘细胞；H. 叶横切；I. 栉片；J. 叶基部细胞

（凭证标本：方元平，8174-3）

8. 仙鹤藓多蒴变种 *Atrichum undulatum*（Hedw.）P. Beauv var. *gracilisetum* Besch.

　　植物体较小至中等大小，高 1～3 cm。茎单一或少分枝。叶长舌形，一般长 8 mm，宽 1～1.3 mm，中部以上稍宽或不明显，具披针形尖，背面具斜列棘刺，干时常强烈卷曲，湿时常具斜向波纹；叶中部细胞多为椭圆形，一般直径 17～25μm，下部细胞长方形，叶边常具 1～3 列狭长细胞构成的边缘，具双齿，单中肋长达叶尖，栉片一般 4～5 列，多数高 3～6 个细胞，仅生于中肋腹面。雌雄异株。蒴柄细长，直立；孢蒴长圆柱形，多 2～5 个丛生；蒴齿单层，齿片 32；蒴盖圆锥形，具长喙；蒴帽兜形。

　　生境：多生于较潮湿的路边、林地或岩面。

　　分布：产于湖北省团风大崎山、神农架、七姊妹山、五峰后河等地；广西壮族自治区、福建省、西藏自治区、贵州省、江西省、重庆市、广东省、云南省、香港特别行政区、安徽省、四川省、甘肃省、山东省、陕西省、浙江省、江苏省、内蒙古自治区、辽宁省、吉林省、台湾地区、黑龙江省、河南省有分布；朝鲜、日本、喜马拉雅地区等北半球大部分地区也有分布。

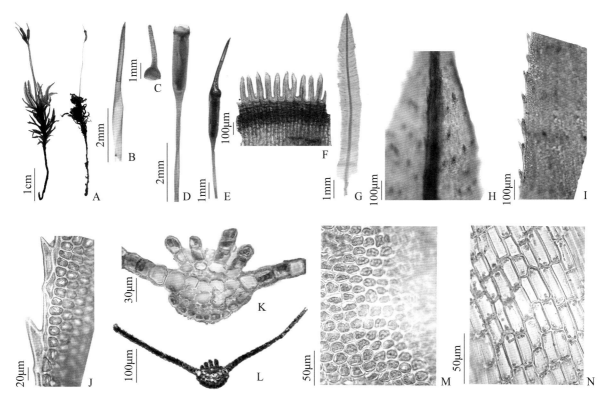

图 10　仙鹤藓多蒴变种 *Atrichum undulatum*（Hedw.）P. Beauv var. *gracilisetum* Besch. 形态结构图

A. 植株干湿对照；B. 蒴帽；C. 蒴盖；D、E. 孢蒴；F. 蒴齿；G. 叶片 H. 叶上部棘刺；I、J. 叶上部边缘齿细胞；

K. 栉片；L. 叶基部横切；M. 叶中部细胞；N. 叶基部细胞

（凭证标本：刘胜祥，10129-1）

9. 小胞仙鹤藓 *Atrichum rhystophyllum*（Müll. Hal.）Paris

植物体小型，高 0.5～2cm。茎单一。叶长舌形，长 2～5mm，具披针形尖，背面具斜列棘刺，干时常强烈卷曲，湿时倾立；叶边具双齿，有 1～2 列狭长细胞的边缘；单中肋长达叶尖；栉片 4～6 列，高 2～7 个细胞；叶中部细胞一般椭圆形，多数 12～16μm，下部细胞常为方形或长方形。雌雄异株。孢蒴长圆柱形，略弯曲，单生，一般倾立。蒴盖圆锥形，多具长喙。孢子球形，直径 12～30μm，表面具细疣。

生境：多生于较潮湿的路边和林地的土面。

分布：产于湖北省西南部；广西壮族自治区、西藏自治区、贵州省、江西省、重庆市、湖南省、云南省、四川省有分布；朝鲜和日本也有分布。

图 11 小胞仙鹤藓 *Atrichum rhystophyllum*（Müll. Hal.）Paris 居群

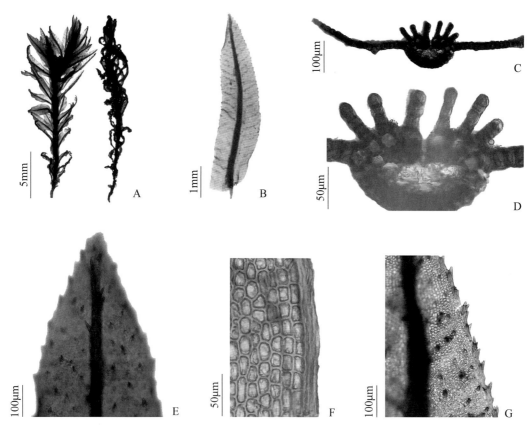

图 12 小胞仙鹤藓 *Atrichum rhystophyllum*（Müll. Hal.）Paris 形态结构图

A. 植株；B. 叶片；C. 叶基部横切；D. 栉片；E. 叶上部；F. 叶中部边缘细胞；G. 叶上部边缘细胞

（凭证标本：方元平，7318）

（四）小金发藓属 *Pogonatum* P. Beauv.

植物体粗壮，硬挺，稀较细而柔弱，通常密集成大片群落。茎直立，极少分枝；上部具螺旋状排列的叶，下部多密被红棕色假根。叶干燥时卷曲或贴茎，湿润时倾立，不具波纹，通常基部宽阔，呈鞘状抱茎，上部多呈狭披针形，叶边具齿，不分化；中肋在叶片鞘部狭窄，具发育良好的副细胞，贯顶或突出叶尖。叶上部细胞近于同形，多角形或方形，厚壁，腹面密被纵列的栉片，顶细胞多分化，长卵形或扁圆形，稀圆形，外壁平滑或被疣，稀栉片缺失，叶鞘部细胞单层，透明，长方形或近于呈长方形。雌雄同株或异株。雌苞叶略分化，鞘部长于茎叶鞘部。蒴柄硬挺，多长 2～3cm，平滑。孢蒴圆柱形。环带缺失。蒴齿通常 32 片，舌形，钝端，尖部多内曲。蒴盖圆突，具喙。蒴帽兜形，被多数长纤毛。孢子形小，平滑。雄苞顶生，呈盘状；精子器和配丝多数。在同一植株上往往逐年生长新雄苞。

本属全世界约 57 种。中国现知约 20 种；湖北 13 种。

10. 东亚小金发藓 *Pogonatum inflexum*（Lindb.）S. Lac.

植物体中等大小，灰绿色，老时呈褐绿色，往往呈大片群生。茎多单一，通常长 1～3cm，稀长度超过 3cm，下部叶疏松，三角形或卵状披针形，上部叶簇生，内曲，干燥时卷曲，湿润时舒展，由卵形鞘状基部向上呈披针形，鞘部边全缘，叶边略内曲；叶单层细胞，上部具粗齿，由 2～4 个单列细胞组成，顶细胞形大而呈棕色；中肋带红色，背面上半部密被锐齿，栉片

图 13　东亚小金发藓 *Pogonatum inflexum*（Lindb.）S. Lac. 居群

多数,密生叶片腹面,每列栉片高 4～6 个细胞,顶细胞的横切面呈扁椭圆形或圆方形,多宽度大于长度,胞壁略加厚,下部细胞方形,长 20～35μm,宽 12～16μm,具薄壁。雌雄异株。蒴柄一般单出,长 25～35mm,直径 0.20～0.25mm,红褐色;孢蒴直立或近于直立,圆柱形,中部较粗,长 3.5～4.5mm,直径 1～2mm;蒴齿钝端,基膜高出;孢子直径 8～10μm,平滑;蒴盖长约 1.2mm。雄苞叶阔卵形,短尖。雄株与雌株常出现在同一环境,但常形成不同的群丛。

  生境:喜在温暖湿润林地和路边阴湿土坡成片着生。

  分布:产于湖北省内各地;福建省、贵州省、江西省、重庆市、上海市、湖南省、云南省、安徽省、甘肃省、山东省、浙江省、江苏省、台湾地区、河南省有分布;朝鲜和日本也有分布;东亚地区特有种。

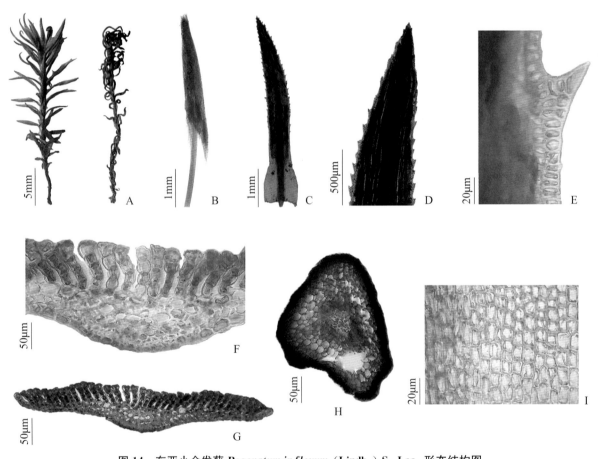

图 14　东亚小金发藓 *Pogonatum inflexum*（Lindb.）S. Lac. 形态结构图

A. 植株;B. 孢蒴;C. 叶片;D. 叶上部细胞;E. 叶边缘细胞;F. 栉片;G. 叶横切;H. 茎横切;I. 叶基部细胞

（凭证标本:刘胜祥,10762）

11. 疣小金发藓 *Pogonatum urnigerum*（Hedw.）P. Beauv.

植物体中等大小,上部呈灰绿色,基部带棕色,呈片状丛集生长。茎一般高 5cm,长可达 12cm,上部具 2～3 分枝。上部叶片干燥时贴茎生长,湿润时倾立或略背仰,由卵状鞘部向上突收缩成披针形叶片,尖部突出成刺,长约 6mm,宽约 0.7mm;叶边多内曲,上部边缘为单层细胞,具粗齿;中背部具少数粗齿,腹面纵列数十条栉片,高 4～6 个细胞,顶细胞带棕色,圆形至卵形,胞壁加厚,具粗疣,栉片下部细胞圆方形,厚壁直径 8～12μm。雌雄异株。柄长 2.5～3cm,直径约 0.25mm,棕红色或棕色。孢蒴圆柱形,长 2.5～3mm,宽 1～1.5mm,胞壁细胞具乳头状突起。蒴齿棕红色,钝端,长约 0.2mm。孢子小,直径 10～15μm。

生境:喜生于低海拔阴湿土坡、土壁和林地。

分布:产于湖北省大别山、九宫山、星斗山、团风大崎山、宜昌大老岭、五峰后河等地;吉林省、辽宁省、陕西省、甘肃省均有分布;朝鲜、日本、菲律宾也有分布。

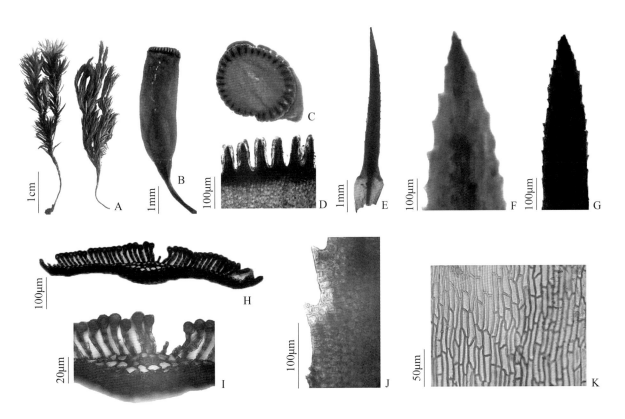

图 15 疣小金发藓 *Pogonatum urnigerum*（Hedw.）P. Beauv. 形态结构图

A. 植株;B. 孢蒴;C. 蒴盖;D. 蒴齿;E. 叶片;F、G. 叶尖;H. 叶横切;I. 栉片;J. 叶中部边缘细胞;K. 叶基部细胞

（凭证标本:程丹丹,7929）

12. 川西小金发藓 *Pogonatum nudiusculum* Mitt.

植物体中等大小，稍硬挺，成片丛集生长。茎单一，基部叶较小，鳞片状，鞘部不明显，上部叶片卵状披针形，较大而仅鞘部抱茎，湿润时上部倾立，干时强烈扭曲，长可达 7mm；叶边尖部具锐齿；中肋棕色，突出于叶尖，背面上部具刺，腹面栉片多数，着生中肋或中肋两侧的叶面，覆盖及叶片腹面 2/3，高 4～6 个细胞，顶细胞横切面呈圆形，厚壁，平滑；叶基部细胞长方形，厚壁，上部细胞宽短。蒴柄棕色，长约 3cm；孢蒴短圆柱形，直立或倾立，蒴壁细胞平滑；蒴齿 32 片，具棕色条纹；蒴帽覆盖及整个孢蒴。

生境：生于山地林下和草丛中。

分布：产于湖北省五峰后河、利川星斗山等地；甘肃省、西藏自治区、贵州省、云南省、台湾地区、四川省有分布；尼泊尔、不丹、印度、斯里兰卡和菲律宾也有分布。

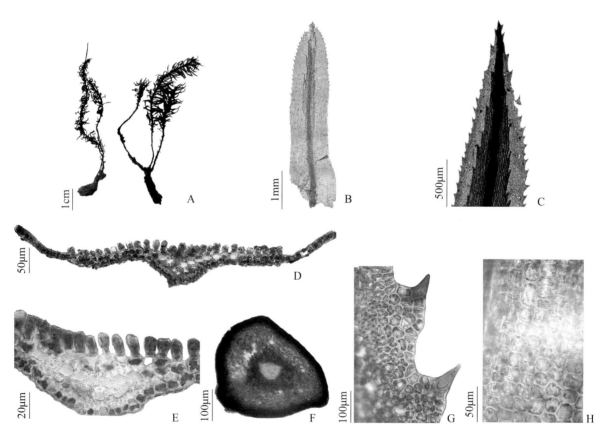

图 16　川西小金发藓 *Pogonatum nudiusculum* Mitt. 形态结构图

A. 植株；B. 叶片；C. 叶上部；D. 叶横切；E. 栉片；F. 茎横切；G. 叶边缘细胞；H. 叶中部细胞

（凭证标本：方元平，5300）

13. 苞叶小金发藓 *Pogonatum spinulosum* Mitt.

植物体较小，黄绿色，散生于成片绿色长存原丝体上。茎单一，高约 2mm，仅基部着生假根；无中轴分化。叶呈鳞片状，腹面无栉片，黄棕色，稀具叶绿体，湿润或干燥时均紧贴于茎；中肋具一不完全的副细胞束，无输导细胞。基叶卵形，长 1~1.5mm，宽 0.4~0.9mm，上部锐尖或渐尖；近尖部具不规则齿或粗齿，中肋消失于叶尖，中部叶片长卵形或卵状披针形，长 3~4.5mm，宽 1~1.3mm，上部渐尖，叶边全缘；中肋粗壮，红棕色，突出成长而扭曲的尖，上部密被粗刺，叶细胞通常单层，有时 2 层。孢蒴直立，圆柱形，有时略呈弓形，长 4~5.5mm，宽 1.2~1.7mm；蒴周层细，狭长椭圆胞长方形至多角形，长约 30μm，每个细胞具圆锥形乳头，直径约 30μm；蒴齿略不规则形或披针形，直径 17~70μm，尖部圆钝或平截，有时浅 2 裂；基膜与齿片近于等长；蒴帽长 7~8mm，密被纤毛。

本种最突出特征为原丝体常存，叶片呈鳞片状贴茎生长，中肋粗壮而呈刺状突出于叶尖，并具粗齿，为小金发藓属中较易识别的种类。

生境：喜生于低海拔阴湿土坡、土壁和林地。

分布：产于湖北省五峰后河等地；广西壮族自治区、福建省、贵州省、江西省、重庆市、云南省、安徽省、四川省、山东省、浙江省、江苏省、吉林省、黑龙江省、河南省均有分布；朝鲜、日本和菲律宾也有分布。

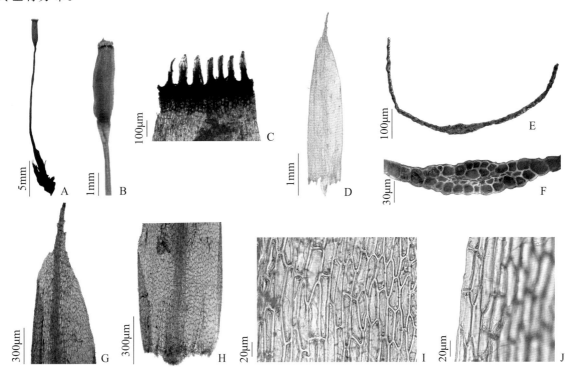

图 17 苞叶小金发藓 *Pogonatum spinulosum* Mitt. 形态结构图

A. 植株；B. 孢蒴；C. 蒴齿；D. 内雌苞叶；E. 叶横切；F. 叶中肋横切；

G. 叶尖细胞；H. 叶基部细胞；I. 叶中部细胞；J. 叶中部边缘细胞

（凭证标本：彭丹，5498）

14. 细疣小金发藓 *Pogonatum dentatum*（Menzies ex Brid.）Brid.

植物体中等大小,灰绿色,丛集成片生长。茎高 1.5～2cm,直立,上部有时具 2～3 分枝,下部具棕红色假根。叶丛集茎上部,干燥时卷曲,湿润时倾立,由近于圆卵形鞘状基部向上突收缩成披针形,尖部呈急尖或狭短尖,叶上部长约 4mm,宽约 0.6mm;叶边内曲,两层细胞厚,齿粗而疏;中肋宽阔,背面具少数小齿。叶片腹面约有 30 条纵列栉片,栉片高 3～6 个细胞,顶细胞近于方形或长方形,高度小于宽度,胞壁强烈加厚,上面被密疣。蒴柄单生,长 1～1.5cm,直径约0.15mm,黄橙色,干燥时常扭曲。孢蒴短卵状圆柱形,长 2～25mm,直径 0.8～1.2mm,外壁具乳头状突起。蒴齿长舌形,长约 0.25mm,上部透明,中下部红棕色。

在外形上,本种与疣小金发藓相似,但本种叶的长度与宽度比约为 4：1,而疣小金发藓可达 6：1。本种叶腹面栉片横切面的顶细胞近于呈扁方形,而疣小金发藓呈圆形或扁圆形可相互区分。

与近似种东亚小金发藓 *Pogonatum infexum*（Lindb.）Lac 和硬叶小金发藓 *P. neesii*（Cmuell.）Dozy 主要识别点为本种叶的栉片顶细胞横切面较大,近于呈方形至扁方形,且胞壁强烈加厚而具疣,后两种栉片顶细胞均平滑而胞壁等厚。

生境:多着生于向阳沙土。

分布:产于湖北省五峰后河等地;新疆维吾尔自治区、吉林省、香港特别行政区有分布;日本、朝鲜、俄罗斯(远东地区)、欧洲和北美洲也有分布。

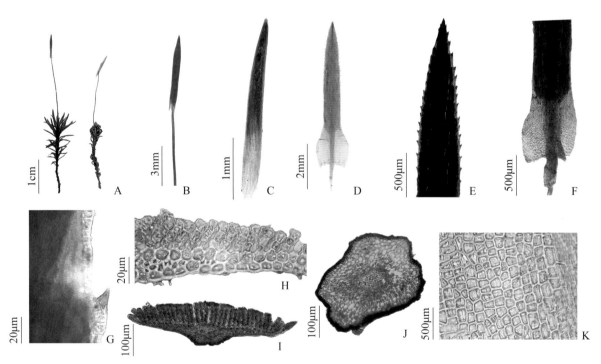

图 18　细疣小金发藓 *Pogonatum dentatum*（**Menzies ex Brid.**）**Brid. 形态结构图**

A. 植株;B. 孢蒴;C. 蒴帽;D. 叶片;E. 叶上部细胞;F. 叶下部细胞;

G. 叶边缘细胞;H. 栉片;I. 叶横切;J. 茎横切;K. 叶基部细胞

（凭证标本:彭丹,1673）

15. 刺边小金发藓 *Pogonatum cirratum*（Sw.）Brid.

植物体较小，硬挺，褐绿色，老时呈棕色，多呈疏松丛集生长。茎高 5cm，稀达 10cm，带红色，下部被覆小型疏松鳞片状叶片，上部叶多少簇生，湿润时倾立，干燥时卷曲，由阔卵形鞘状基部向上收缩而呈狭披针形，渐尖而具毛尖，叶边平展，由两层细胞组成，上半部具粗齿，齿由多个细胞组成，下半部全缘；中肋宽阔，背面具疏粗齿；栉片常超过 50 列，高仅 1～2 个细胞，顶细胞不分化，圆钝形；叶片边缘细胞圆形或圆卵形，(45～65)μm×(10～12)μm，胞壁厚。雌雄异株。蒴柄单出，高 2～3cm，棕红色。孢蒴卵形，蒴壁平滑。蒴齿 32 片，长约 0.2mm，钝尖，基膜低。孢子 8～10μm。雄株与雌株相近似。雄苞叶卵形。叶片干燥时边缘向腹面内卷，因此外观有时卷曲呈丝状。

图 19 刺边小金发藓 *Pogonatum cirratum*（Sw.）Brid. 居群

生境：喜湿热林地和树基生长。

分布：产于湖北省五峰后河等地；广西壮族自治区、福建省、西藏自治区、海南省、贵州省、江西省、重庆市、湖南省、广东省、云南省、香港特别行政区、四川省、浙江省、江苏省、台湾地区有分布；尼泊尔、不丹、印度、缅甸、越南、马来西亚和菲律宾也有分布。

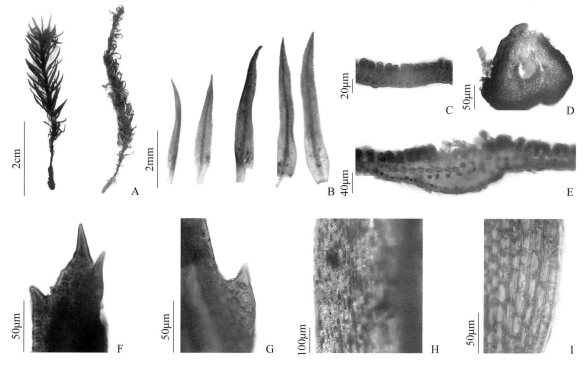

图 20 刺边小金发藓 *Pogonatum cirratum*（Sw.）Brid. 形态结构图

A. 植株；B. 叶片；C、E. 叶横切；D. 茎横切；F. 叶尖细胞；G. 叶上部边缘细胞；H. 叶中部细胞；I. 叶基部细胞

（凭证标本：郑桂灵，2344）

16. 南亚小金发藓 *Pogonatum proliferum*（Griff.）Mitt.

植物体粗大，褐绿色，常成大片群生。茎单一，稀上部分枝，高可达 10cm，连叶片宽 0.8～1.2cm，基部叶小而呈鳞片状，上部叶由略呈鞘状的基部向上呈披针形，干燥时扭曲或略卷曲，湿润时倾立，宽 0.6～1.2cm，长 1.2～1.8cm，具锐尖；叶边具多个细胞形成的锐齿；中肋棕色，背面尖部具齿；栉片稀少，仅着生中肋腹面，高仅 1～2 个细胞，卵圆形，壁薄，平滑，顶细胞略长。叶基部细胞长方形至方形，上部细胞不规则至圆六角形，厚壁。雌雄异株。蒴柄暗棕色，长 2～4cm，单出。孢蒴倾立，长卵形至圆柱形，长 0.3～0.5cm，褐色，平滑。蒴齿 32 片，具暗褐色条纹。蒴帽密被橙黄色长纤毛。蒴盖具喙。

本种为小金发藓属中主要分布南方的种类，叶片因栉片仅若生中肋腹面而质薄。其主要识别点为叶尖多宽阔，叶边齿粗大，栉片不仅数少，而高仅 1～3 个细胞。

生境：习生于山地林下或林边。

分布：产于湖北省西南部；广西壮族自治区、贵州省、江西省、湖南省、云南省、四川省、台湾地区有分布；尼泊尔、不丹、印度、缅甸、泰国、越南和菲律宾也有分布。

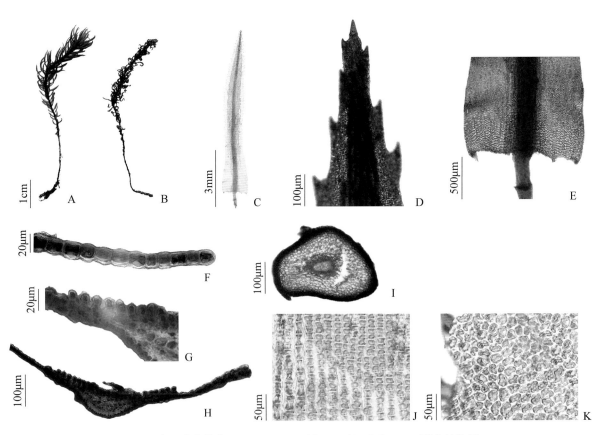

图 21 南亚小金发藓 *Pogonatum proliferum*（Griff.）Mitt. 形态结构图

A、B. 植株；C. 叶片；D. 叶上部细胞；E. 叶基部细胞；F、G、H. 叶横切；I. 茎横切；J. 叶中部细胞；K. 叶边缘细胞

（凭证标本：吴林，F-16082010）

17. 硬叶小金发藓 *Pogonatum neesii*（Müll. Hal.）Dozy

植物体较小,高 1～2cm,不分枝,上部叶片湿润时倾立,干燥时内曲,由不明显鞘部向上呈披针形,长 4.0～5.0mm,宽 0.7mm;叶边平展,单层细胞,具锐齿,每个齿由 1～3 个细胞组成,顶端细胞棕色;中肋带绿色,背部上方 1/3 被齿;栉片约 45 列,高 3～4 个细胞,稀达 6 个细胞,顶细胞稀分化,呈椭圆形或圆方形,略呈圆钝。雌雄异株。蒴柄单出,高 15～25mm,暗褐色。孢蒴短圆柱形,外壁具乳头。蒴齿长约 0.2mm,基膜低。蒴盖长约 1mm。蒴帽长约 4mm。孢子直径约 12μm,平滑。

生境:湿热地区林地和树基生长。

分布:产于湖北省西南部、团风大崎山;浙江省、江苏省、江西省、湖南省、天津市、云南省、香港特别行政区、河北省有分布;朝鲜和日本也有分布。

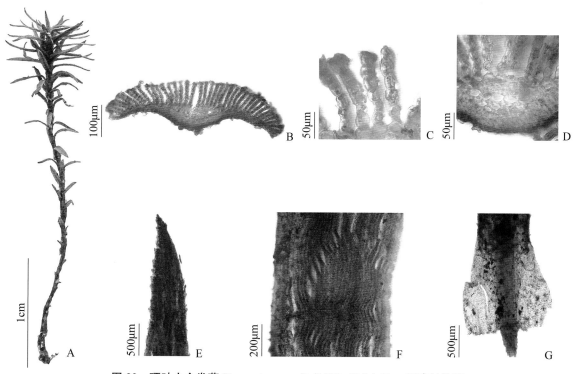

图 22　硬叶小金发藓 *Pogonatum neesii*（Müll. Hal.）Dozy 形态结构图

A. 植株;B. 叶横切;C. 栉片;D. 叶近中肋横切;E. 叶上部细胞;F. 叶中部细胞;G. 叶基部细胞

（凭证标本:阙延福,3776）

（五）拟金发藓属 *Polytrichastrum* G. Sm.

植物体小至大型,直立,单一或具分枝,散生或群居。茎上部叶片密集,干时叶略卷或挺直,湿时伸展,有时易脱落,基部叶片常呈鳞片状,紧贴着生。叶片披针形或长舌形;具鞘状基部,腹面具栉片,背面近尖部常有刺状突起,叶边全缘或具齿,中肋较窄,叶中部细胞近圆形或略呈方形，有时近于星扁方形。雌雄异株，雄苞盘状，雄苞叶短，雌苞叶与茎叶相似，但具较大的鞘部。孢蒴直立或倾立，多具钝的4～6棱或呈圆柱形，一般具台部；蒴壁基部具气孔；蒴齿一般64片，少数呈32～55片；蒴齿内的盖膜肉质；孢蒴具环带；蒴盖具喙，易脱落；蒴帽兜形，密被纤毛。蒴柄长。孢子球形或卵圆形，多具细疣。

本属全世界13种。中国有8种和1变种；湖北4种。

18. 霉疣拟金发藓 *Polytrichastrum papillatum* G. Sm

植物体小型，直立，单一，长约2cm。茎上部叶密集，干时贴生，湿时伸展，基部叶片常呈鳞片状。叶片中上部披针形，略内凹；叶边具齿，基部卵圆形，呈鞘状，边缘无色透明。叶腹面栉片30～40列，一般高5～6个细胞，顶细胞梨形，细胞腔较小，先端具疣，呈草莓状，壁甚厚；中肋宽阔，背面近尖部常有刺状齿。叶中部细胞卵圆形至卵方形，厚壁，10～15μm；鞘部细胞长，不规则，一般(18～25)μm×(5～8)μm。雌雄异株。孢蒴倾立，短圆柱形，基部收缩，具气孔。蒴齿约40片，透明，偶尔成对着生。盖膜肉质。蒴盖具喙。蒴帽兜形，密被纤毛。蒴柄略弯，长约1.5cm。

生境：生于高寒山地具土岩面。

分布：产于湖北省五峰后河；西藏自治区有分布；喜马拉雅地区也有分布。

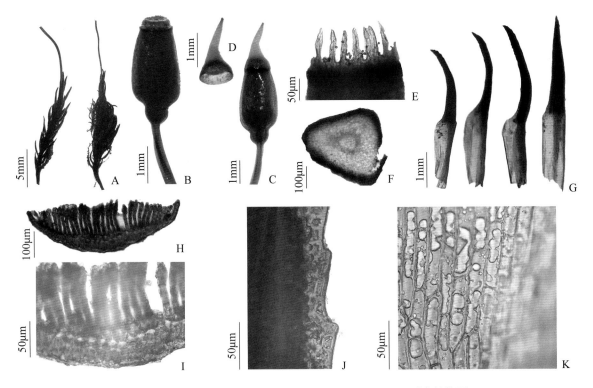

图23 霉疣拟金发藓 *Polytrichastrum papillatum* G. Sm 形态结构图

A. 植株；B，C. 孢蒴；D. 蒴盖；E. 蒴齿；F. 茎横切；G. 叶片；H. 叶横切；I. 栉片；J. 叶边缘细胞；K. 叶基部细胞

（凭证标本：彭丹，1498）

19. 拟金发藓 *Polytrichastrum alpinum*（Hedw.）G. L. Sm.

植物体中等大小，一般高 1.5～10cm，直立，常具分枝，散生或丛生。茎上部叶片密集，干时叶挺直或倾立，多数贴茎生长，湿时伸展，基部叶常呈鳞片状。叶片长 3.5～7.5mm，上部狭披针形，宽约 1.5mm，基部鞘状，腹面栉片 24～40 列，一般高 5～8 个细胞，顶细胞呈膨大卵形，表面具多数均匀的粗疣；叶边具长尖齿；中肋较宽，叶背面近尖部常有刺状齿。叶中部细胞卵圆形、卵状方形至六边形，直径一般 10～15μm，有时呈扁方形；鞘部细胞长方形，一般长 30～90μm，宽 6～12μm。雌雄异株。孢蒴圆柱形，长 3～5.8mm，宽 1.5～2mm，多直立，无台部，蒴壁基部具气孔。蒴齿一般 32～40 片，有时超过。盖膜肉质。蒴口具环带。蒴盖具长喙。蒴帽兜形，密被金黄色纤毛。蒴柄细长，坚挺，长 0.8～3（～5）cm。

生境：高山地区林下常呈大片生长。

分布：产于湖北省武汉等地；中国广布；全世界广泛分布。

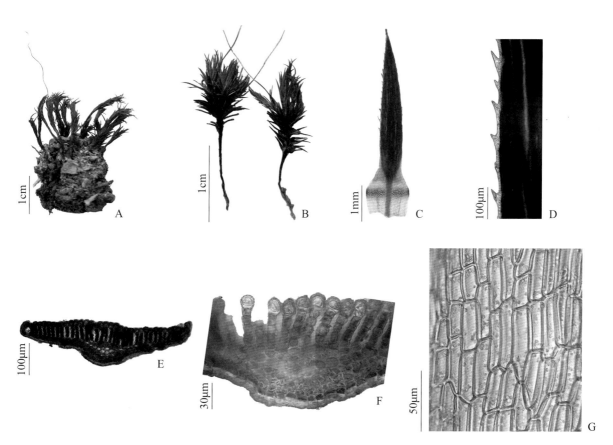

图 24 拟金发藓 *Polytrichastrum alpinum*（Hedw.）G. L. Sm. 形态结构图

A. 群丛；B. 植株；C. 叶片；D. 叶边缘细胞；E. 叶横切；F. 栉片；G. 叶基部细胞

（凭证标本：刘胜祥，10132）

20. 台湾拟金发藓 *Polytrichastrum formosum*（Hedw.）G. L. Sm.

植物体中等大小至大型，一般高 5～10(～15)cm。茎多单一，直立，上部叶片密集，干时叶平直伸展，叶下部贴茎生长，湿时斜展，茎基部叶鳞片状。叶片长 6～10mm，狭披针形，具宽鞘部，腹面栉片 35～65 列，高 4～6 个细胞，顶细胞拱形，不呈梨形，不具疣，细胞腔较大，与下部细胞近似，薄壁；叶边具尖齿；中肋宽阔，达叶尖而呈芒状，背面上部常具刺。叶片中部细胞卵圆形至卵方形，8.5～10μm，有时呈扁方形；鞘部细胞狭长方形，一般长 65～85μm，宽 7～10μm。雌雄异株，有时雌雄同株。孢蒴具 4 棱，倾立，台部小，不明显。蒴齿约 60 片，长 20～50μm。盖膜肉质。孢蒴具环带。蒴盖具喙。蒴帽兜形，密被金黄色纤毛。蒴柄细长，长 2～5cm。

生境：多生于高山、亚高山林地。

分布：产于湖北省浠水三角山等地；广西壮族自治区、福建省、西藏自治区、贵州省、江西省、重庆市、上海市、湖南省、广东省、云南省、香港特别行政区、安徽省、四川省、浙江省、江苏省、内蒙古自治区、辽宁省、吉林省、台湾地区、黑龙江省有分布；喜马拉雅地区、日本、俄罗斯、欧洲、北非、阿留申群岛和北美洲也有分布。

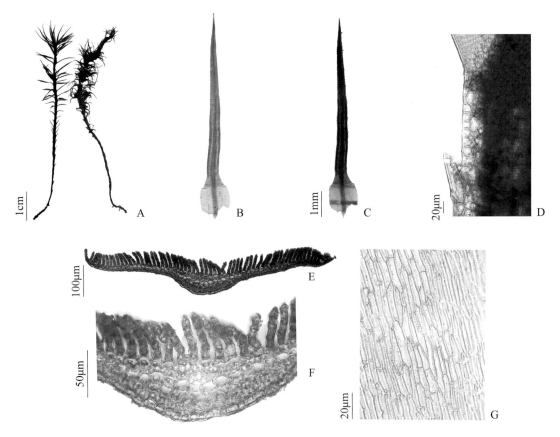

图 25 台湾拟金发藓 *Polytrichastrum formosum*（Hedw.）G. L. Sm. 形态结构图

A. 植株；B、C. 叶片；D. 叶边缘细胞；E. 叶横切；F. 栉片；G. 叶基部细胞

（凭证标本：王长力，2752）

21. 多形拟金发藓 *Polytrichastrum ohioense*（Renauld & Cardot）G. L. Sm.

植物体中等大小，一般高 3～4（～6）cm，单一。叶片干时平直伸展，湿时斜展，叶上部狭披针形，下部呈鞘状；腹面栉片约 35 列，一般高 4～5 个细胞，顶细胞平截，略大于下部细胞，壁较薄，不具疣；叶边具锐齿；中肋宽；叶中部细胞近于六边形，壁稍厚。雌雄异株。孢蒴倾立，一般长 4mm，宽 2mm，具 4 或 5 钝棱，台部较小，壶部与台部之间略收缩。蒴齿 64 片。蒴盖具长喙。蒴帽兜形，密被纤毛。蒴柄长 3～5cm。

生境：一般生于路边或林地。

分布：产于湖北省西南部、神农架等地；新疆维吾尔自治区、重庆市、内蒙古自治区、湖南省、辽宁省、云南省、黑龙江省有分布；日本、俄罗斯（萨哈林岛）、欧洲和北美洲也有分布。

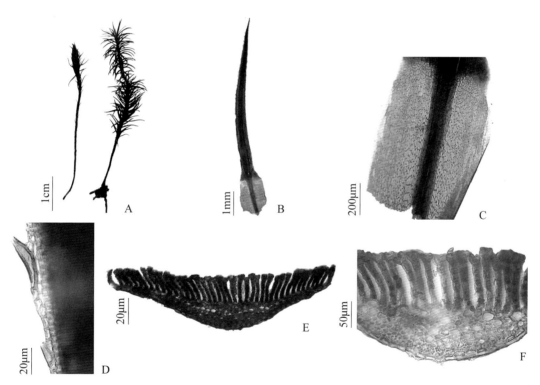

图 26　多形拟金发藓 *Polytrichastrum ohioense*（Renauld & Cardot）G. L. Sm. 形态结构图

A. 植株；B. 叶片；C. 叶鞘；D. 叶横切；E. 叶横切；F. 栉片

（凭证标本：刘胜祥，10769）

（六）金发藓属 *Polytrichum* P. Beauv

多数种类中等大小至大型，有时高可达 40cm 以上，硬挺，密集丛生或散生，绿色、暗绿色或棕红色，湿润时似松杉幼苗。茎单一，稀具分枝，基部常密生假根。干时叶片多平直、倾立或抱茎，稀略扭曲，密集簇生茎的上部，下部叶片多脱落。叶片上部披针形，常向内卷，多具齿或全缘，基部为明显鞘部，边缘有时透明。叶翼部细胞卵形或近于方形，常厚壁，鞘部细胞长方形或长形；中肋宽阔，粗壮。叶片腹面密被均匀纵列栉片；栉片直立。雌雄多异株。雄株一般较小，雄苞花盘状顶生，常自其中央萌生新枝。孢蒴形稍大，棱柱形，蒴柄长而硬挺，橙黄色或红棕色，直立。

本属全世界 40 种。中国 6 种；湖北 1 种。

22. 金发藓 *Polytrichum commune* Hedw.

植物体粗壮，高 10～30cm。茎有初步输导组织中轴的分化，基部有为数较多的红棕色假根。叶较硬挺，具多层细胞，腹面着生多数绿色单层细胞的栉片。栉片顶细胞的横切面呈马鞍形，叶边具粗齿；中肋宽阔，几乎占整个叶面。蒴柄红棕色，长数 4～8cm；孢蒴为具四棱的椭圆形，台部明显。蒴齿 64 片。蒴盖扁圆锥形，蒴帽被多数金黄色纤毛。

生境：常生于酸性而湿润的针叶林林地潮土或岩石薄土上，本种多呈大片生长，并常与灰藓属或白发藓属植物混生。生于林下湿土上或岩石薄土上。全年可见。

分布：产于湖北省黄石、襄阳、大别山、三角山、九宫山、七姊妹山等地；贵州省、江西省、重庆市、上海市、湖南省、云南省、安徽省、四川省、甘肃省、新疆维吾尔自治区、江苏省、内蒙古自治区、吉林省、台湾地区有分布；欧洲、美洲、大洋洲、非洲、亚洲北部和中部其他地区也有分布。

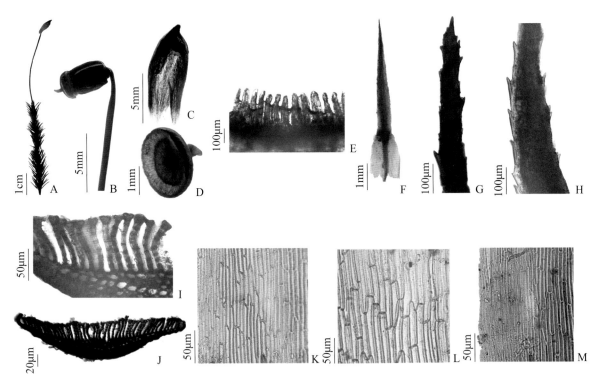

图 27　金发藓 *Polytrichum commune* Hedw. 形态结构图

A. 植株；B. 孢蒴；C. 蒴帽；D. 蒴盖；E. 蒴齿；F. 叶片；G、H 叶尖细胞；I. 栉片；

J. 叶横切；K、L. 叶基部细胞；M. 叶基部边缘细胞

（凭证标本：王长力，3175）

植物体矮小,稀疏成片群生,暗绿色。茎通常甚短,直立,密生假根,单一,稀高出而丛生分枝。叶干燥时旋扭或卷缩,稀呈螺形向内卷缩,湿时舒展倾立,下部叶片舌形、剑头形或带形,圆钝或锐尖;叶边多全缘,中肋强,但常在叶尖前消失,叶片上部通常 2 层细胞,圆方形或略呈六边形,略扁平而厚壁,背腹面均有乳头状疣,叶片下部单层细胞,近基部细胞呈不规则长方形,平滑,无色而透明;上部叶和苞叶均较大,直立,长卵状披针形,稀披针形而有细长尖;近尖部常有多数毛状裂瓣,中肋突出成长芒状。雌雄异苞同株或雌雄异株。生殖苞顶生。蒴柄极短,淡色。基足棒状;孢蒴隐没在大型苞叶内,斜卵状圆锥形,背部下方突出,渐向尖端渐狭;蒴盖尖顶圆锥形;蒴帽尖圆锥形,不完全罩覆蒴盖,平滑,全缘。孢子甚小近于平滑或有细密疣。

本科全世界 1 属。中国 1 属;湖北有分布。

（七）短颈藓属 *Diphyscium* D. Mohr

植物体矮小,丛集成群,暗绿色,高约 1cm,单一,稀稍高大并有分枝。叶干燥时扭转或卷缩,稀螺状内卷,湿时舒展,舌形、匙形或长剑头形,钝尖或锐尖,叶尖有时呈兜形;叶边平展,或有时上中有细胞突出呈微齿;中肋粗,近叶基部较宽而与叶片组织分界不明,渐上则趋明显,但常不及叶尖即消失;叶片通常为两层细胞,多角形,厚壁而背腹面均有乳头状疣,不透明,叶基细胞渐长大,平滑而无色透明。雌雄异苞同株或雌雄异株。雄株小,雄苞叶卵形,中肋突出。雌苞叶长大,外苞叶形与营养叶相似,内苞叶则渐呈狭长形,中肋突出成长芒状,芒尖细长,无色透明膜状基部亦渐长大,叶尖中肋两侧常有多数狭长形并有细齿的裂瓣。孢蒴仅有小短柄,隐没在苞叶中,黄绿色或金黄色,不对称而稍偏斜,呈略有背腹面及弯曲短尖的圆锥形。蒴齿两层。外齿层齿片短或消失;内齿层高出,折叠状圆筒形,上部有口。蒴盖圆锥形。蒴帽小,圆锥状筒形。孢子黄色,有细密疣。

本属全世界 17 种。中国 7 种;湖北 2 种。

23. 东亚短颈藓 *Diphyscium fulvifolium* Mitt.

矮小，丛集群生，暗绿色或褐绿色。茎高 1cm，单一，基部密生假根。叶片长舌形，圆钝，有短尖或细尖；叶边平展或上部有细胞突齿；中肋强劲，极顶或短突出于叶尖，不及叶尖处消失，叶细胞圆方形，厚壁，背腹均有细疣，不透明，叶基细胞渐长，平滑，透明。雌雄异株。雌苞叶多数，狭长形；中肋突出成长芒，两侧常有毛状裂瓣。孢蒴不对称，卵壶形，隐没在苞叶内；蒴盖圆锥形。孢蒴口部具气孔。

生境：常生于山林土质斜坡上或有薄土覆盖的岩石上。

分布：产于湖北省西南部、神农架、通山九宫山等地；广西壮族自治区、福建省、贵州省、江苏省、江西省、重庆市、湖南省、广东省、云南省、台湾地区、安徽省等东部各山区有分布；日本、朝鲜、菲律宾也有分布。

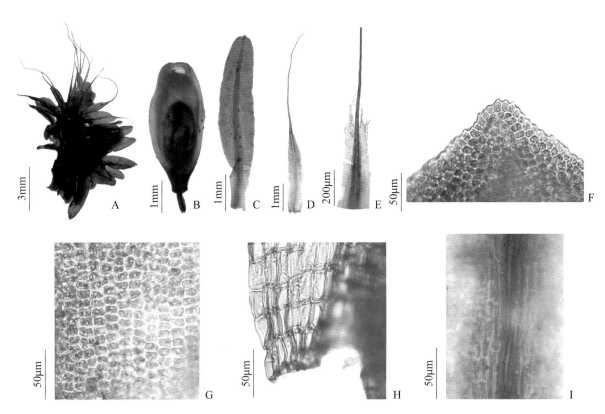

图 28 东亚短颈藓 *Diphyscium fulvifolium* Mitt. 形态结构图
A. 植株；B. 孢蒴；C. 叶片；D. 外雌苞叶；E. 内雌苞叶；F. 叶尖细胞；
G. 叶中部细胞；H. 叶基部细胞；I. 叶中部近中肋细胞
（凭证标本：郑桂灵，2358）

24. 短颈藓 *Diphyscium foliosum*（Hedw.）D. Mohr

多数叶片短于东亚短颈藓，基部多狭窄。叶尖钝或急尖。中肋强，消失于叶尖，雌苞叶两侧无毛状裂瓣。孢蒴茎部具气孔。

生境：林下岩面土上。

分布：产于湖北省五峰北风垭和宣恩七姊妹山等地。贵州省、重庆市、台湾地区、四川省有分布；日本、欧洲、格陵兰岛、北美及墨西哥也有分布。

图 29　短颈藓 *Diphyscium foliosum*（Hedw.）D. Mohr 居群

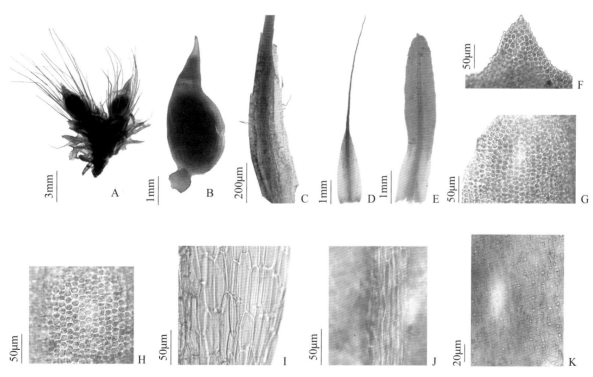

图 30　短颈藓 *Diphyscium foliosum*（Hedw.）D. Mohr 形态结构图

A. 植株；B. 孢蒴；C. 内雌苞叶；D. 外雌苞叶；E. 叶片；F. 叶尖细胞；G. 叶上部细胞；

H. 叶中部细胞；I. 叶基部细胞；J. 叶中部近中肋细胞；K. 疣

（凭证标本：何钰，SNJ166）

植物体直立,丛生垫状。茎单一或稀疏分枝。叶片干燥时卷缩,有时扭曲,潮湿时伸直倾立,舌形或匙形,先端圆钝或急尖,具短尖或细长透明毛尖;叶缘平直或下部背卷;中肋在先端前消失或伸出叶端;叶中上部细胞不规则圆方形,具细密瘤或平滑;叶基部细胞长方形,近边缘由

数列细长形薄壁细胞组成明显的分化边。雌雄同株,或少数异株。蒴柄直立,干时扭曲。孢蒴圆筒形,直立,表面平滑或具纵长条纹。蒴盖具直长喙状尖头。蒴齿变化较大,多数单层或退化,稀双层。蒴帽大,钟帽形,黄色或黄褐色,略具光泽,表面平滑或上部具瘤,基部多具裂瓣。孢子较大,具瘤状纹饰,有极面分化。

本科全世界共有 3 属。中国仅有大帽藓属 1 个属;湖北有分布。

（八）大帽藓属 *Encalypta* Schreb. ex Hedw

该属藓类植物体上部绿色或黄绿色,下部褐色,丛生垫状。茎直立,单一或稀疏分支,多数无分化中轴。叶片干燥时强烈卷缩,潮湿时伸直倾立,舌形或卵状披针形,先端圆钝,突出成小尖头,或具长毛尖;叶缘多数平直或下部背卷;中肋单一,粗壮,及顶或在叶端前消失;叶中上部细胞不规则圆方形,具细密疣,不透明;基部中肋两侧细胞长方形,横壁明显增厚,红褐色;近边缘 3～5 列细胞细长方形,薄壁。雌雄同株,稀雌雄异株。雌苞叶与茎叶同形。蒴柄直立,上部有时扭曲;孢蒴圆筒形或长卵形,多数直立,表面平滑或具纵长条纹;环带不分化,或由数列厚壁细胞组成;蒴齿单层,退化,稀双层。蒴帽大,钟帽形,覆盖整个孢蒴,黄白色或黄褐色,具光泽,表面平滑或上部具瘤突,基部多数具裂瓣。孢子大,具明显极面分化,表面多种瘤状纹饰,稀近于平滑。

本属中国 16 种;湖北 3 种。

25. 大帽藓 *Encalypta ciliata* Hedw.

　　植物体较粗壮,绿色或黄绿色,高 2～3cm。雌雄同株。茎单一或稀疏分枝,无分化中轴。叶干燥时强烈卷缩扭曲,成长卵圆形或舌形,先端急尖;叶缘中下部两边背卷,略呈波状;中肋单一粗壮,及顶或突出成短尖;叶上部细胞圆方形,具细密疣;叶基部细胞长方形,具明显红褐色增厚的横壁;近边缘数列细胞窄长方形,薄壁。雌苞叶与上部茎叶同形。蒴柄直立,干燥时扭曲,长5～12mm;孢蒴长圆筒形,直立,表面平滑;蒴齿单层,短披针形,表面具细疣。环带不分化。蒴盖先端具直长喙状尖头。蒴帽钟状,喙部细长,为全长的 1/3～1/2,基部边缘具长三角形裂瓣。孢子黄色,直径 32～35μm,表面近于平滑,有少数不规则皱褶。

　　生境:一般生于石灰岩石缝或岩面薄土上。

　　分布:产于湖北省神农架;贵州省、四川省、西藏自治区、内蒙古自治区、河北省、陕西省、青海省、黑龙江省、吉林省有分布;欧洲、北美洲、南美洲、非洲、巴布亚新几内亚也有分布。

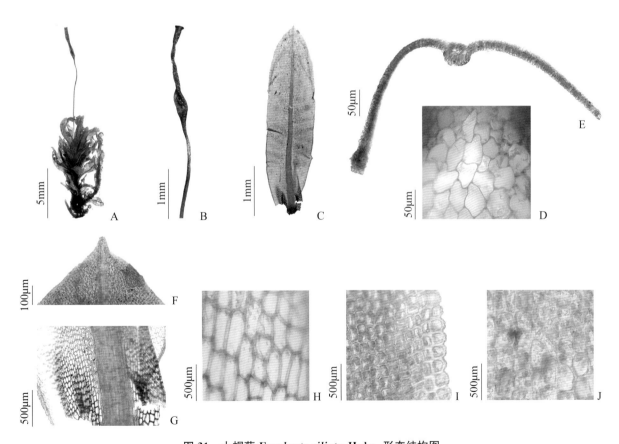

图 31　大帽藓 *Encalypta ciliata* Hedw. 形态结构图

A. 植株;B. 孢蒴;C. 叶片;D. 茎横切;E. 叶横切;F. 叶尖部细胞;G、H. 叶基部细胞;

I. 叶中部边缘细胞;J. 叶中部近中肋细胞

(凭证标本:刘胜祥,266)

矮小土生藓类,常土表疏丛生。茎直立,单生,稀分枝,多具分化中轴,茎基部丛生假根。叶多丛集于茎顶,且顶叶较大,呈莲座状,叶片卵圆形、倒卵形或长椭圆状披针形,叶质柔薄,先端急尖或渐尖,具小尖头或细尖头,叶缘平滑或有锯齿,往往具分化的狭边;中肋细薄,往往在叶尖稍下部消失,稀长达顶部或突出叶尖;叶细胞排列疏松,呈不规则的多角形,基部细胞长方形,壁薄,平滑无疣。多数雌雄同株,苞叶与一般叶片同形。蒴柄细长,直立或上段弯曲;孢蒴梨形或倒卵形,直立、倾立或向下弯曲;蒴齿双层、单层或缺如;蒴盖多呈半圆状平凸,稀呈喙状或不分化;蒴帽兜形,膨大具喙。孢子平滑或具疣。

本科全世界 17 属。中国 4 属;湖北 2 属。

（九）葫芦藓属 *Funaria* Hedw.

矮小土生藓类,茎单一或从基部稀疏分枝。叶簇生茎顶,卵圆形、长舌形、倒卵圆形或卵状披针形,叶端渐尖,边缘平滑或具齿;中肋粗壮,及顶或略突出,稀在叶尖稍下处消失,叶细胞近于长方形,壁薄。雌雄同株异苞,雄苞顶生。雌苞生于雄苞下的短侧枝上。蒴柄细长,黄褐色,上部弯曲;孢蒴弯梨形,不对称,具明显台部,干时有纵沟槽;蒴齿两层;蒴帽兜形,具长喙。

本属全世界 51 种。中国 9 种;湖北 4 种。

26. **葫芦藓** *Funaria hygrometrica* Hedw.

植物体矮小,稀疏丛生,呈黄绿色,老时略带红色。茎直立单一或自基部分枝。叶在茎先端簇生,干时皱缩,湿时倾立,阔卵圆形、卵状披针形或倒卵圆形,先端急尖,叶边全缘,叶缘明显内卷,中肋及顶或突出;叶细胞薄壁,不规则长方形或多边形,向基部细胞增大且延伸成狭长方形。雌雄同株异苞。蒴柄细长,先端弯曲;孢蒴梨形,不对称,多垂倾,蒴口大,台部明显,蒴壁干时有纵沟;蒴齿两层,外齿片与内层齿条对生,均呈狭长披针形。

生境:多生于田边地角或房前屋后富含氮肥的土壤上、林间火烧迹地上,在林缘、路边、土地上及土壁上也常见。

分布:产于湖北省各地;中国各区有分布;世界广布种。

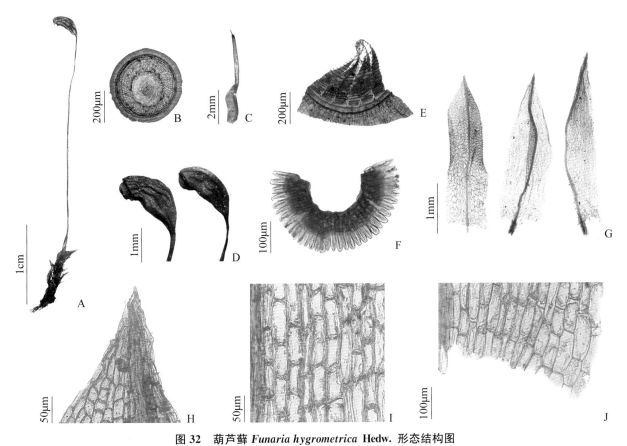

图 32　葫芦藓 *Funaria hygrometrica* Hedw. 形态结构图

A. 植株;B. 蒴盖;C. 蒴帽;D. 孢蒴;E. 蒴齿;F. 环带;G. 叶片;H. 叶尖细胞;I. 叶中部细胞;J. 叶基部细胞

(凭证标本:叶雯,4349)

(十)立碗藓属 *Physcomitrium*(Brid.)Fuernr.

植物体细小,稀疏丛生。茎单生直立。叶干时多皱缩,湿时常倾立,长倒卵形、卵圆形、卵状或长舌状披针形,先端渐尖或急尖,多数不具分化边缘,或下部具不明显的分化边,叶上部边缘常具细齿,下部叶边多平滑;中肋粗壮,单一,长达叶尖或在叶尖稍下处消失,稀突出叶尖部,叶细胞排列疏松,不规则方形或长方形,叶基部细胞长方形,壁薄。雌雄同株。蒴柄细长,顶生;孢蒴直立,对称,近于圆球形或短梨形,台部极短而粗;无蒴齿;

蒴盖平凸,呈盘形,有时具或长或短的喙状尖,当蒴盖脱落后,孢蒴呈开口的碗状或高脚杯状。

本属全世界 63 种。中国 8 种;湖北 3 种。

27. 红蒴立碗藓 *Physcomitrium eurystomum* Sendtn.

植物体直立,不分枝,稀疏或稍密集丛生,高仅 2～5mm,鲜绿色或黄绿色,基部密被褐色假根。叶多集于先端呈莲座状簇生;叶片呈长卵圆形或长椭圆形,茎下部的叶较小,约 1.5mm×0.8mm;茎先端的叶较长大,约 4mm×1.3mm,叶片先端渐尖,叶边全缘,中肋带黄色,长达叶尖;叶片中部细胞呈长六角形或长椭圆状六角形;蒴柄细长,5～11mm,呈浅黄至红褐色;孢蒴呈球形或椭圆状球形;蒴台部短;蒴盖呈锥形,顶部圆突,裂开后蒴口较小,呈罐口形;蒴帽钟形,下部往往瓣裂,先端具细长尖头,孢子呈不规则圆球形,密被细的刺状突起。

生境:生于潮湿土地上,在山林、沟谷边、农田边以及庭院内土壁阴湿处均可见。

分布:产于湖北省武汉、黄冈龙王山;广西壮族自治区、福建省、西藏自治区、江西省、重庆市、上海市、广东省、云南省、澳门特别行政区、香港特别行政区、安徽省、四川省、山东省、浙江省、新疆维吾尔自治区、江苏省、内蒙古自治区、辽宁省、台湾地区、黑龙江省有分布;印度、日本、俄罗斯、中亚、欧洲、非洲也有分布。

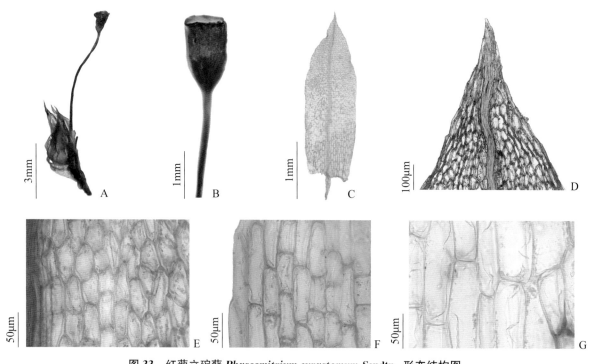

图 33　红蒴立碗藓 *Physcomitrium eurystomum* Sendtn. 形态结构图

A. 植株;B. 孢蒴;C. 叶片;D. 叶尖细胞;E. 叶中部近中肋细胞;F. 叶中部边缘细胞;G. 叶基部细胞

(凭证标本:刘胜祥,8083)

植物体型小,散生,或植物体型大而簇生,单一或叉状分枝。叶片基部狭,向上宽或呈狭披针形;中肋粗,达叶尖终止或突出于叶尖呈毛状,叶细胞平滑,上部细胞短,下部细胞长方形或椭圆形,角细胞不分化或仅少数属略分化。雌雄同株或异株。蒴柄长,直立或弯曲;孢蒴高出于雌苞叶,多为圆梨形,直立,对称,蒴口开阔或干时收缩;蒴盖具喙。蒴齿 16 片,长披针形,平滑,不开裂,或先端不规则开裂。

本属全世界 5 属。中国 3 属;湖北 1 属。

（十一）拟小穗藓属 *Blindiadelphus*（Lindb.）Fedosov & Ignatov

植物体非常小,或者较小,群生或簇丛生。茎直立,单一不分枝或叉状分枝。叶片生于茎下部的小,生于茎上部或顶端叶较大,披针形或线形或毛尖状,基部卵长形或长宽披针形;中肋粗,达叶尖终止或突出呈毛尖状,叶细胞平滑,上部短,长椭圆形或近似菱形,下部细胞长方形或线形,角细胞不分化。雌雄同株。蒴柄长或短,直立或弯曲,有时呈鹅颈状,黄色或黄褐色;孢蒴高出苞叶,直立,短粗形或近似球形,或卵形,常具短台部,平滑;无环带分化;蒴盖锥形斜喙状;有少数气孔;蒴齿常存,16 片,生于蒴口内下方,长披针形或先端截齐形,或不存在,平滑;蒴帽。

本属中国目前已记录 1 种,本种为中国新记录种;湖北有分布。

28. 弯柄拟小穗藓 *Blindiadelphus recurvatus*（Hedw.）Fedosov & Ignatov

植物体甚小,黄绿色,丛生。茎直立,不分枝;高达 2mm。叶片覆瓦状贴茎生,下部叶小,阔披针形,上部叶长或有狭叶尖,叶边全缘;中肋粗,达于叶尖终止或突出;叶细胞平滑,基部长方形,上部短或方形。不育株叶短阔,生育株苞叶具长尖。蒴柄长,倾立或弧形弯曲,干时扭转;孢蒴卵形或长椭圆形,略对称。

生境:林下石生。海拔 1140m。

分布:此种为中国新记录种。湖北省五峰后河有分布。

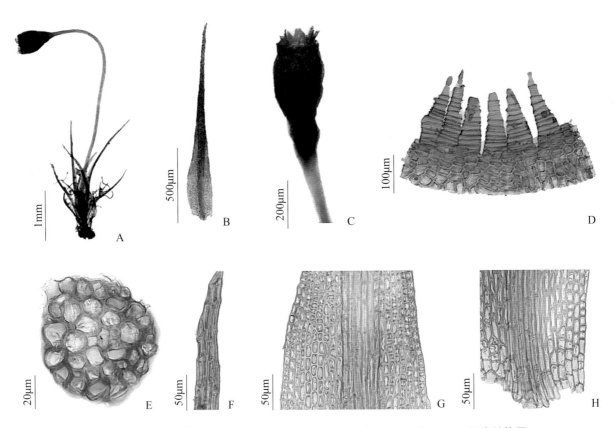

图 34 弯柄拟小穗藓 *Blindiadelphus recurvatus*（Hedw.）Fedosov & Ignatov 形态结构图

A. 植株;B. 叶片;C. 孢蒴;D. 蒴齿;E. 茎横切;F. 叶尖细胞;G. 叶中部细胞;H. 叶基部细胞

（凭证标本:彭丹,5343）

纤长,平展,丛集成片,通常树生,稀石生藓类。茎匍匐,密生,分枝直立而等长,枝条单一或继续分枝,随处生棕色假根。叶干时硬直,紧贴茎上或螺旋状扭转,湿时倾立或散列,卵长形,披针形或狭长披针形,长渐尖或略钝;叶边平直;中肋稍粗,在叶尖部消失。叶细胞圆多边形,平滑,基部近中肋处细胞稍大。雌雄同株或异株,雌苞叶与营养叶同形或略长,舌状卷筒形,钝端。蒴柄长。孢蒴卵形,薄壁,脱盖后易皱缩。环带不分化。蒴齿单层,齿片短截,不分裂,有密横隔,平滑无疣。孢子甚大,圆形或卵长形,多细胞,绿色,平滑,或有粗疣。蒴盖圆锥形,有斜喙。蒴帽兜形,平滑。

本科全世界1属。中国1属;湖北有分布。

(十二)木衣藓属 *Drummondia* Hook.

属的特征同科。

本属全世界6种。中国3种;湖北1种。

29. **中华木衣藓** *Drummondia sinensis* Müll. Hal.

植物体色泽暗,暗绿色至橄榄绿色,垫状。主茎匍匐着生,长可达14cm,其上有许多直立而末端分叉的枝条,高0.5~1.5cm。茎叶与枝叶不明显分化,抱茎着生,不规则弯曲状伸展,常多少扭曲，长 1.5~2.0mm，卵状披针形，渐尖；上部边缘有时为双层；枝叶直立，贴生，干燥时稍扭曲，湿润时伸展或平直伸展，长 1.5~2.5mm，椭圆形至舌状披针形，钝的渐尖，有时突出成一个小芒尖，或锐尖，具沟，龙骨状；叶边直立，全缘，在近尖部处常呈双层；中肋在叶尖下部消失。细胞圆形，椭圆状圆形至方圆形，平滑，厚壁，宽 6~13μm；基部细胞长方形，清晰，少，在边缘处细胞为方形。雌雄异株。雌苞叶椭圆形或卵状椭圆形，锐尖，长 1.4~2.8mm，长方形的基部细胞向上扩展到叶一半的长度。孢蒴狭椭圆形至椭圆形，成熟时平滑，老时皱缩，棕色；孢蒴外壁细胞排列疏松，厚壁，不规则的六

图 35　中华木衣藓 *Drummondia sinensis* Müll. Hal. 居群

边形，在口部有 2~4 排有色的近于长方形的细胞。气孔多数，位于孢蒴的颈部。蒴齿单层，16 个齿片，5~7 个细胞高，常形成一低的基膜，平滑，外层通常存在。蒴帽平滑，钟形，大。孢子球形，直径 50~70μm，或长方形，长 45~84μm，宽 30~50μm。

生境：生于树干，偶尔岩面。

分布：产于湖北省五峰后河等地；福建省、贵州省、江西省、重庆市、上海市、湖南省、云南省、北京市、安徽省、四川省、甘肃省、陕西省、浙江省、新疆维吾尔自治区、江苏省、内蒙古自治区、吉林省、河北省、河南省有分布；日本、印度和俄罗斯也有分布。

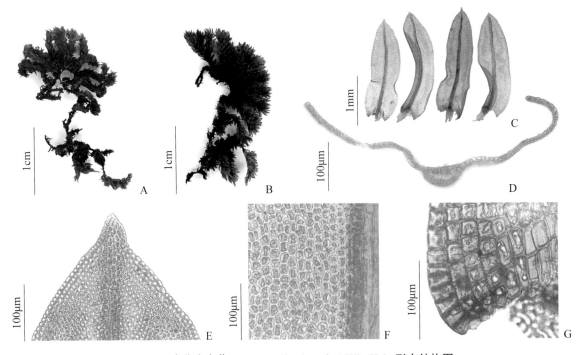

图 36　中华木衣藓 *Drummondia sinensis* Müll. Hal. 形态结构图

A、B. 植株干湿对照；C. 叶片；D. 叶横切；E. 叶尖细胞；F. 叶中部细胞；G. 叶基部细胞

（凭证标本：童善刚，HH273）

植物体常在岩石面呈垫状丛生。茎单一或稀疏分枝,具分化的中轴。叶干燥时强烈卷缩,湿时舒展倾立,披针形或狭长披针形;叶缘平直,全缘或中上部有齿,中肋单一粗壮,达于叶尖或在叶端前消失,叶中上部细胞小,圆方形或近方形,厚壁,有时呈波状加厚,多数平滑无疣,叶基部细胞长方形,薄壁或呈波状加厚。雌雄同株。雌苞叶与茎叶同形。蒴柄长,直立;孢蒴卵圆形或长椭圆形,直立;环带多数分化,由数列厚壁细胞组成;蒴齿单层,线形或线状披针形,不规则 2～3 裂近基部,表面具细密瘤;蒴盖具长直喙状尖;蒴帽大,钟帽形,下部具褶,基部有裂瓣。孢子小,球形,表面近于平滑或具细疣。

本科全世界 9 属。中国 4 属;湖北 1 属。

（十三）缩叶藓属 *Ptychomitrium* Fuerhr.

植物体绿色或暗绿色,垫状丛生。茎直立或倾立,单一或稀分枝,基部有假根,具分化中轴。叶干燥时皱缩,多数内卷,湿时伸展倾立,披针形或长披针形;叶缘平直,平滑或上部有齿突或粗锯齿,中肋单一强劲,达叶尖前消失,叶中上部细胞小,圆方形或近方形,厚壁,有时壁呈波状加厚,基部细胞长方形,薄壁或壁波状增厚。雌雄同株。雄器苞通常在雌器苞下方,雌苞叶与茎叶同形。蒴柄细长,直立;孢蒴直立,卵圆形或长椭圆形,表面平滑;环带多数分化,由数列厚壁细胞组成;蒴齿细长,线形或线披针形,2～3 不规则纵裂近基部,表面具细密疣;蒴盖圆锥形,具细长尖喙。蒴帽大,钟帽形,覆盖全部或大部分孢蒴,表面具纵褶,平滑无毛,基部有裂瓣。孢子小,圆球形,表面近于平滑或具细疣。

本属全世界现有 42 种。中国 10 种;湖北 5 种。

30. 狭叶缩叶藓 *Ptychomitrium linearifolium* Reimers

植物体粗壮，高达 3cm，绿色或黄绿色。茎单一或叉状分枝，具分化中轴。叶干燥时上部卷曲，湿时倾立展开，上部略弯曲，基部卵形，向上呈线披针形，先端窄而尖锐，上部龙骨状背凸，下部内凹，长 3.9～4.6mm；中肋单一，强劲，几达叶尖或在叶端前消失；叶缘中下部略背卷，上部具不规则多细胞锯齿；叶上部细胞不透明，圆方形或近方形，直径 8～10μm，壁略增厚；叶基部细胞长方形，近边缘细胞略窄长，长 26～40μm，宽 8～13μm，薄壁透明。雌雄同株。雄器苞常见于雌苞下方。雌苞叶与茎叶同形。蒴柄直立，黄色，长 4～5mm；孢蒴直立，椭圆形至长椭圆形，黄褐色，长 1.5～2mm；蒴齿单层，红褐色，细长披针形，2 裂至下部，有穿孔，表面具细密疣。环带不分化。蒴盖具直长喙。蒴帽钟形，包盖至孢蒴中部，基部有裂片。孢子球形，表面近于平滑或具细疣。

生境：生于高山地区岩石面上。

分布：产于湖北省罗田天堂寨；福建省、贵州省、江西省、重庆市、湖南省、云南省、安徽省、四川省、甘肃省、陕西省、浙江省、江苏省、河北省、山西省有分布；日本、朝鲜也有分布。

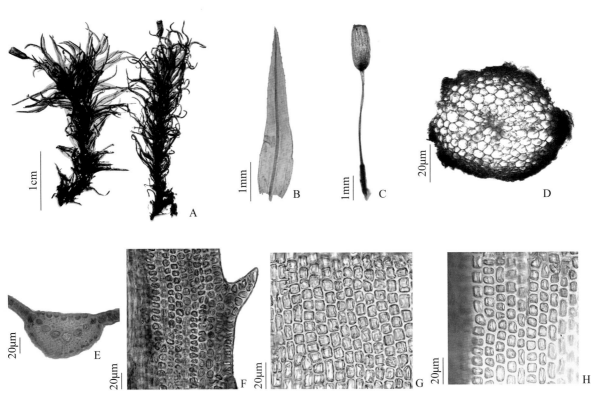

图 37 狭叶缩叶藓 *Ptychomitrium linearifolium* Reimers 形态结构图

A. 植株；B. 叶片；C. 孢蒴；D. 茎横切；E. 叶中肋横切；F. 叶中部边缘细胞；G. 叶中部近中肋细胞；H. 叶基部近中肋细胞

（凭证标本：郑桂灵，2823a-1）

31. 中华缩叶藓 *Ptychomitrium sinense*（Mitt.）A. Jaeger

　　植物体矮小,高 0.2～1.1cm,绿色或褐绿色,常呈小圆形垫状藓丛。茎单一或稀分枝,具明显分化中轴。叶干燥时强烈卷缩,湿时伸展倾立,先端略内弯,线披针形,基部阔平,上部略内凹,长 2～4.1mm;中肋强劲,在叶端前消失;叶缘平直,无齿;叶上部细胞常不透明,圆方形至近方形, 8～12μm,细胞壁具略厚;叶基部细胞短长方形至长方形,宽 8～12μm,长 13～26μm,薄壁透明。雌雄同株,雄器苞常见于雌苞下方。雌苞叶与茎叶同形,略小。蒴柄长短变化较大,长 2～9mm, 直立,黄褐色;孢蒴直立,长椭圆形或长圆柱形,1～2.5mm 长;蒴齿单层,淡黄色,短线披针形,先端钝,2 裂几达基部,长 1.3～1.5mm,表面具密瘤;环带分化,由 2 列厚壁细胞组成。蒴盖具直长喙。蒴帽钟形,包盖至孢蒴基部,表面具纵褶,基部有裂片。孢子黄绿色,直径 13～18μm,表面具细密疣。

　　生境:生于花岗石岩面上。

　　分布:产于湖北省罗田天堂寨;黑龙江省、吉林省、河北省、北京市、河南省、陕西省、浙江省、江苏省、上海市、山东省有分布;朝鲜、日本也有分布。

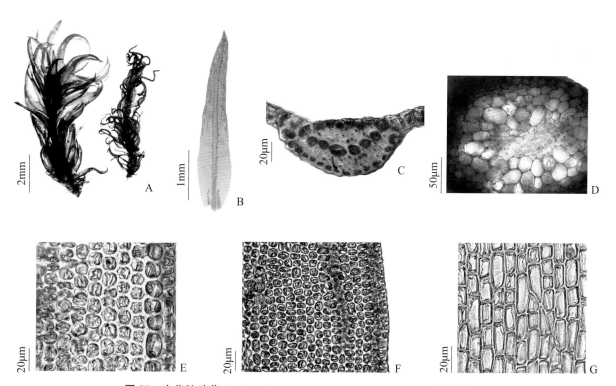

图 38　中华缩叶藓 *Ptychomitrium sinense*（Mitt.）A. Jaeger 形态结构图

A. 植株;B. 叶片;C. 叶中肋横切;D. 茎横切;E. 叶中部近中肋细胞;F. 叶中部边缘细胞;G. 叶基部细胞

（凭证标本:叶雯,3789）

32. 威氏缩叶藓 *Ptychomitrium wilsonii* Sull. & Lesq.

植物体 1～1.5cm 高，上部绿色，下部黑绿色，丛生。茎单一或上部叉状分枝，具分化中轴。叶干燥时松散扭曲，湿时展开倾立，卵披针形或卵舌形，先端粗钝，上部略呈龙骨状背凸，长 3.9～4.1mm；中肋单一，强劲，达叶尖或在叶端前消失；叶缘平直，中上部具不规则多细胞锯齿；叶上部细胞不透明，圆方形或近方形，直径 10～13μm，壁略增厚；叶基部细胞长方形，长 35～70μm，宽 8～11μm，薄壁透明，近角部细胞常呈褐色。雌雄同株，雄器苞常见于雌苞下方。雌苞叶与茎叶同形。蒴柄直立，黄色，长 4～5mm；孢蒴直立，卵圆形，黄褐色，约 1.5mm 长；蒴齿单层，披针形，3裂近基部，表面具细密疣；环带不分化。蒴盖具长直喙。蒴帽钟形，包盖至孢蒴中下部，基部具裂片。孢子小，球形，表面具细疣。

生境：生于高山地区岩石面上。

分布：产于湖北省通山九宫山等地；广西壮族自治区、福建省、浙江省、江苏省、江西省、湖南省、广东省、安徽省有分布；朝鲜、日本也有分布。

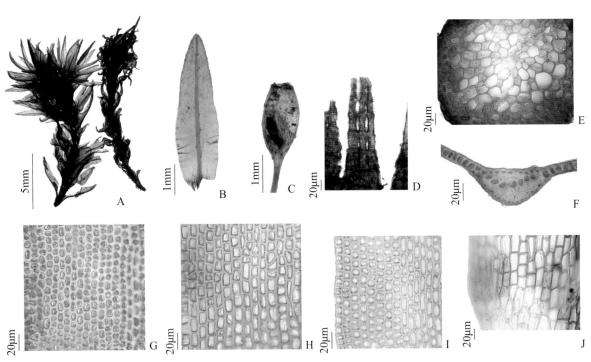

图 39 威氏缩叶藓 *Ptychomitrium wilsonii* Sull. & Lesq. 形态结构图

A. 植株；B. 叶片；C. 孢蒴；D. 蒴齿；E. 茎横切；F. 叶中肋横切；G. 叶中部近边缘细胞；

H. 叶中部近中肋细胞；I. 叶中部边缘细胞；J. 叶基部细胞

（凭证标本：郑桂灵，2988）

33. 多枝缩叶藓 *Ptychomitrium gardneri* Lesq.

植物体粗壮,丛生,上部绿色或黄绿色,下部黑褐色,高3~7cm。雌雄同株。茎具多数分枝,多向一边倾立,具分化中轴。叶干燥时略扭曲,湿时平展,长4.6~6mm,基部宽阔,向上呈披针形,龙骨状背凸,先端具阔尖;中肋强劲,单一,在叶端前或叶尖处消失;叶缘中下部背卷,上部具不规则多细胞齿;叶上部细胞近方形,壁略增厚,直径5~8μm;叶中部细胞短长方形,长6~8μm,宽5~7μm;基部近边缘细胞长方形,薄壁透明,长24~30μm,宽8~11μm;近中肋细胞细长方形,长30~46μm,宽6~8μm。雌苞叶与茎叶同形。孢蒴:蒴柄细长,长15~20mm,直立,上部扭曲,黄色或黄褐色;孢蒴长椭圆形,直立,黄褐色,长2.5~3.1mm,宽0.45~0.52mm;蒴齿单层,短披针形,长0.20~0.25mm,2~3裂近基部,表面具细疣;环带1~2列厚壁细胞分化而成。蒴盖具直长喙。蒴帽钟形,包盖至孢蒴中下部,基部有裂瓣。孢子黄褐色,球形,直径10~15μm,表面具密疣。

生境:生于海拔1100~3550m的岩石面上。

分布:产于湖北省五峰后河等地;贵州省、西藏自治区、四川省、云南省、湖南省、江苏省、浙江省、河北省、山西省、陕西省有分布;日本、北美洲西部也有分布。

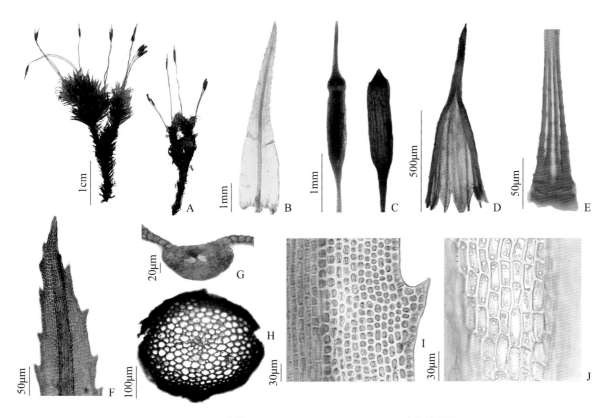

图40 多枝缩叶藓 *Ptychomitrium gardneri* Lesq. 形态结构图

A. 植株干湿对照;B. 叶片;C. 孢蒴;D. 蒴帽;E. 蒴齿;F. 叶尖细胞;G. 叶中肋横切;H. 茎横切;I. 叶边缘细胞;J. 叶基部细胞

(凭证标本:彭丹,5330)

沙土或裸岩表面耐旱藓类,植物体常密集垫状丛生。茎直立或倾立具两叉或多等长分枝,侧生短枝不规则。叶密集,多披针形,少卵圆形;先端多具白色透明毛尖,多列覆瓦状排列,叶缘平直,略内卷或背卷,中肋单一,粗壮,叶上部细胞厚壁,小,不规则方形或长方形,平滑或具疣,基部细胞方形或长方形,稀短矩形,细胞壁平直或波状加厚。雌雄同株或异株,孢蒴顶生,卵圆形、长卵形或圆筒形,伸出或内隐于雌苞叶之中,多直立,少倾垂;蒴柄长短不一,直立或弯曲;蒴齿单层,齿片 16 条,披针形、狭披针形或长线形,不规则裂至中上部,有穿孔,或 2 裂至基部,具基膜;蒴盖圆锥形,平凸或具喙;蒴帽钟形或兜形,平滑或具纵褶。孢子球形,表面多具瘤或近于平滑。

本科全世界 11 属。中国 8 属;湖北 6 属。

（十四）丛枝藓属 *Dilutineuron* Bedn.

植株中至大型,粗壮,坚硬。松散丛生,无光泽,呈黄绿色、橄榄褐色或棕色。植株不规则分枝,二歧分枝或簇状分枝,通常有许多短且密集的侧生分枝,使植物呈现结节状。叶直立或弯曲,有时镰刀状,狭披针形至线形或卵状披针形,基部卵状、长圆形或卵状披针形,向上逐渐收缩为长的钻形或丝状,具沟,有时波状或蛇形的叶尖,平滑或有时具纵向褶皱,叶基和茎连接处黄棕色;叶先端无毛,锐尖、钝尖或圆钝,全缘或具透明或黄色-透明的齿;叶边缘两侧背曲或外卷,全缘或近全缘,有时由于上部细胞具大且低的乳突,边缘表现为细圆齿状;边缘全部单层或近远端有 1~2(~3)列细胞双层;中肋单一,达叶中部或近顶,横切面双层,偶尔近基部 3 层,腹面扁平或凸出;背面弱凸出,半月形或扁平;最基部中肋背面细胞由厚壁细胞组成。叶身细胞单层,长矩形至线形;有时叶远端部分细胞双层,短矩形或等径;基部细胞矩形,细胞壁强烈增厚、结节状和具壁孔,沿叶着生处形成 1~2(~3)亮黄色或黄棕色条带;基部边缘细胞为 1 列(偶 2 列)透明、半透明的细胞,5~25 个细胞构成,细胞壁平直;角细胞方形到短矩形,比基部相邻细胞更宽,具有光滑或波状、增厚的细胞壁,形成明显或多或少膨胀、下延的耳郭状。雌雄异株。外雌苞叶阔披针形,骤缩成长的丝状、多数背曲的透明尖,中肋细,达顶,叶身细胞同色,具有与营养叶相似的网状结构。内雌苞叶卵圆形、长圆状披针形或长圆状卵形到椭圆形,卷曲,具褶,顶端圆钝到短尖。中肋细弱延伸近顶,几乎透明,边缘全缘或不平滑。每个雌苞器上着生 1~3 个孢子体,蒴柄直立,在孢蒴下旋扭。蒴果外露,直立,卵球形、长圆形到短圆柱形,光滑,有光泽,棕色;蒴盖圆锥形具喙,喙直,几与蒴壶等长。蒴齿披针形,具 1 个低的基部膜,棕色到黄色或红棕色,密被低的或细刺状疣,2(~3)裂至近基部。本属由 Bednarek-Ochyra 等人于 2015 年从紫萼藓科无尖藓属 *Codriophorus* 分出(Bednarek-Ochyra et al.,2015)。

本属全世界 5 种。中国 4 种;湖北 2 种。

34. 黄丛枝藓 *Dilutineuron anomodontoides*（Cardot）Bedn.

植物体粗壮，上部黄绿色，下部褐色，稀疏丛生。雌雄异株。茎匍匐或倾立，具稀疏、不规则长分枝。叶披针形至长披针形，从卵形或阔卵形基部向上渐窄长，基部具纵褶，上部内凹，略龙骨状背凸，先端尖，有齿突；中肋细弱，在叶端下部消失，叶缘两侧从基部至上部背卷，中上部细胞长方形，壁波状，具密疣，疣大，生于胞壁上，常中部内凹分叉，基部细胞长方形或近线形，强烈波状，角部细胞不分化，叶缘具 1 列透明细胞，长方形，壁薄而平直。蒴柄长，直立，平滑；孢蒴长筒形；蒴齿单层，长线形，2 裂至基部，表面具密瘤；蒴盖具长喙；蒴帽钟帽状。

生境：生于海拔 700～3080m 高山地区岩石或岩面薄土上，溪边潮湿石面上，偶见于树干上。

分布：产于湖北省神农架、五峰后河、恩施七姊妹山等地；贵州省、安徽省、河北省、福建省、江西省、广东省、广西壮族自治区、海南省、黑龙江省、湖南省、吉林省、辽宁省、陕西省、四川省、台湾地区、云南省、浙江省均有分布；日本、菲律宾、加里曼丹岛、美国（夏威夷）也有分布。

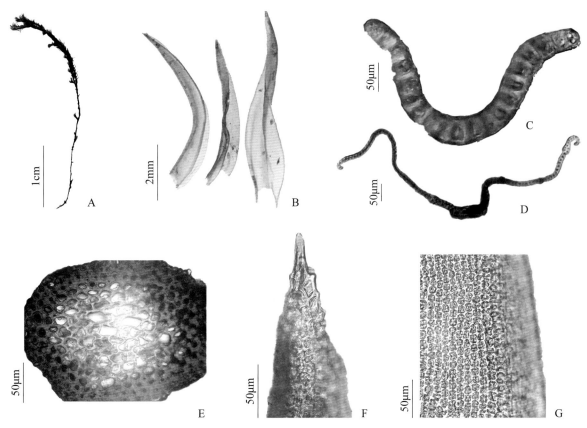

图 41 黄丛枝藓 *Dilutineuron anomodontoides*（Cardot）Bedn. 形态结构图

A. 植株；B. 叶片；C. 叶上部横切；D. 叶基部横切；E. 茎横切；F. 叶尖细胞；G. 叶中部细胞

（凭证标本：刘胜祥，524）

35. 丛枝藓 *Dilutineuron fasciculare*(Schrad. ex Hedw.)Bedn.-Ochyra、Sawicki、Ochyra、Szczecińska & Plášek

　　植物体中等大小,上部黄绿色或绿色,下部褐绿色,稀疏丛生。主茎倾立,具多数密集近羽状的短分枝。叶干燥时贴茎覆瓦状排列,湿润时展开,叶基部长卵圆形、向上渐收缩成披针形,上部较长,内凹,有时略扭曲,先端尖锐,有圆瘤状突起,无白色透明毛尖;叶缘两侧背卷;中肋粗壮,单一,在叶端前消失;叶中上部细胞长方形或狭长方形,壁波状加厚,具明显密圆瘤;基部细胞长方形或线形,壁强烈波状加厚;基部一侧具单列细胞组成边缘,细胞长方形,壁平直或略波状,透明。雌雄异株。孢蒴未见。

　　生境:生于高山地区沙土坡或岩石面上。

　　分布:产于湖北省农架;山东省、贵州省、江西省、重庆市、青海省、云南省、台湾地区、香港特别行政区有分布;日本、俄罗斯(西伯利亚)、欧洲、北美洲、南美洲南部、新西兰也有分布。

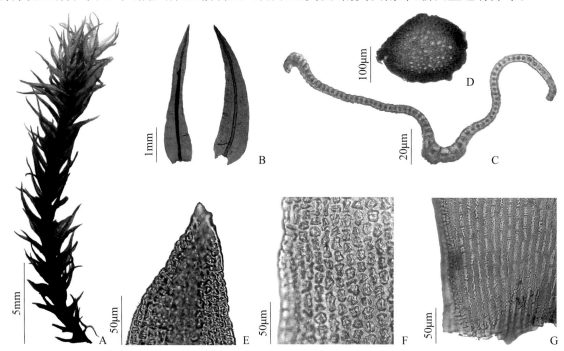

图 42 丛枝藓 *Dilutineuron fasciculare*(Schrad. ex Hedw.)Bedn.-Ochyra、Sawicki、

Ochyra、Szczecińska & Plášek 形态结构图

A. 植株;B. 叶片;C. 叶横切;D. 茎横切;E. 叶尖细胞;F. 叶中部细胞;G. 叶基部细胞

(凭证标本:刘胜祥,543)

(十五)紫萼藓属 *Grimmia* Hedw.

　　密集丛生垫状。植物体深绿色至紫黑色。茎稀疏分枝或叉状分枝。叶干时贴生,有时扭曲,湿时伸展,卵形、卵状披针形或长披针形;上部内凹或呈龙骨状凸起,尖部时具白色透明毛尖,叶边平直或背卷,中肋单一,粗壮,及顶或近叶尖前消失,上部叶细胞不规则方形或短长方形,1~4层,不透明,壁厚,基部边缘叶细胞近方形至长方形,壁薄或纵壁加厚,中肋两侧细胞长方形,壁薄或波状加厚。蒴柄长或短于孢蒴,直立或弯曲;孢蒴直立或垂倾,隐生或高出于雌苞叶,近球形或长卵形,有时呈圆柱形,表面平滑或具纵褶皱;蒴齿单层,齿片 16 枚,披针形至狭披针形,上部不规则开裂,具穿孔,表面具密疣。蒴帽较小,覆盖于孢蒴上部,钟帽形或兜形。表面多具细疣。

本属全世界约 110 种,主要分布寒温地区。中国 27 种;湖北 7 种。

36. 毛尖紫萼藓 *Grimmia pilifera* P. Beauv.

植物体上部黄绿色,下部近黑色,稀疏片状丛生。茎直立、单一或叉状分枝,不具中轴。叶基部卵形,向上呈披针形至长披针形,背面凸起,先端具透明白色毛尖,具齿突;叶全缘,中下部背卷,上部两层细胞;中肋单一,及顶。上部细胞不规则方形,波状厚壁;基部边缘细胞长方形,薄壁,向上部有一群近方形细胞,横壁厚,纵壁略波状,中肋两侧细胞长形,壁波状加厚,孢蒴内隐于雌苞叶之内,长卵形,蒴齿单层,披针形,环带发育良好,蒴盖具喙,蒴帽钟形。

生境:生于不同海拔裸露、光照强烈的花岗岩石上或林下石上。

分布:产于湖北省武汉、鄂东大别山、团风、浠水等地;黑龙江省、吉林省、辽宁省、内蒙古自治区、河北省、北京市、山西省、山东省、河南省、陕西省、青海省、新疆维吾尔自治区、安徽省、江苏省、上海市、浙江省、江西省、湖南省、四川省、重庆市、云南省、西藏自治区和福建省有分布;日本、朝鲜、印度、俄罗斯(远东地区)及北美洲也有分布。

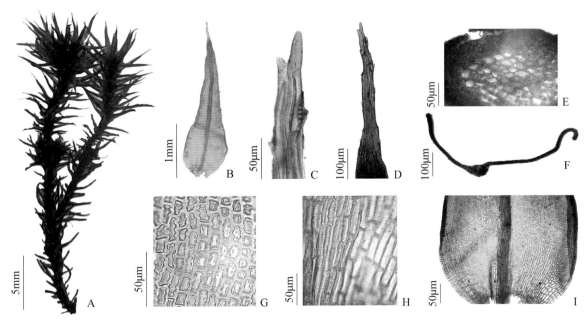

图 43　毛尖紫萼藓 *Grimmia pilifera* P. Beauv. 形态结构图

A. 植株;B. 叶片;C. 叶尖细胞;D. 叶上部细胞;E. 茎横切;F. 叶横切;G. 叶上部细胞;H. 叶基部细胞;I. 叶下部细胞

(凭证标本:郑桂灵,4491)

37. **近缘紫萼藓** *Grimmia longirostris* Hook.

密集丛生。黄绿至褐绿色。茎高达3cm，具中轴。叶覆瓦状排列，披针形，龙骨状背凸，先端具白色透明毛尖；叶边一侧背卷；中肋及顶或突出叶尖。叶上部两层细胞，不规则圆方形，厚壁；基部中间细胞长方形，壁波状加厚；基部边缘细胞长方形，透明，横壁厚于纵壁。蒴柄黄褐色，2～5cm，直立。孢蒴高出雌苞叶，长卵形。蒴齿披针形，黄色或红褐色，上部2～3裂，具穿孔和细疣，下部平滑。

本种叶形与毛尖紫萼藓*Grimmia pilifera*极为相似，但本种叶边一侧背卷，且叶基边缘有1列窄长方形细胞，透明。孢蒴略伸出苞叶之上，环带发育良好，可区别于后者。

生境：多生于高海拔地区开阔干燥山坡或亚高山林带裸露花岗岩上。

分布：产于湖北省武汉、鄂东大别山、团风、浠水等地；黑龙江省、吉林省、山西省、河南省、陕西省、新疆维吾尔自治区、安徽省、四川省、云南省、西藏自治区、台湾地区和广西壮族自治区有分布；喜马拉雅山地区、日本、巴布亚新几内亚、俄罗斯、欧洲、北美洲和非洲北部也有分布。

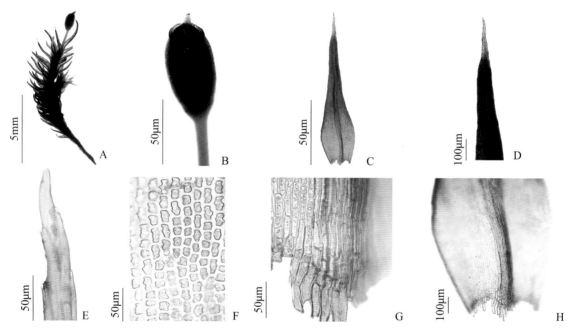

图44 近缘紫萼藓*Grimmia longirostris* Hook. 形态结构图

A. 植株；B. 孢蒴；C. 叶片；D. 叶上部细胞；E. 叶尖细胞；F. 叶中部细胞；G. 叶基部细胞；H. 叶下部细胞

（凭证标本：刘胜祥，0725）

（十六）长齿藓属 *Niphotrichum*（Bedn.-Ochyra）Bedn.-Ochyra & Ochyra Biodi.

植物体疏松丛生，黄绿色至深绿色。主茎匍匐或倾立，无分化中轴，具多数侧生分枝。叶干时略扭曲，湿时伸展，卵状披针形或长披针形，先端具白色透明毛尖，毛尖具疣突或齿;中肋单一,及顶或在叶尖稍下部消失。叶多由单层细胞构成,上部细胞不规则方形,基部细胞狭长方形至线形,壁强烈波状加厚,具圆锥形密疣,角细胞分化,无色透明或黄色。雌雄异株。蒴柄长,直立;孢蒴生于侧枝顶端,高出雌苞叶之上,卵形或圆柱形;蒴齿单层,齿片16枚;环带发育;蒴盖具长喙;蒴帽帽状,基部有瓣裂。孢子圆球形。植物的孢蒴蒴齿线形,单独成立一属。

本属全世界8种。中国4种;湖北4种。

38. 东亚长齿藓 *Niphotrichum japonicum*（Dozy & Molk.）Bedn.-Ochyra & Ochyra

植物体粗壮,上部黄绿色,下部褐色,疏松成片丛生。茎直立,单一或有少数分枝,不具中轴。叶阔卵形或长卵形,先端急尖,上部强烈成骨状背凸,略具纵皱或波纹,先端白色透明毛尖很短,有粗齿,稀无毛尖,叶两侧边缘从基部到叶端背卷;中肋单一,粗壮,在叶间稍下处消失;叶上部细胞近方形,壁波状加厚,有细疣,中部细胞长方形,壁波状加厚,具疣,基部细胞长方形,壁强烈波状加厚,具粗疣,角细胞分化明显,平滑,壁平直。蒴柄长,直立;孢蒴直立,长卵形;蒴齿线形,两裂至基部,表面具密瘤;蒴盖先端具斜长喙。

生境:生于低海拔地区的岩面、岩面薄土和沙地面上,有时见于石壁上或近树基部地上。

分布:产于湖北省通山九宫山、黄冈三角山、宜昌大老岭、五峰后河、恩施星斗山等地;福建省、西藏自治区、贵州省、江西省、重庆市、上海市、湖南省、云南省、安徽省、四川省、山东省、陕西省、浙江省、江苏省、辽宁省、吉林省、台湾地区、黑龙江省、宁夏回族自治区、河南省有分布;日本、朝鲜、俄罗斯(西伯利亚东南部)、越南、澳大利亚也有分布。

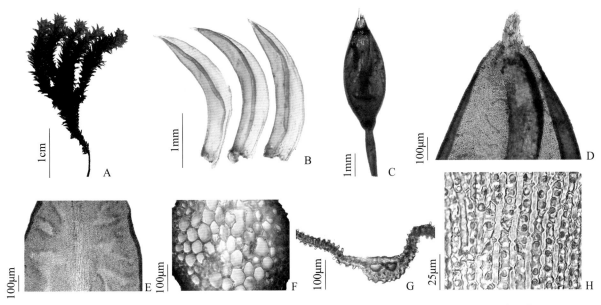

图 45 东亚长齿藓 *Niphotrichum japonicum*（Dozy & Molk.）Bedn.-Ochyra & Ochyra 形态结构图

A. 植株;B. 叶片;C. 孢蒴;D. 叶上部细胞;E. 叶中部细胞;F. 茎横切;G. 叶横切;H. 叶基部细胞

(凭证标本:郑桂灵,3265A)

39. 硬叶长齿藓 *Niphotrichum barbuloides*（Cardot）Bedn.-Ochyra & Ochyra

植物体粗壮，上部绿色至黄绿色，下部深褐色，疏松丛生。主茎匍匐，具短而密的羽状分枝。茎叶干燥时略卷曲，松散覆瓦状排列，湿润时伸展，卵披针形，基部卵形向上渐收缩，上部龙骨状背凸，下部有皱褶，先端钝、无白色透明毛尖；叶缘两侧从基部至上部背卷；中肋强劲，在叶间稍下消失；叶中上部细胞短长方形，壁波状具瘤；基部细胞长方形，具瘤，壁强烈波状增厚。角部细胞分化，短长方形，薄壁。雌雄异株。雌苞叶小于茎叶。蒴柄直立；孢蒴直立，卵形；蒴齿细长线形，两裂至基部，表面具细瘤。

生境：生于高山地区岩石面上。

分布：产于湖北省恩施七姊妹山、宜昌邓村等地；浙江省、西藏自治区、江西省、湖南省、四川省、河南省有分布；日本、朝鲜也有分布。

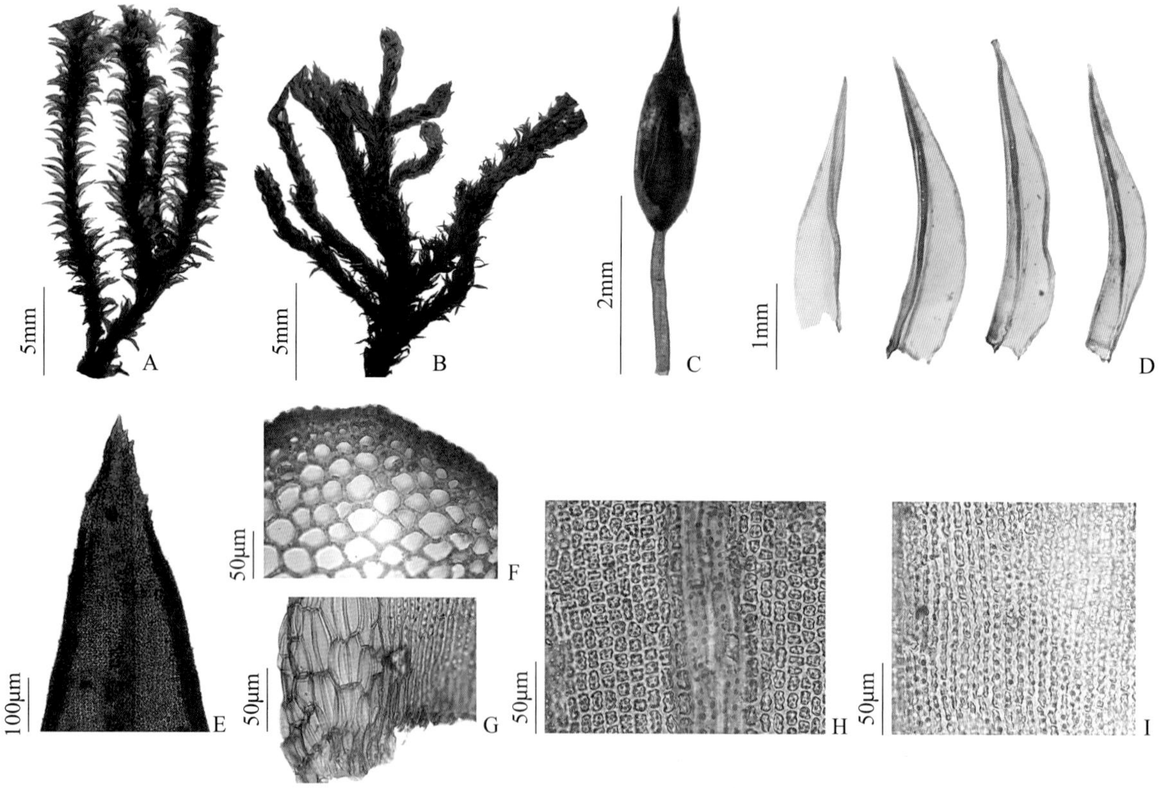

图 46 硬叶长齿藓 *Niphotrichum barbuloides*（Cardot）Bedn.-Ochyra & Ochyra 居群

图 47 硬叶长齿藓 *Niphotrichum barbuloides*（Cardot）Bedn.-Ochyra & Ochyra 形态结构图

A、B. 植株；C. 孢蒴；D. 叶片；E. 叶上部细胞；F. 茎横切；G. 叶基部细胞；H. 叶中部近中肋细胞；I. 叶中部近边缘细胞

（凭证标本：吴林，Q20170813-024）

40. **长枝长齿藓** *Niphotrichum ericoides*（Brid.）Bedn.-Ochyra & Ochyra

　　本种主茎细长,具多数短而密的羽状或近羽状分枝,枝叶干燥时常扭曲,窄长披针形,由窄长基部向上渐成长的扭曲的上部,先端具长的白色透明毛尖,叶细胞具明显瘤以及叶角部细胞明显分化易于区分于本属其他种。

　　生境:生于高山地区岩石上,有时见于山区近林缘的地面上。

　　分布:产于湖北省神农架、宣恩七姊妹山等地;西藏自治区、贵州省、江西省、重庆市、云南省、安徽省、四川省、甘肃省、陕西省、新疆维吾尔自治区、内蒙古自治区、吉林省、台湾地区有分布;日本、北美洲、欧洲也有分布。

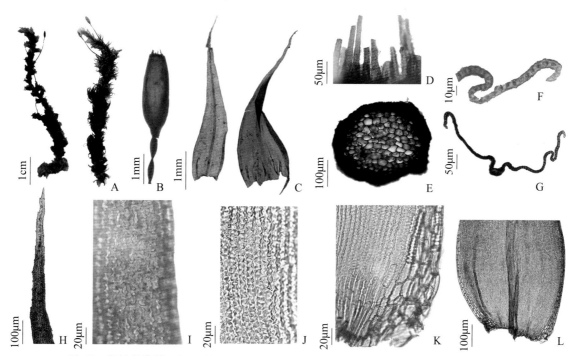

图 48　长枝长齿藓 *Niphotrichum ericoides*（Brid.）Bedn.-Ochyra & Ochyra **形态结构图**

A. 植株;B. 孢蒴;C. 叶片;D. 蒴齿;E. 茎横切;F. 叶基部横切的一部分;G. 叶基部横切;H. 叶尖细胞;
I. 叶上部细胞;J. 叶中部细胞;K. 角细胞;L. 叶基部细胞

（凭证标本:刘胜祥,594）

（十七）砂藓属 *Racomitrium* Brid.

　　植物体常呈大片密集或疏松丛生,黄绿色、深绿色或褐绿色。主茎匍匐或倾立,无中轴分化,具多数侧生短分枝。叶卵状披针形或长披针形;先端多数有白色透明毛尖,叶缘多背卷,单层或两层细胞,中肋单一、粗壮,及顶或在先端前消失,叶片细胞多单层,上部细胞不规则方形或短长方形,基部细胞狭长方形,壁强烈波状加厚,平滑或具粗密瘤,角部细胞常分化，由数列大型薄壁细胞或单列平直透明细胞组成。雌雄异株。雌器苞顶生或生于侧枝顶端。蒴柄长，直立；孢蒴直立，卵形或圆筒形，表面平滑；蒴齿单层，齿片 16 枚，线形或线状披针形，2 裂至基部；环带发育。

本属全世界 80 种。中国 7 种；湖北 2 种。

41. 小蒴砂藓 *Racomitrium microcarpon*（Hedw.）Brid

植物体上部黄绿色或绿色，下部褐色或黑褐色，有时因长白色毛尖而呈灰白色，大片密集丛生垫状。茎长 2～4cm，具近羽状的长短分枝。叶干燥时贴茎覆瓦状排列，湿润时展开，基部卵圆形，向上呈披针形，上部多明显向一侧偏斜，先端具卷曲的、长而有齿的白色透明毛尖；叶缘两侧长背卷，一侧由基部至先端，另一侧至叶长 3/4 处，多数单层细胞；中肋粗壮，及顶，背部明显凸起；全叶细胞长形，单层，强烈波状加厚和具壁孔，壁有时呈瘤状突起；中上部细胞长方形，宽 8～10μm，长 24～30μm；基部细胞线形，宽约 9μm，长 25～50μm。角部细胞不分化，一侧边缘具 10～20 个单列透明薄壁细胞。雌苞叶卵圆形，无或具短的白色透明毛尖。蒴柄长，直立，长 5～8mm。孢蒴长筒形或长卵形，长 1.5～2.0mm；蒴齿线披针形，两裂至基部，表面具密而低的疣。

生境：生于高山山坡沙土或岩面上。

分布：产于湖北省西南部等地；吉林省、四川省有分布；俄罗斯（西伯利亚）、欧洲、北美洲也有分布。

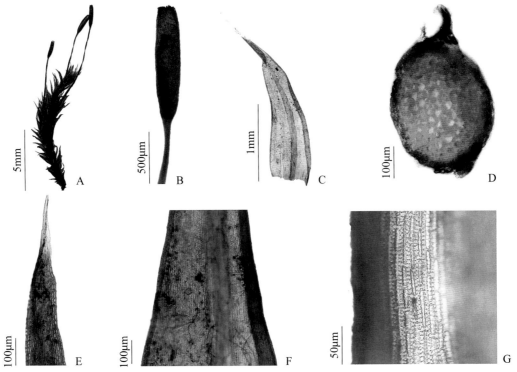

图 49　小蒴砂藓 *Racomitrium microcarpon*（Hedw.）Brid 形态结构图

A. 植株；B. 孢蒴；C. 叶片；D. 茎横切；E. 叶上部细胞；F. 叶中部细胞；G. 叶中部边缘细胞

（凭证标本：刘胜祥，364）

42. 异枝砂藓 *Racomitrium heterostichum*（Hedw.）Brid

植物体上部黄绿色，下部深褐色或黑褐色，常因长白色毛尖而带灰白色，密集丛生垫状。茎具多数密集分枝。叶卵状披针形，有时向一侧偏斜，先端白色透明毛尖细长，常具刺状齿突，基部宽，有时下延；两侧叶缘从基部到叶先端长背卷；中肋粗壮，及顶；叶片细胞单层，壁波状或强烈波状加厚；中上部细胞方形或长方形；基部细胞长方形；角部细胞分化不明显，由 3～10 个稍大、略波状加厚细胞组成。雌苞叶卵形，具短毛尖。蒴柄长，直立；孢蒴长筒形；蒴齿线披针形，两裂至基部，表面具密疣。蒴盖具长喙。蒴帽钟帽状，基部具裂瓣。

生境：生于低地或低高山地区岩石面上。

分布：产于湖北省黄冈天堂寨；陕西省、江苏省、江西省、吉林省、台湾地区、四川省有分布；日本、欧洲西部、北美洲、非洲北部也有分布。

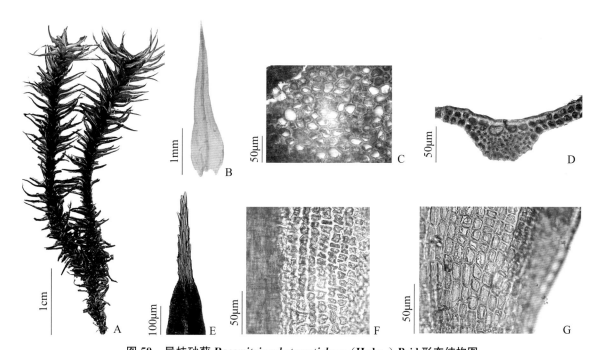

图50 异枝砂藓 *Racomitrium heterostichum*（Hedw.）Brid 形态结构图

A. 植株；B. 叶片；C. 茎横切；D. 叶中肋横切；E. 叶尖细胞；F. 叶中部近中肋细胞；G. 叶基部细胞

（凭证标本：叶雯，3801）

（十八）连轴藓属 *Schistidium* Bruch & Schimp

植物体绿色或红褐色，稀疏丛生。茎直立或倾立，具多数分枝。叶干燥时覆瓦状排列，湿时伸展倾立，披针形或卵状披针形，上部多呈龙骨状背凸；先端多具白色透明毛尖，中肋单一，粗壮，达尖或在叶端前消失，叶上部细胞小，不规则方形，多数单层，壁加厚，基部细胞短，近方形或短长方形，壁略波状加厚。雌雄同株。雌苞叶明显大于茎叶，基部宽。

蒴柄直立,短于孢蒴;孢蒴半球形或卵形,直立,内隐于苞叶之中;蒴齿 16 枚,披针形或线披针形,全缘或上部不规则裂,表面具密瘤,稀蒴齿退化;无环带分化;蒴盖与蒴轴相连脱落,圆锥形,具短钝喙;蒴帽小,兜形或钟形,仅覆盖蒴盖。孢子圆球形,黄绿色,表面近于平滑或有密瘤。

中国已知有 10 种;湖北 3 种。

43. 粗疣连轴藓 *Schistidium strictum*（Turner）Loeske ex Mårtensson

植物体纤细,稀疏丛生。茎具多数分枝,中轴分化。叶干燥时直立覆瓦状排列,湿润时伸展,卵状披针形或披针形,上部龙骨状背凸,先端具极短或长而具齿的白色透明毛尖;叶缘两侧背卷,上部两层;中肋及顶,背面具明显瘤突,上部细胞不规则方形,壁稍厚波状,基部近边缘细胞短长方形,具均匀加厚的纵壁和横壁,中肋两侧细胞长形,壁加厚,雌雄同株。蒴柄短于孢蒴,直立;孢蒴内隐,长卵形,直立;蒴齿披针形,上部具穿孔,表面具密疣;蒴帽兜形。蒴盖具斜短喙。

生境:生于高海拔山区岩石上。

分布:产于湖北省西南部、神农架木鱼坪、通山九宫山等地;西藏自治区、重庆市、湖南省、云南省、四川省、陕西省、浙江省、新疆维吾尔自治区、内蒙古自治区、青海省、辽宁省、吉林省、台湾地区、黑龙江省、宁夏回族自治区、河北省也有分布;日本、印度、俄罗斯、北美洲也有分布。

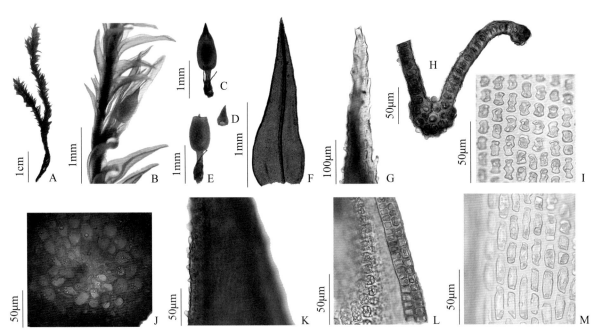

图 51　粗疣连轴藓 *Schistidium strictum*（Turner）Loeske ex Mårtensson 形态结构图

A. 植株;B. 孢蒴着生位置;C、D. 孢蒴;E. 蒴盖;F. 叶片;G. 叶尖细胞;H. 叶横切;I. 叶中部细胞;

J. 茎横切;K. 叶上部细胞;L. 叶中部边缘细胞;M. 叶基部近中肋细胞

（凭证标本:郑桂灵,2791A）

44. 长齿连轴藓 *Schistidium trichodon*（Brid.）Poelt

植物体细长，稀疏丛生。茎分枝，中轴不分化。叶干燥时稀疏覆瓦状排列，湿润时伸展，披针形，上部龙骨状背凸，先端无或具数个透明细胞；叶缘两侧背卷，上部两层；中肋及顶伸出，背面平滑无瘤突；叶上部细胞不规则方形，具略波状加厚的壁；中部细胞短长方形，壁波状；基部近边缘细胞短长方形，具等厚的纵横壁；中肋两侧细胞长形，壁增厚。雌雄同株。蒴柄短于孢蒴，直立；孢蒴内隐，长卵形，直立，对称；蒴齿细长，全缘，表面具呈规则排列的密疣。蒴帽小，帽形。蒴盖具长直或斜喙。

生境：生于高海拔山区岩石上。

分布：产于湖北省神农架；西藏自治区、重庆市、湖南省、云南省、四川省、陕西省、浙江省、新疆维吾尔自治区、内蒙古自治区、青海省、辽宁省、吉林省、台湾地区、黑龙江省、宁夏回族自治区、河北省有分布。日本、印度、俄罗斯、北美洲也有分布。

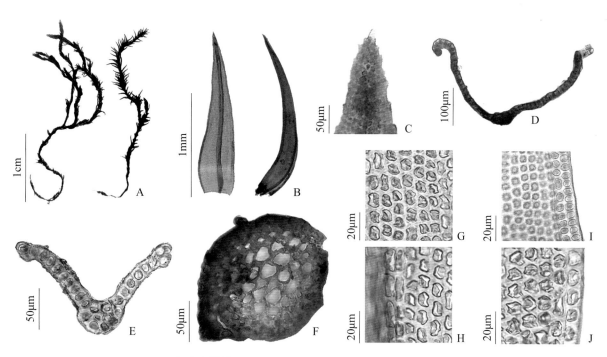

图 52　长齿连轴藓 *Schistidium trichodon*（Brid.）Poelt 形态结构图

A. 植株；B. 叶片；C. 叶尖细胞；D. 叶基部横切；E. 叶上部横切；F. 茎横切；G. 叶上部近中肋细胞；

I. 叶上部边缘细胞；H. 叶基部近中肋细胞；J. 叶基部边缘细胞

（凭证标本：刘胜祥，10059-3）

植物体多数小而纤细，密集丛生于土上或岩石面。茎直立，单一或叉状分枝。叶多列，稀对生，多数披针形或狭长线形，上部细长；中肋单一，粗壮，及顶或伸出叶端；叶细胞多平滑，上部近方形或短长方形，基部长方形或狭长形，角细胞不分化。蒴柄长，直立；孢蒴多数伸出于雌苞叶之上，少数内隐，直立，稀倾立，表面平滑或具沟突；环带多数分化；蒴齿常具基膜，两裂至基部，呈线形或线状披针形，表面具细疣。蒴盖圆锥体形，有的具长喙。蒴帽多兜形。孢子小，圆球形，表面具细疣。

本科全世界 22 属。中国 10 属；湖北 4 属。

（十九）角齿藓属 *Ceratodo* Brid.

植物体密集丛生，绿色或黄绿色。茎直立，单一或具分枝。叶直立贴茎，干燥时卷曲，披针形或卵披针形；叶缘背卷；中肋单一，粗壮，及顶或突出于叶尖；叶细胞短宽，近方形或长方形。雌雄异株。雌苞叶高鞘状，向上成细长叶尖。蒴柄直立，细长；孢蒴倾立或近于直立，多数有明显纵棱和沟；基部具小颏突；蒴齿具短基膜，2纵裂至近基部，基部具横纹，中上部具疣。蒴帽兜形。蒴盖短圆锥体形。孢子小，圆球形，黄色，表面近于平滑。

本属全世界 5 种。中国 2 种；湖北 1 种。

45. 角齿藓 *Ceratodon purpureus*（Hedw.）Brid.

　　植物体黄绿色或绿色,老时呈红色,密集丛生,高 0.8～2cm。茎直立,单一或具少数短分枝,基部具假根。叶干燥时贴茎,略扭曲,湿时直立,下部叶较小,披针形,叶边缘明显背卷或背弯,上部边缘有不规则齿突;中肋单一,粗壮,及顶或突出于叶尖;叶基部细胞短矩形,中上部细胞近方形。多数雌雄异株。雄株略小。雌苞叶长鞘状。蒴柄直立,红褐色,长 1.0～2.0cm;孢蒴平展或倾斜,红棕色,宽卵形或长卵形。蒴齿 16 枚,披针形,两裂至基部。蒴盖短圆锥形。蒴帽兜形。

　　生境:生于各种基质和环境中,多长在干燥开阔土地上,有时见于岩面薄土、腐朽木根上。在森林火烧迹地常见此种群落。

　　分布:产于湖北省五峰后河等地;中国北部和西南山地有分布。本种系世界泛生种。

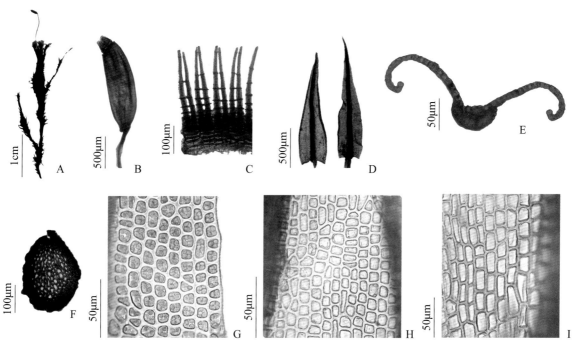

图 53　角齿藓 *Ceratodon purpureus*（Hedw.）Brid. 形态结构图

A. 植株;B. 孢蒴;C. 蒴齿;D. 叶片;E. 叶基部横切;F. 茎横切;G. 叶上部细胞;H. 叶中部细胞;I. 叶基部细胞

（凭证标本:刘胜祥,10008-1）

（二十）牛毛藓属 *Ditrichum* Hampe.

　　小型土生藓类。植物体黄绿色,疏松丛生。茎单一或叉状分枝。叶披针形或卵披针形,叶上部细长,多向一边偏曲;中肋单一,粗壮,突出叶端;叶缘平滑或上部有齿突。雌雄同株或异株。雌苞叶与茎叶同形,略大。蒴柄细长,直立;孢蒴长卵形或长圆柱形,直立,对称或弓形背曲。蒴盖圆锥形,具短钝喙。蒴帽兜形。

　　本属全世界 67 种。中国 10 种;湖北 7 种。

46. 牛毛藓 *Ditrichum heteromallum*（Hedw.）Britt.

　　植物体黄绿色，高约 1cm，稀疏丛生。茎单一，直立。叶紧密着生，中上部不扭曲，干燥时贴茎，湿时向上倾立；略向一边弯曲，基部卵形，向上成披针形，上部细长，2～3.5mm 长；叶缘平直；中肋单一，粗壮，及顶或突出叶端；全叶细胞细长，呈长方形或长线形。雌雄异株。雌苞叶大，基部多呈鞘状。蒴柄直立，红褐色，长 1.5～2cm；孢蒴直立，对称，长圆筒形，红褐色，宽 0.3～0.4mm，长约 2mm，口部略收缩。蒴盖圆锥形。孢子圆球形，直径 10～12μm，黄色，表面近于平滑。

　　生境：生于岩面薄土上。

　　分布：产于湖北省各地；广西壮族自治区、西藏自治区、海南省、贵州省、江西省、重庆市、上海市、湖南省、广东省、云南省、四川省、山东省、浙江省、台湾地区有分布；日本、朝鲜、欧洲、北美洲、阿拉斯加也有分布。

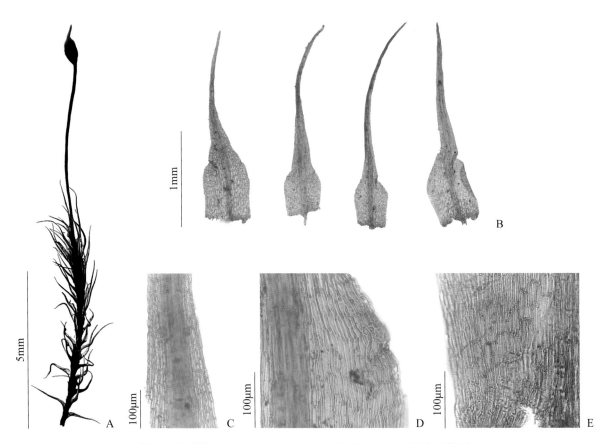

图 54　牛毛藓 *Ditrichum heteromallum*（Hedw.）Britt. 形态结构图

A. 植株；B. 叶片；C. 叶上部细胞；D. 叶肩部细胞；E. 叶基部细胞

（凭证标本：刘胜祥，596）

47. 黄牛毛藓 *Ditrichum pallidum*（Hedw.）Hampe.

植物体丛生，黄绿色或暗绿色。茎直立，高 0.5～1cm，多单一，稀分枝，叶密集，中上部不扭曲，茎下部的叶较小，茎顶的叶较长大。叶直立伸展，长卵圆形或披针形，先端成半管状的细长尖，边直，先端具齿突；中肋突出叶尖成长芒状。雌雄同株异苞。雌苞叶基部鞘状，先端成细长尖。蒴柄纤细，长 1～2cm，黄色到红棕色。孢蒴长圆状圆柱形，略向一边弯曲，不对称，淡红褐色蒴盖圆锥状，具喙状尖头；蒴齿短，2 裂至基部，线形，具细密刺疣。孢子具疣。

生境：生于海拔 1200～3200m 的林地及路旁土坡。

分布：产于湖北省各地；福建省、西藏自治区、贵州省、江西省、重庆市、上海市、湖南省、广东省、云南省、北京市、澳门特别行政区、香港特别行政区、安徽省、山东省、浙江省、江苏省、内蒙古自治区、台湾地区、河北省、河南省有分布；泰国、日本、欧洲、北美洲、非洲中部也有分布。

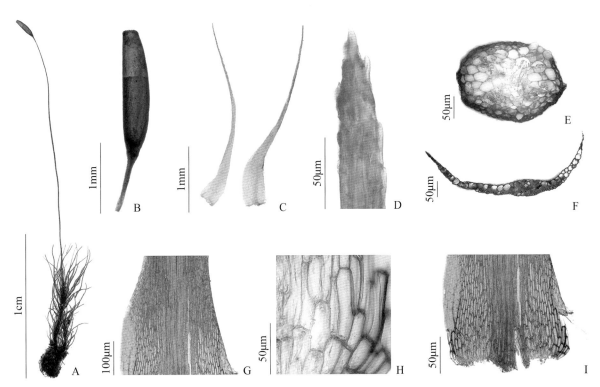

图 55 黄牛毛藓 *Ditrichum pallidum*（Hedw.）Hampe. 形态结构图

A. 植株；B. 孢蒴；C. 叶片；D. 叶尖细胞；E. 茎横切；F. 叶横切；G. 叶肩部细胞；H、I. 叶基部细胞

（凭证标本：喻融，4428）

48. 卷叶牛毛藓 *Ditrichum difficile*（Duby）M. Fleisch.

植物体纤细，黄绿色，丛生，高 1.5～2.5cm。茎单一或具稀疏分枝。叶多列，基叶小，上部叶大，基部长形或长卵形，向上收缩成细长线形，中上部明显扭曲；叶缘平直，叶先端有时具齿突；中肋单一，宽平，及顶或略突出叶端。全叶细胞长形；叶肩部细胞长线形，长宽比为（4～8）：1；上部细胞比肩部短，肩部细胞比基部细胞短。雌雄同株。雌苞叶与上部茎叶同形，但长。蒴柄细长，直立。孢蒴由收缩基部向上成长筒形，略向一边弯曲，不对称，红褐色。

生境：生于山坡土面上。

分布：产于湖北省神农架等地；福建省、新疆维吾尔自治区、贵州省、内蒙古自治区、台湾地区、山西省有分布；孟加拉国、印度、印度尼西亚、俄罗斯（远东地区）、澳大利亚、新西兰、马达加斯加、坦桑尼亚、南非、南美洲也有分布。

图 56　卷叶牛毛藓 *Ditrichum difficile*（Duby）M. Fleisch. 形态结构图

A. 植株；B. 叶片；C. 叶尖细胞；D. 叶中部边缘细胞；E. 叶基部细胞

（凭证标本：刘胜祥，10715）

49. 短齿牛毛藓 *Ditrichum brevidens* Nog.

植物体密集丛生,黄绿色,高 0.3~0.5cm。茎直立,单一或稀疏分枝。叶干燥时贴茎直立,湿时向上倾立,茎上部叶大,向下渐小,基部阔卵形,向上渐成细披针形,先端平滑;中肋单一,粗壮,及顶;叶缘平直;叶基部细胞长方形至短矩形;叶肩部细胞短长方形;叶中上部细胞短矩形。雌雄异株。雌苞叶与上部茎叶同形,略大。蒴柄黄色,直立,长 1~1.5cm;孢蒴长筒形,直立,有时略向一边偏斜;蒴口略收缩;蒴齿短而不分裂,条形,红棕色,表面密布细密疣。蒴盖圆锥形,具短斜喙。

生境:生于潮湿的土面或者石缝,路边土壁、山坡岩面等地。

分布:中国特有种。产于湖北省五峰后河;四川省和云南省有分布。

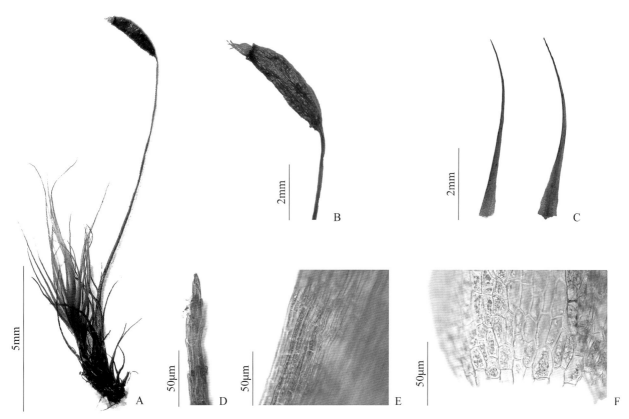

图 57　短齿牛毛藓 *Ditrichum brevidens* Nog. 形态结构图

A. 植株;B. 孢蒴;C. 叶片;D. 叶尖细胞;E. 叶上部边缘细胞;F. 叶基部细胞

(凭证标本:郭磊,10740)

50. 细叶牛毛藓 *Ditrichum pusillum*（Hedw.）Hampe

植物体小，稀疏丛生，高 0.7～1cm 左右。茎直立，单一或稀疏分枝。叶紧密着生，中上部不扭曲，干时贴茎，湿时向上倾立，基部叶小，上部叶大，基部卵形或阔卵形，向上渐尖呈披针形，叶长一般 1.0～2.0mm；中肋单一，强劲，伸出叶尖；叶中下部叶缘背卷，上部平直；叶细胞与其他种相比较短，呈长方形或短长方形。雌雄异株。雌苞叶与上部茎叶同形，略大。蒴柄直立。孢蒴长卵形或近卵形，对称，平滑；蒴盖圆锥形，略呈短喙状。

生境：多生于潮湿或溪沟边土面或土壁上，有时见于岩缝土上。

分布：产于湖北省利川星斗山、黄冈龙王山、浠水三角山等地；西藏自治区、海南省、贵州省、湖南省、广东省、云南省、四川省、山东省、内蒙古自治区、吉林省、宁夏回族自治区、河北省有分布；俄罗斯（远东及西伯利亚地区）、欧洲、北美洲、非洲也有分布。

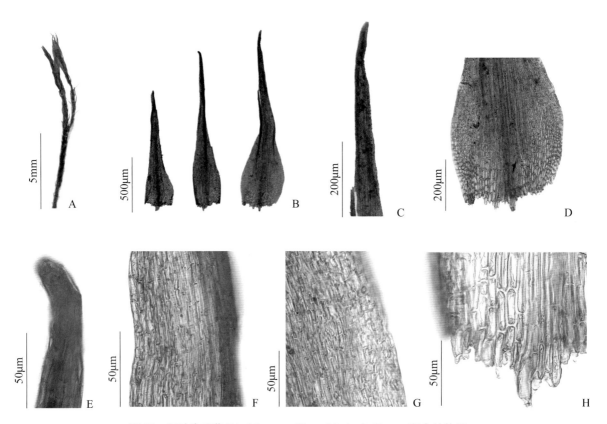

图 58　细叶牛毛藓 *Ditrichum pusillum*（Hedw.）Hampe 形态结构图

A. 植株；B. 叶片；C. 叶上部细胞；D. 叶下部细胞；E. 叶尖细胞；

F. 叶中部近中肋细胞；G. 叶中部边缘细胞；H. 叶基部细胞

（凭证标本：方元平，104）

　　小型土生藓类。植物体疏松或垫状丛生。茎多单一，稀二歧分枝，具明显分节。叶二列状排列，基部呈鞘状，抱茎，上部突变狭为细长尖或短尖，叶边平直；中肋宽阔，近乎占整个叶尖；叶基细胞长方形、长六边形或狭长方形，透明，平滑无疣，上部较短，不规则菱形或三角形，顶部几呈方形，具疣或粗糙。雌苞叶高出。蒴柄红褐色。孢蒴长卵形或圆柱形，直立或弯曲。蒴齿单层，齿片16，中央有裂缝或不规则开裂，外部具明显的横条纹。蒴盖短圆锥状，具短喙。孢子外壁具疣状突起。

　　本科全世界1属。中国1属；湖北1属。

（二十一）对叶藓属 *Distichium* Bruch & Schimp.

属与科特征同。

本属全世界11种。中国5种；湖北1种。

51. 对叶藓 *Distichium capillaceum*（Hedw.）Bruch & Schimp.

　　植物体细长,扁平,黄绿色,具光泽,密集丛生。茎直立,或稀疏叉状分枝,横切面具大型中轴细胞,基部多具红色茸状假根。叶两列,紧密排列,对生。从直立高鞘状基部向上很快成狭披针形,叶尖细长,为鞘状基部长的 2～3 倍;叶缘平直,上部多数具瘤突;中肋单一,扁宽,占满整个叶上部;叶基部细胞窄长形;肩部细胞不规则多边形。蒴柄直立,红棕色。孢蒴直立,对称,长椭圆形,蒴齿单层,齿片披针形,2 裂达基部,中上部具密瘤,下部具纵斜纹;环带分化,由 1～2 列大型厚壁细胞组成,蒴盖圆锥形。蒴帽兜形,平滑。

　　生境:生于高山石灰岩缝或薄土上,有时见于潮湿砂石质上及冰川旁岩石面上。

　　分布:产于湖北省;中国广泛分布;朝鲜、日本、尼泊尔、印度、俄罗斯(西伯利亚)、欧洲、北美洲、南美洲、非洲、澳大利亚、新西兰、南极洲,为世界广布种。

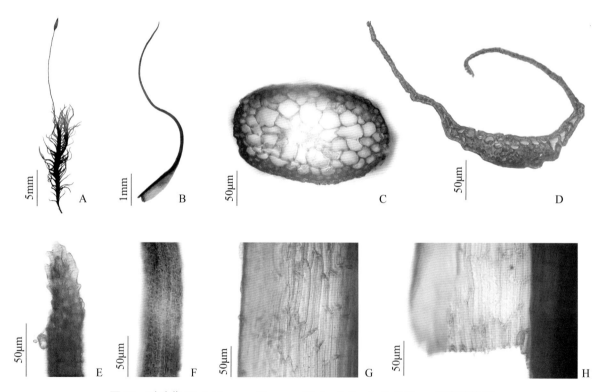

图 59　对叶藓 *Distichium capillaceum*（Hedw.）Bruch & Schimp. 形态结构图

A. 植株;B. 叶片;C. 茎横切;D. 叶基部横切;E. 叶尖细胞;F. 叶上部细胞;G. 叶中部细胞;H. 叶基部细胞

（凭证标本:田春元,407）

植株体密集丛生，高1～4cm，绿色到棕绿色。茎基部常形成密集假根或稀疏假根，紧密相连在一起。叶长 1～3.5cm，湿时直立或倾立，干燥时叶轻微波状，从卵形到长卵形的鞘部突然收缩成一个细长的叶尖，叶身细胞 1 层。叶边全缘，或仅在叶尖有轻微的小锯齿，上部横切叶边缘常有 2 层细胞。中肋占叶基部宽的 1/4～1/3，横切面有 1 层导管细胞，背腹面均具厚壁细胞束。中上部细胞短矩形至长菱形，向基部逐渐加长，肩部细胞由薄壁菱形细胞组成，近中肋细胞的细胞壁纵向上具有弱的结节状加厚，向两侧逐渐变薄。雌雄异株；雄株明显小于雌株；雌苞叶与茎叶同形，略长大。蒴柄直立，暗红棕色，长 2～3cm。孢蒴直立，窄圆柱形，高达 1.5mm；蒴盖锥形或喙状，0.7～0.9mm。蒴齿单齿层，基部形成低的基膜，2 裂至基膜处，密被疣，基部浅棕色，远端苍白，300～450μm。孢子表面具细疣，9～12μm。

本科全世界 1 属。中国 1 属；湖北有分布。

（二十二）扭茎藓属 *Flexitrichum* Ignatov & Fedosov

属特征同科。

本属全世界 2 种。中国 2 种；湖北 1 种。

52. 细扭茎藓 *Flexitrichum gracile*（Mitt.）Ignatov & Fedosov

植物体细长，密集丛生，高2～12cm。茎单一或叉状分枝，基部多密布红色茸毛状假根。叶疏松着生，中上部扭曲，长4～8mm，干燥时向一边弯曲，湿时伸直倾立，细长披针形，基部窄长，卵形或长卵形；中肋单一，细长，突出叶端；叶缘平直，上部多有齿突；叶基部边缘2～3列细胞透明，线形；往中肋两侧细胞短长方形至长方形，有时略呈波状加厚；近肩部细胞一般圆长四至六边形，较长，边缘有时具数列长形细胞；上部细胞短矩形或长方形。雌雄异株。

生境：生于海拔1600～3800m的高山地带岩面薄土或林下土面，有时见于石壁上。

分布：产于湖北省神农架；山西省、陕西省、四川省、云南省、贵州省、青海省、新疆维吾尔自治区、西藏自治区有分布；俄罗斯（远东及西伯利亚地区）、欧洲、北美洲、非洲也有分布。

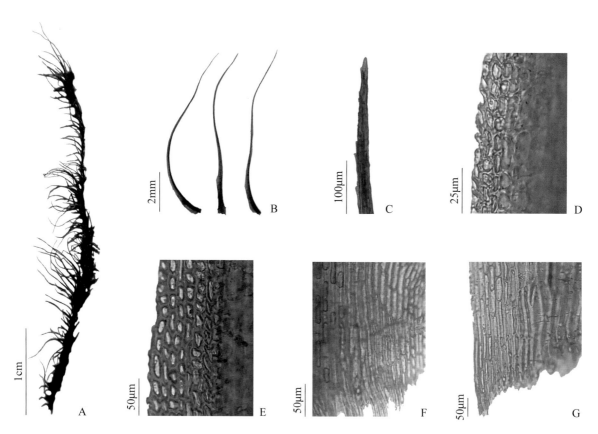

图60 细扭茎藓 *Flexitrichum gracile*（Mitt.）Ignatov & Fedosov 形态结构图

A. 植株；B. 叶片；C. 叶尖细胞；D. 叶上部细胞；E. 叶中部细胞；F. 叶基部细胞；G. 叶基部边缘细胞

（凭证标本：田春元，484）

植物体小，黄色或黄褐色。茎单一或稀疏分枝。上部叶丛集而形大，下部叶小，卵状披针形或狭长披针形；中肋单一，粗壮，长达叶先端或突出，叶上部细胞长方形至近方形，厚壁，基部细胞稀疏，透明，薄壁，角细胞不分化。

雌雄同株或雌雄有序同苞。雌苞叶大于茎叶。蒴柄短，直立或略弯曲；孢蒴倒卵圆形或梨形，内隐或高出雌苞叶之上；蒴台部发达，为壶部长度的 1/5 至近于等长，具多数气孔；蒴盖和蒴齿不分化；蒴帽钟帽形，平滑或具疣突，基部具裂瓣。

本科全世界 4 属。中国 4 属；湖北 1 属。

（二十三）长蒴藓属 *Trematodon* Michx.

暖地土生藓类。植物体黄绿色，疏生或群生。茎短小，单一，具大型中轴。叶干时常卷曲，基部宽鞘状，上部渐狭成披针形，舌形或长剑形；中肋长达叶尖或突出，叶细胞平滑，壁薄，基部细胞疏松，短矩形，四至六边形，方形，长六边形或长方形，渐向尖部渐短。雌雄同株。蒴柄细长，直立或稍弯曲，黄色；孢蒴通常弯曲，具长台部，有时超过壶部的两倍，基部具骸突；有环带；蒴齿单层，基部联合成基膜，齿片 16 枚，上部分叉或具裂孔，具细疣，下部具加厚的纵纹，稀缺齿；蒴盖具斜长喙；蒴帽兜形。孢子圆球形。外壁具疣。

本属全世界 76 种。中国 2 种；湖北 1 种。

53. 长蒴藓 *Trematodon longicollis* Michx.

植物体小,绿色或黄绿色,高 2.5～6mm,松散丛状。茎单一或稀疏分枝,具中轴。叶干燥时卷曲,湿润时弯曲伸展,长 1.7～3.6mm,基部抱茎,长形或卵长形,向上渐窄成线条形,先端钝;叶缘上部部分外卷;中肋单一强劲,及顶,不全部充满叶上部;叶中上部细胞短长方形至长方形,基部细胞长形,稀疏,薄壁。雌雄同株。雌苞叶大于上部茎叶。蒴柄直立,黄色或黄褐色,长度变化大,从 4～30mm;孢蒴长圆筒形,上部有时弯曲;蒴台部细长,长度变化较大,为壶部长的 2～4 倍,基部具骸突;蒴齿单层,线披针形,分叉或具裂孔至下部,上部具细疣,中下部具加厚纵条纹;环带分化,由厚壁细胞组成。蒴帽兜形。蒴盖具细长斜喙。孢子圆球形,黄绿色,表面具瘤。

生境:生于土坡或平地土面。

分布:产于湖北省长阳宝塔山、通城;广西壮族自治区、福建省、西藏自治区、海南省、贵州省、江西省、重庆市、上海市、湖南省、广东省、云南省、澳门特别行政区、香港特别行政区、安徽省、四川省、山东省、浙江省、江苏省、辽宁省、台湾地区有分布;日本、喜马拉雅地区、印度、斯里兰卡、缅甸、菲律宾、印度尼西亚、新几内亚、朝鲜、西伯利亚、夏威夷群岛、南非、欧洲、美国东部、古巴、墨西哥、南美洲、新西兰也有分布。

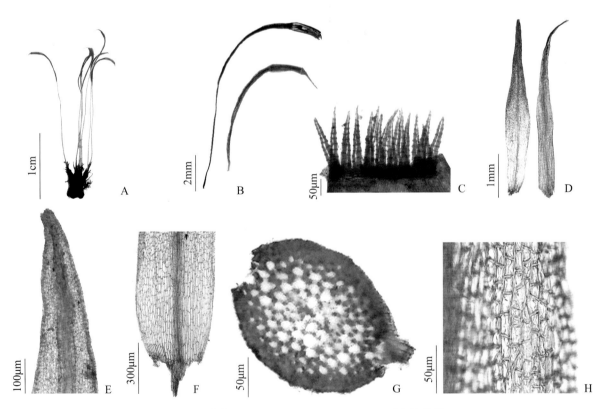

图 61 长蒴藓 *Trematodon longicollis* Michx. 形态结构图

A. 植株;B. 孢蒴;C. 蒴齿;D. 叶片;E. 叶尖细胞;F. 叶基部细胞;G. 茎横切;H. 叶中部细胞

（凭证标本:彭丹,1062）

植物体矮小,疏松丛生,茎直立,中轴分化。茎基部的叶小,向上渐大,偏曲或背仰,披针形、宽披针形,常扭曲或全缘或有细齿;中肋强劲,达叶尖或突出呈芒尖状,叶细胞长方形,壁薄,无壁孔,角细胞不分化。雌雄异株或者雌雄同株异苞。蒴柄长,直立或弯曲;孢蒴直立或平列,卵形或短圆体形,平滑或有褶;蒴齿单层,中部以上 2 裂;显型气孔;蒴盖具长喙;蒴帽兜形。

本属全世界 10 属。中国 6 属;湖北 1 属。

(二十四) 小曲尾藓属 *Dicranella* (Mull. Hal.) Shimp. Coroll.

植物体矮小,疏松丛生。叶直立,偏曲或背仰,披针形、宽披针形,先端急尖或渐尖,基部卵圆形或阔鞘状,凹,叶边平展,全缘或有细齿;中肋达叶尖或突出呈芒尖状,常充满叶尖部,叶细胞平滑,壁薄,一般基部的细胞长而阔,上部的短或狭长,角细胞不分化。蒴柄单生,直立或弯曲;孢蒴短椭圆体形、椭圆体形或长椭圆体形,多数倾斜,往往是凸背形;蒴齿单层,齿片在中部以上 2 裂,有时不规则分裂,中下部具疣突形成的纵条纹。

本属全世界 149 种。中国 16 种;湖北 9 种。

54. 多形小曲尾藓 *Dicranella heteromalla*（Hedw.）Schimp.

植物体小，疏丛生，黄绿色或暗绿色，有光泽。叶片直立或偏曲，从宽的基部逐渐呈细长叶尖，叶边直，中上部有齿突，叶肋长，达叶尖突出，约占基部的 1/3；叶细胞长方形，基部短长方形，中部狭长方形。蒴柄黄褐色；孢蒴短柱形，直立或弯曲平列，平滑无褶；蒴齿裂达 1/3～1/2；环带细胞一列，或分化不明显。

生境：生于林间、林边的腐木、树根部或沟边开旷的沙质土上。

分布：产于湖北省五峰后河；海南省、贵州省、重庆市、上海市、湖南省、安徽省、四川省、山东省、浙江省、新疆维吾尔自治区、江苏省、吉林省、台湾地区、黑龙江有分布；北半球广布。

图 62 多形小曲尾藓 *Dicranella heteromalla*（Hedw.）Schimp. 居群

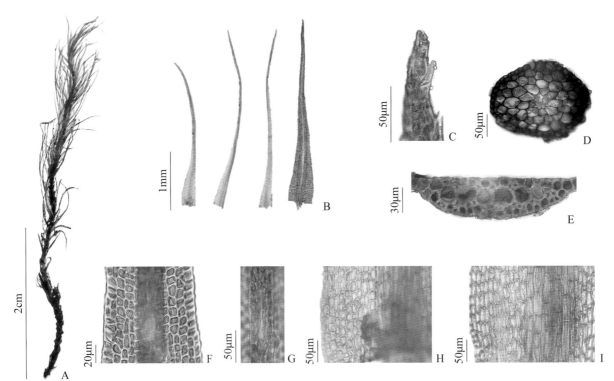

图 63 多形小曲尾藓 *Dicranella heteromalla*（Hedw.）Schimp. 形态结构图

A. 植株；B. 叶片；C. 叶尖细胞；D. 茎横切；E. 叶中肋横切；F. 叶中部细胞；

G. 中肋细胞；H. 叶中部边缘细胞；I. 叶基部边缘细胞

（凭证标本：彭丹，3122）

55. 南亚小曲尾藓 *Dicranella coarctata*（Müll. Hal.）Bosch & Sande Lac.

植物疏丛生,绿色。叶片长,背仰着生,基部宽鞘状,向上很快成为细长毛尖;叶边直立,全缘或尖端有齿突;中肋细,达于先端突出,横切面有背厚壁细胞;叶细胞长方形,基部细胞短长方形,中上部细胞长。雌雄异株。雌苞叶略大于茎叶,仅鞘状基部长大。蒴柄直,黄褐色;孢蒴圆形,直立或倾立,基部常有骸突;环带单列细胞;蒴齿生于蒴口内部,齿片2裂达中部,下部红色,有纵条纹,上部褐色,有疣。

生境:生于湿沙质土上,见于路旁、沟边或林边开旷地上。

分布:产于湖北省五峰后河等地;广西壮族自治区、福建省、海南省、贵州省、江西省、上海市、云南省、澳门特别行政区、香港特别行政区、甘肃省、江苏省、吉林省、台湾地区有分布;孟加拉国、斯里兰卡、缅甸、泰国、越南、马来西亚、菲律宾、印度尼西亚、日本、澳大利亚也有分布。

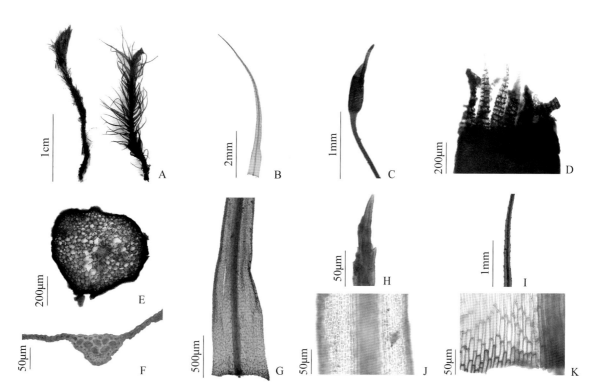

图64 南亚小曲尾藓 *Dicranella coarctata*（Müll. Hal.）Bosch & Sande Lac. 形态结构图

A. 植株;B. 叶片;C. 孢蒴;D. 蒴齿;E. 茎横切;F. 叶横切;G. 叶下部细胞;

H. 叶尖细胞;I. 叶上部细胞;J. 叶中部细胞;K. 叶基部细胞

（凭证标本:刘胜祥,262）

56. 疏叶小曲尾藓 *Dicranella divaricatula* Besch.

植物体细弱，疏丛生，黄褐色。叶片疏生，基部短宽鞘状，直立，向上急狭成披针形弯曲叶尖；叶边直，平滑或有齿突；中肋粗，达于叶尖终止；叶细胞椭圆形，基部细胞稍长宽，与中上部细胞同形。雌苞叶较长，基部长卵形鞘状，向上很快成细长尖。蒴柄长达 1.5cm，黄绿色，直立；孢蒴狭长卵形，直立或倾立，干燥时无褶；环带 1 列细胞；蒴齿片短，基部红色，有纵条纹，2 裂达中部。

生境：生于路边或沟旁的湿土或沙质土上。

分布：产于湖北省西南部、黄冈龙王山；广西壮族自治区、浙江省、贵州省、江苏省、辽宁省、云南省、四川省有分布。中国特有种。

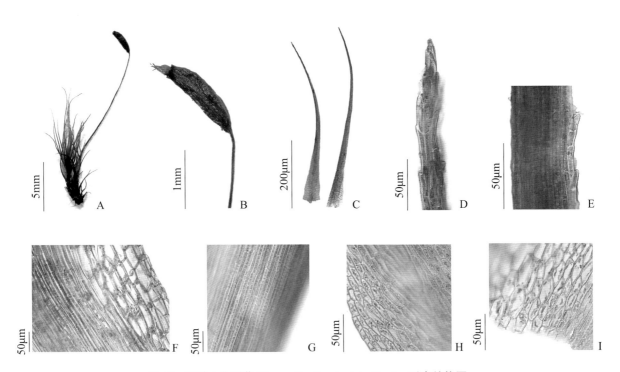

图 65　疏叶小曲尾藓 *Dicranella divaricatula* Besch. 形态结构图

A. 植株；B. 孢蒴；C. 叶片；D. 叶尖细胞；E. 叶上部细胞；F. 叶基部细胞；

G. 叶中部近中肋细胞；H. 叶基部边缘细胞；I. 叶基部近中肋细胞

（凭证标本：彭丹，116）

植株小到中等大小,稀大。茎具中轴,稀无。叶直立,镰刀形向一侧偏曲,干燥时不规则卷曲。叶卵状披针形到线形披针形、长圆形或钻形,在基部极少加宽,或具叶鞘向上急剧变窄成锐尖,不下延或稀具短下延,龙骨状,具凹槽或平坦;叶缘背曲,稀平直,全缘或有细锯齿。中肋单一,极顶或终止于叶尖下几个细胞。中肋横切面常具 1 列导细胞,有时具拟管胞,在导细胞背腹面均具厚壁细胞束,很少不分化或无厚壁细胞束。叶身细胞单层,或沿叶缘部分双层或多层;叶身细胞方形、短矩形,很少线形,平滑或具乳突,角细胞分化或不分化,褐色或透明,由 1 层或两层膨大的细胞组成。雌雄同株,稀异株或不明。雌苞叶几乎不分化,或极少分化具鞘状基部。蒴柄长,直立或鹅颈状弯曲,稀与孢蒴等长,黄色。孢蒴外露,极少仅部分露出,球状、卵形或圆柱形,直立至强弓形,基部具骸突或光滑,具明显纵条纹,基部具少数气孔。蒴盖圆锥形至长喙状。环带分化或弱分化,常由膨大的细胞组成,外卷或碎裂分离。蒴齿有或退化,干燥时反折或向外伸展或直立,红色或棕色,蒴齿背面具纵纹或倾斜的细条纹,稀光滑或具疣。孢子直径通常>20μm,具细疣。蒴帽兜状,稀钟形。陆生、附生或石生,主要生长在酸性基质上(Fedosov et al.,2021)。

本科全世界 17 属。中国 11 属;湖北 9 属。

(二十五)卷毛藓属 *Dicranoweisia* Lindl.

植物体纤细,常垫状丛生。茎多数有分枝。叶干时卷缩,内卷,基部较长阔,上部披针形渐尖,或成细长尖;叶边全缘,平近叶尖内卷,中肋多数不及顶部,叶细胞小,方形,渐向基部,渐成长方形,角细胞明显分化,疏松,方形或长方形,常呈棕色。内雌苞叶鞘状。孢蒴辐射对称,椭圆形、长椭圆形,平滑,老时干皱;蒴齿着生蒴口深处,单一或尖部略分化,多数无条纹,平滑或具疣。

本属全世界 4 种。中国 3 种;湖北 1 种。

57. **卷毛藓** *Dicranoweisia crispula*（Hedw.）Lindb.

植物体细弱，密集丛生，黄绿色或黑绿色，无光泽。叶细长，达 3.5mm，干燥时强烈卷曲，湿时四散弧状弯曲，基部长椭圆形，渐上呈披针形，上部内曲，叶边全缘，平展；中肋细，有腹背厚壁细胞层，角细胞明显分化，约为中肋的 2 倍宽，黄褐色或褐色，基部细胞长方形或线形，厚壁，向上变为短长方形或方形，细胞壁加厚凸起近似瘤状。孢蒴短柱形或长卵形，干燥时有细皱纹；蒴齿 16枚，不分裂，有细疣，基部常平滑。

生境：多生于酸性岩石上，见于峭壁、巨石缝中或砂石质土上，稀见于树基或腐木。

分布：产于湖北省五峰后河、神农架、通山九宫山等地；甘肃省、西藏自治区、新疆维吾尔自治区、江西省、重庆市、内蒙古自治区、云南省、吉林省、安徽省、四川省有分布；朝鲜、日本、俄罗斯、秘鲁、欧洲、北美洲也有分布。

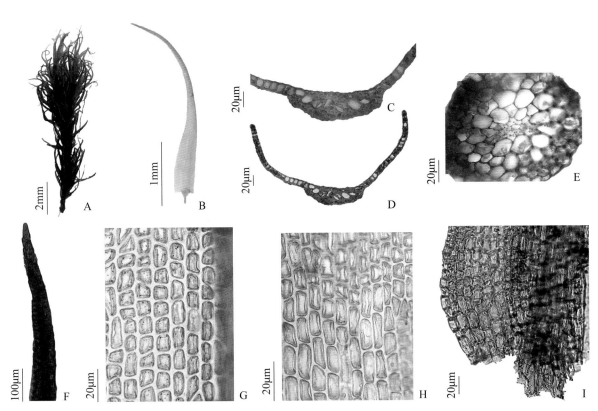

图 66　卷毛藓 *Dicranoweisia crispula*（Hedw.）Lindb. 形态结构图

A. 植株；B. 叶片；C. 叶中肋横切；D. 叶基部横切；E. 茎横切；F. 叶尖细胞；

G. 叶中部近中肋细胞；H. 叶基部细胞；I. 叶角部细胞

（凭证标本：彭丹，1702-6）

（二十六）曲背藓属 *Oncophorus* Brid.

植物体黄绿色或鲜绿色,密集丛生或垫状丛生,茎直立。叶潮湿时倾立,上部背仰,干时卷缩,基部宽大,直立,鞘状,向上呈狭长披针形,渐尖或成细长尖,边缘中段常内卷,有时呈波状曲扭,中肋粗壮,长达叶顶端或突出,叶鞘部细胞长方形,角细胞略有分化。孢蒴不对称,长卵形,曲背状,台部有骹突;环带不分化;蒴齿着生于蒴口内深处,齿片常并列,基部联合,具2细胞层基膜,上部2～3裂,外面具纵长条纹,内面具横隔。

本属全世界9种。中国4种;湖北2种。

58. 卷叶曲背藓 *Oncophorus crispifolius*（Mitt.）Lindb.

植物体小,散生或小簇状,深绿色或褐绿色,基部有假根,略具光泽。茎直立或倾立,多不分枝,高不超过1cm。叶基部鞘状,向上呈线状披针形,长3～4mm,干燥时卷缩;叶边全缘,上部有齿突;中肋粗,达叶尖终止或稍突出;叶片基部细胞长方形,透明,上部细胞小,方形厚壁,有时双层细胞,平滑。雌雄同株。蒴柄顶生,直立,长1～5mm,褐色。孢蒴褐色倾立,不对称,长椭圆形,基部有骹突。蒴齿着生于蒴口内深处。齿片披针形,红褐色,2裂达中部,中下部有纵条纹。

生境:生于山区林下岩面或石缝中。

分布:产于湖北省五峰后河、通山九宫山等地;福建省、西藏自治区、安徽省有分布;朝鲜、日本、俄罗斯（远东地区）也有分布。

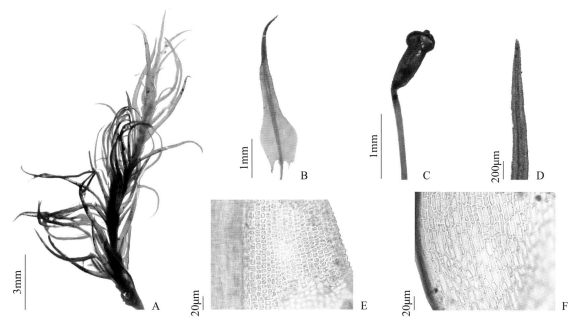

图 67 卷叶曲背藓 *Oncophorus crispifolius*（Mitt.）Lindb. 形态结构图
A. 植株;B. 叶片;C. 孢蒴;D. 叶上部细胞;E. 叶中部细胞;F. 叶基部细胞

（凭证标本:彭丹,2315）

59. **曲背藓** *Oncophorus wahlenbergii* Brid.

　　植物体密集丛生,黄绿色,基部褐绿色,有光泽。茎直立或倾立,高达5cm,多分枝。叶片基部狭,阔鞘状,从最宽的肩部突然变细成细长毛尖,干燥时卷缩;叶边平直,全缘,尖部有齿突;中肋色深,达于叶尖或有短突出;叶基部阔长方形,上部细胞小,短方形,厚壁,尖部细胞长方形。蒴柄顶生直立。孢蒴长椭圆形,凸背状,基部有骹突,干燥时平滑。蒴齿生于蒴口内部,红褐色,曲尾藓形。

　　生境:生于山区或林下腐木,稀生于岩面薄土。

　　分布:产于湖北五峰后河、神农架等地;西藏自治区、贵州省、湖南省、云南省、四川省、甘肃省、山东省、陕西省、新疆维吾尔自治区、江苏省、内蒙古自治区、辽宁省、吉林省、台湾地区、黑龙江省、河北省、山西省有分布;巴基斯坦、不丹、朝鲜、日本、印度、俄罗斯、欧洲、北美洲也有分布。

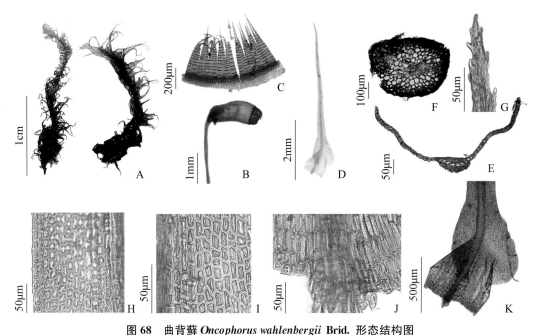

图68　曲背藓 *Oncophorus wahlenbergii* **Brid. 形态结构图**

A. 植株;B 孢蒴;C. 蒴齿 D. 叶片;E. 叶基部横切;F. 茎横切;G. 叶尖细胞;

H. 叶中部边缘细胞;I. 叶中部近中肋细胞;J. 叶基部细胞;K. 叶基部

(凭证标本:刘胜祥,441)

(二十七) 粗石藓属 *Rhabdoweisia* Bruch & Schimp.

　　植物体矮小,绿色丛生。叶干燥时强烈皱缩,湿时伸展直立,狭长披针形,向上渐尖,先端多尖锐;叶缘平直或中下部背卷;中肋单一,强劲,多数不及顶部;叶上部细胞绿色,圆方形或圆多边形;叶基部细胞无色透明,长方形,角细胞不分化。孢蒴小,卵圆形,直立,表面多具8条棕红色纵长脊。环带不分化。蒴齿单层,不裂,上部狭长形或披针形,有纵斜纹或平滑无疣,稀无蒴齿。

　　本属全世界约4种。中国4种;湖北1种。

60. 微齿粗石藓 *Rhabdoweisia crispata* Lindb.

植物体矮小丛生，绿色，高 0.2～0.5cm。茎单一或稀疏分枝。叶干燥时强烈卷曲，湿润时倾立伸展，窄长披针形，向上渐尖；叶缘平直或中下部背卷，上部全缘或微齿突；中肋单一，强劲，在叶尖前消失；叶上部细胞绿色，圆方形或圆多边形，平滑，壁略增厚；基部细胞长方形。雌雄同株。雌苞叶与上部茎叶同形。孢蒴小，卵圆形，表面具 8 条明显红色纵长脊。环带不分化。蒴齿单层，不裂，由宽基部向上呈窄披针形，平滑无疣，无纵条纹。

生境：生于山区岩面或岩面薄土上。

分布：产于湖北省通山九宫山等地；甘肃省、贵州省、内蒙古自治区、辽宁省、云南省、吉林省有分布；日本、印度尼西亚（爪哇）、美国（夏威夷）、玻利维亚、欧洲中部和北部、北美洲也有分布。

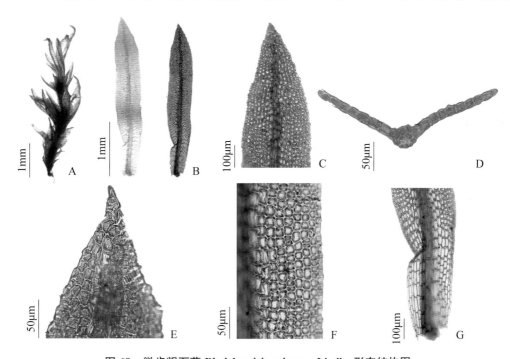

图 69 微齿粗石藓 *Rhabdoweisia crispata* Lindb. 形态结构图

A. 植株；B. 叶片；C. 叶上部；D. 叶基部横切；E. 叶尖细胞；F. 叶中部细胞；G. 叶基部细胞

（凭证标本：郑桂灵，2341）

（二十八）合睫藓属 *Symblepharis* Mont.

植物体小型或中等大小，丛生。叶干燥时强烈卷曲，湿时背仰，叶片基部鞘状，向上呈狭长披针形，叶全缘，仅尖部有细齿；中肋细，长达叶尖终止或突出；叶上部细胞方形，厚壁，基部细胞长方形至狭长方形，壁薄，透明，角细胞不分化。蒴柄直立；孢蒴短柱形，平滑直立；蒴齿不完全分裂至基部。

本属全世界 13 种。中国 4 种；湖北 1 种。

61. 合睫藓 *Symblepharis vaginata*（Hook. ex Harv.）Wijk & Margad.

植物体小型，密集丛生，绿色或黄绿色，有光泽。茎高5cm。叶片基部鞘状，鞘上部最宽，向上很快成狭长披针形叶尖，鞘部以上强烈背仰，干燥卷曲；叶边平直，仅尖部有细齿，中肋细，长达叶尖终止或突出，鞘状下部细胞长方形，鞘上部和肩部细胞不规则，方形或圆形厚壁，鞘状以上叶片细胞渐呈方形，厚壁，均无壁孔。蒴柄顶生，直立，长约1cm，常3～4个丛生于一个雌苞中；孢蒴短柱形，直立；蒴齿16枚，外被粗疣构成的纵条纹。

生境：生于林下或林边腐木树基或岩面薄土。

分布：产于湖北省五峰后河、神农架等地；广西壮族自治区、福建省、西藏自治区、贵州省、江西省、广东省、云南省、安徽省、四川省、甘肃省、山东省、陕西省、新疆维吾尔自治区、内蒙古自治区、天津市、辽宁省、吉林省、台湾地区、黑龙江省、河北省有分布；巴基斯坦、印度、泰国、朝鲜、日本、俄罗斯、秘鲁、欧洲、北美洲、中美洲也有分布。

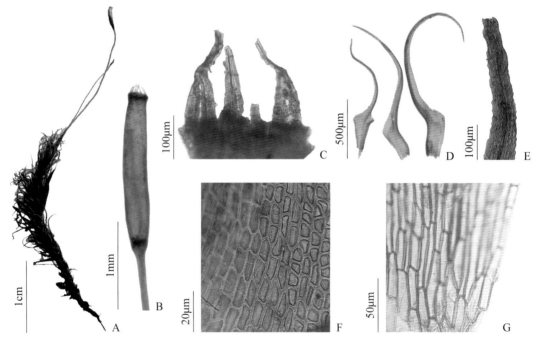

图 70 合睫藓 *Symblepharis vaginata*（Hook. ex Harv.）Wijk & Margad. 形态结构图

A. 植株；B. 孢蒴；C. 蒴齿；D. 叶片；E. 叶尖细胞；F. 叶肩部细胞；G. 叶基部细胞

（凭证标本：彭丹，200）

（二十九）高领藓属 *Glyphomitrium* Brid.

植物体小型至中等大小，绿色、棕绿色至深褐色，一般散生或交织丛生，多着生于树上。直立或倾立，单一或分枝，具中轴，基部常有棕色假根。叶片长舌形、剑形或披针形，多呈龙骨状对折，先端披针形尖或急尖，干时叶中上部伸展、抱茎或扭曲，湿时一般倾立；多数种类叶边全缘，有时由多层细胞构成，下部常略背卷；中肋强劲，单一，达叶中部以上或突出叶尖。叶细胞近方形、六边形、椭圆形或不规则,少数种类具疣或乳突,细胞多厚壁或具三角体加厚;叶基部细胞渐呈长方形,有时胞壁略薄,个别种类角部细胞膨大。雌雄同株。雄苞多芽状。常生于枝茎顶端。苞叶少,大型,通常鞘状,似筒环抱蒴柄,具钝尖、长尖或毛状尖,有时高出蒴柄,中肋单一,细弱。蒴柄一般直立,较短,有时垂倾。孢蒴卵形、长卵形或圆柱形,对称或略偏斜,一般直立,基部常具气孔,有时隐没于苞叶内;蒴口细胞卵形、六角形、近方形或扁椭圆形,2~8层,通常壁胞厚;蒴壁细胞狭长。蒴齿单层,齿片16枚,一般披针形,红棕色至淡黄色,有时两两并列,平滑或具细密疣,有横脊。蒴盖圆锥形,多具长喙,帽钟形,常有纵列细沟槽,偶具稀疏毛,罩覆整个孢蒴齿,基部常瓣裂。

本属全世界 12 种。中国 8 种;湖北 2 种。

62. 卷尖高领藓 *Glyphomitrium tortifolium* Y. Jia, M. Z. Wang & Yang Liu

植物体粗壮,多分枝,簇生,上部近顶部为黄绿色或暗绿色,下部为褐色,高 2.5~3.2cm,密被叶片。叶片长卵状披针形,呈龙骨状,中上部狭长渐尖;叶边全缘,一侧略外卷;中肋粗壮,达叶尖部或突出,干时叶扭曲并且先端常强烈卷曲,湿时伸展。叶中部细胞近方形或不规则,长、宽为10~20μm,胞壁厚;基部细胞狭长,长 50~110μm,宽 5~13μm,具明显壁孔。雌雄同株。雄苞芽状。雌苞生于枝茎顶端。内雌苞叶长椭圆形,渐尖或突呈芒状和毛状尖,明显鞘状,卷成筒状;叶边全缘;中肋细弱,常突出叶尖。蒴柄橙色,长约5mm。孢蒴长卵形,稍不对称,直立。蒴齿宽披针形,透明。蒴盖扁圆锥形,具细长喙。蒴帽钟形,基部收缩,具细纵褶,罩覆孢蒴。孢子近球形,表面具密疣。

生境:多着生于树上或岩面上。

分布:产于湖北省通山九宫山;重庆市、湖南省、四川省有分布。中国特有种。

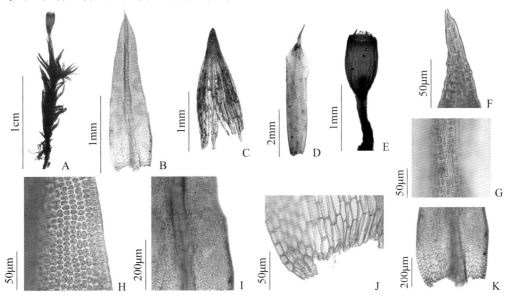

图 71　卷尖高领藓 *Glyphomitrium tortifolium* Y. Jia, M. Z. Wang & Yang Liu bis 形态结构图

A. 植株;B. 叶片;C. 蒴帽;D. 内雌苞叶;E. 孢蒴;F. 叶尖细胞;G. 中肋细胞;

H. 叶中部边缘细胞;I. 叶中部细胞;J. 叶基部细胞;K. 叶下部细胞

(凭证标本:郑桂灵,3266(a))

63. 暖地高领藓 *Glyphomitrium calycinum* Cardot

植物体小，绿色、黄绿色至褐色，密集簇生。主茎匍匐，支茎短，直立或倾立，多分枝，密被叶片，常具棕色假根。叶片狭长披针形，一般龙骨状，基部略下延，干时叶片扭曲，湿时倾立；叶边多层细胞；中肋单一，粗壮，突出叶片呈小突尖；叶中部细胞近方形或不规则，平滑，胞壁厚；叶基部细胞近于长方形，胞壁薄；近中肋处细胞最长。雌雄同株。雄苞芽状，于叶腋处着生，雄苞叶少数；内雄苞叶卵形，无配丝。雌苞于枝茎顶生。雌苞叶大，椭圆形的鞘部，具细长急尖，内雌苞叶长 2～5（～6）mm；中肋细弱，单一，达叶尖部消失；卷成筒状，环抱蒴柄。蒴柄平滑，孢蒴高出雌苞叶。孢蒴圆柱形，对称，直立或垂倾。蒴口部细胞近方形，（2～）3～4 排。蒴齿单层，齿片披针形，16 片，内外侧均具细密疣，有横脊，干时多数不外翻。蒴盖扁圆锥形，具喙。蒴帽钟形，有细纵褶，罩覆孢蒴。孢子由多细胞构成，球形、卵形或椭圆形，表面具疣。

生境：湿热地区树上着生。

分布：产于湖北省五峰后河；江西省、台湾地区有分布；日本、斯里兰卡也有分布。

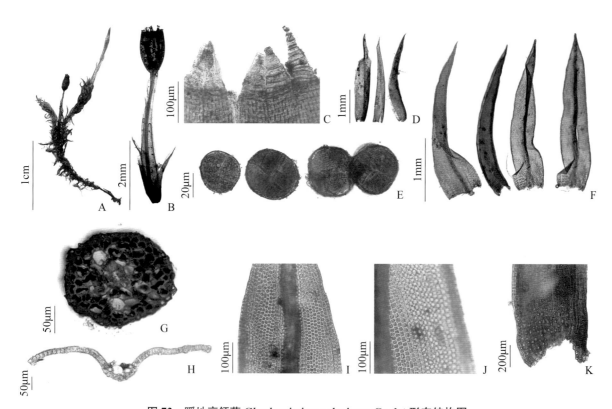

图 72 暖地高领藓 *Glyphomitrium calycinum* Cardot 形态结构图

A. 植株；B. 孢蒴；C. 蒴齿；D. 雌苞叶；E. 孢子；F. 叶片；G. 茎横切；H. 叶基部横切；

I. 叶上部细胞；J. 叶中部细胞；K. 叶基部细胞

（凭证标本：刘胜祥，后河-7-211126012）

植物体柔弱纤细,主茎匍匐。茎多具中轴,不规则分枝或近羽状分枝,着生稀疏假根。叶密集,4列或多列,干时紧贴茎上,湿时多少倾立,阔卵形,通常内凹,无皱褶,渐尖或急尖;叶边全缘平展;无中肋,叶细胞薄壁,六边形或菱形,平滑或有分散细疣,边缘细胞不分化,角细胞略分化,无色透明。雌雄同株,生殖苞无配丝;雄苞小,通常呈肥厚的芽胞形,腋生,雌苞生于短枝顶端,叶长而直立。蒴柄短;孢蒴直立,长卵圆形,台部短,蒴壁薄,淡色,口部常呈红色,气孔在蒴壶基部;蒴轴粗短;环带阔,宿存;蒴齿缺失或仅有外齿层,齿片披针形16片,有低横脊及密疣;蒴盖平凸,或圆锥形;蒴帽兜形或钟形,有纵褶或分瓣。孢子大型。

全世界5属。中国3属;湖北1属。

(三十) 钟帽藓属 *Venturiella* Müll. Hal.

植物体小型,深绿色至暗绿色,疏松或密集贴生于树上,交织成小片。茎匍匐,不规则分枝,常具稀疏褐色假根。叶密集着生,干时覆瓦状排列,上部稍倾立,湿时伸展,背、腹叶分化,叶片常为浅绿或透明色。腹叶卵状披针形,内凹,常具无色透明毛状尖,背叶略小,叶边全缘,有时近尖部具齿突;无中肋,叶中上部细胞近于六边形,平滑无疣,胞壁薄,叶边细胞近方形,角部细胞常呈扁方形或长方形。雌雄同株。蒴柄短,孢蒴卵形,直立,有时隐没于苞叶之中;环带高7~8个细胞,红色至红棕色,宿存;蒴齿单层,披针形,棕红色,密被多数细疣,内侧具横隔,稀疏排列,常成对着生。蒴盖扁圆锥形,具短喙。蒴帽钟形,具宽纵褶,基部常瓣裂,几乎罩覆全蒴。孢子球形,表面具细密疣。

本属全世界仅1种,东亚和北美洲间断分布。中国有分布;湖北省也有分布。

64. 钟帽藓 Venturiella sinensis（Vent.）Müll. Hal.

种的特征同属。

生境：一般生于树干或树枝上。

分布：产于湖北省武汉江夏、黄石、五峰后河、宜昌大老岭、神农架大九湖等地；福建省、江西省、重庆市、上海市、湖南省、云南省、北京市、安徽省、四川省、甘肃省、山东省、陕西省、浙江省、江苏省、内蒙古自治区、天津市、辽宁省、吉林省、台湾地区、河北省、山西省、河南省有分布；朝鲜、日本、北美洲也有分布。

图 73 钟帽藓 Venturiella sinensis
（Vent.）Müll. Hal. 居群

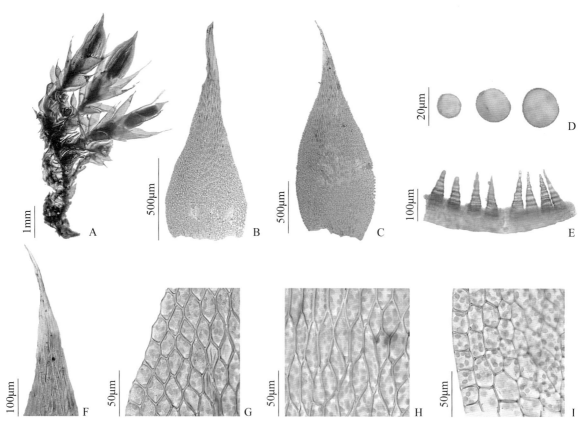

图 74 钟帽藓 Venturiella sinensis（Vent.）Müll. Hal. 形态结构图

A. 植株；B、C. 叶片；D. 孢子；E. 蒴齿；F. 叶尖细胞；G. 叶上部边缘细胞；H. 叶中部细胞；I. 叶基部细胞

（凭证标本：刘胜祥，2021102401）

植物体小到中等,疏松垫状着生。茎叶密集或稀疏覆瓦状排列,具中轴。茎叶具宽阔鞘部,向上渐狭成钝尖或骤缩成短尖或长尖。叶缘全缘或具圆齿、细锯齿或锐齿。叶细胞1~2(~3)层,形态多变,通常光滑,但有些种具乳头或疣。角细胞不分化。中肋弱至强,近顶端消失或贯顶,突出成长或短的尖。通过叶腋上的丝状

芽胞或根上的块状芽胞进行无性生殖。雌雄异株。蒴柄长,直立或弯曲。孢蒴形态多变,卵形到弓形,有时基部具轻微骸突,干燥时光滑或具纵沟,蒴盖成熟脱落,蒴齿基部具纵向条纹。环带不分化或弱分化。蒴盖圆锥形或喙状。蒴帽兜形(Fedosov et al. , 2023)。

本科全世界 10 属。中国 3 属;湖北 1 属。

(三十一) 裂齿藓属 *Dichodontium* Schimp.

植物体低矮,丛生,黄绿色,下部常由假根交织。茎直立,稀先端分枝,中轴分化。茎上常生有多细胞的无性芽胞体,长椭圆形、纺锤形,或近球形。叶片阔披针形或舌形,干时多数内卷或卷缩,基部略宽,近似鞘状,上部披针形舌状;边缘平直有齿突;中肋粗壮,达于叶尖部;叶细胞近中肋长方形,边缘和上部方形或六边圆形,两面均具乳头状疣。雌雄异株。雌苞叶与茎叶同形,雌苞叶稍大。孢蒴横列,稀近于直立,不对称,曲背卵圆形,或近于圆柱形,厚壁,平滑。环带不分化。蒴齿基部相连,中部以上 2~3 裂,密生粗疣状纵长纹。蒴盖圆锥体形,粗喙状。蒴帽兜形。孢子黄色,有粗密疣。

裂齿藓属 *Dichodontium* Schimp. 建立于 1856 年,目前全世界有 4 种,我国报道有 2 种(高谦,1993;贾渝、何思,2013)。本属与石毛藓属 *Oreas* Brid. 植物相似,区别在于本属蒴齿自先端 2~3 裂达中下部,后者蒴齿不分裂。本属也与狗牙属(*Cynodontium* Schimp.)相似,但本属孢蒴平滑,叶片多舌形、舌状披针形或阔披针形,较短,而后者孢蒴具明显纵棱,干燥时呈纵沟,叶片多狭长至线状披针形,较长而有别(高谦,1993;Frahm et al.,1998)。该属长期被置于曲尾藓科,这是该科苔藓植物在湖北省的首次记录。

目前全世界 6 种。中国 2 种;湖北 1 种。

65. 裂齿藓 *Dichodontium pellucidum*（Hedw.）Schimp.

植物大小差异大，散生或丛生垫状，先端常有新生枝。茎直立，单一，稀在先端分支，下部有毛状假根。无性芽胞多生于茎上，长椭圆形或近似球形或纺锤形，叶片阔披针形或舌形，干燥时先端内卷呈半管状扭曲，湿时背仰，先端钝；边缘平展，或下部内曲，上部具不规则的齿突；中肋粗壮，达于叶尖，上部背面有疣；叶中上部细胞圆方形，不透明，有乳头，下部细胞长方形，平滑透明。蒴柄直立，孢蒴倾立，卵形，干燥时无纵褶；环带不分化；蒴盖锥体形斜喙状。

生境：林下岩面生。

分布：产于湖北省孝感等地；新疆维吾尔自治区、内蒙古自治区、云南省、台湾地区、黑龙江省、河北省有分布；不丹、日本、巴基斯坦、俄罗斯、欧洲、北美洲也有分布。

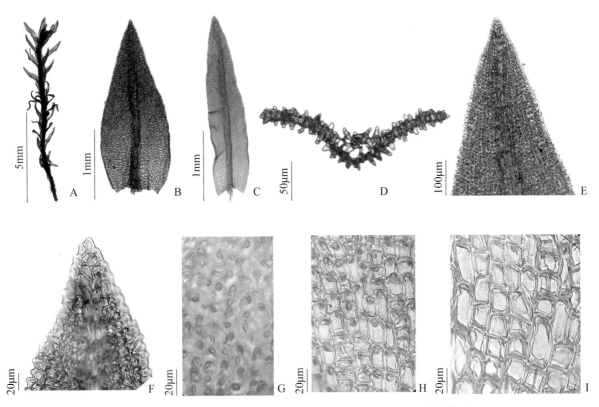

图 75 裂齿藓 *Dichodontium pellucidum*（Hedw.）Schimp. 形态结构图

A. 植株；B、C. 叶片；D. 叶中部横切；E. 叶上部；F. 叶尖细胞；G. 叶上部细胞；H. 叶中部细胞；I. 叶基部细胞

（凭证标本：田春元，261）

　　茎直立,单一或叉状分枝。叶片密生,基部阔或半鞘状,上部披针形,常有毛状或细长有刺的长叶尖;中肋长达叶尖;基部细胞短或狭长矩形,上部细胞较短,方形、长方形或狭长形,平滑或有疣或乳头,角细胞常特殊分化成一群大型无色或红褐色壁厚或壁薄的细胞。蒴柄长,直立,鹅颈状弯曲或不规则弯曲;孢蒴圆柱形或卵形,对称,多倾立;蒴齿16枚,稀缺,齿片中上部 2～3 裂,少数种齿片 2 裂到底,齿片内面常具加厚的梯形横隔。

　　本科全世界有 25 属,分布于热带、温带地区。中国 7 属;湖北 3 属。

（三十二）曲尾藓属 *Dicranum* Hedw.

　　植物体大型,褐绿色、绿色或黄绿色。叶多列,通常镰刀状偏向一侧,披针形或狭披针形,具细长披针形叶尖,干燥时内卷成筒状,叶边多有齿,具单层或双层细胞;中肋细,终止于叶尖或突出成毛状,背面中上部平滑或具疣或栉片;角细胞明显分化,方形,与中肋之间常有一群无色透明大细胞;叶片细胞多为长方形、狭长形或线形。雌雄异株。孢蒴多对称,柱形,直立或弯曲,平滑或多少具肋状突起;蒴齿单层,齿片 2～3 裂达中部或以下。

　　本属全世界 93 种。现知中国 34 种;湖北 7 种。

66. 鞭枝直毛藓 *Dicranum flagellare* Hedw.

　　植物体细小，密集丛生，鲜绿色或褐绿色，无光泽。茎直立，多分枝，高 1～4cm；茎顶端常生束状无性芽条，芽条上生有鳞片状芽叶。叶片直立或向一侧偏曲，干燥时卷曲，披针形，叶边平直或内曲，中上部具齿；中肋粗，达于叶尖突出；角细胞分化，由单层方形或长方形细胞构成，叶片基部细胞长方形，较大，中上部细胞小，方形或短矩形。雌苞叶高鞘状，在毛尖状的先端具齿。孢蒴直立，短柱形，具明显纵条纹。

　　生境：生于林下树干基部，稀见石生。

　　分布：产于湖北省五峰、利川星斗山等地；山东省、内蒙古自治区、吉林省、黑龙江省均有分布；尼泊尔、不丹、印度也有分布。

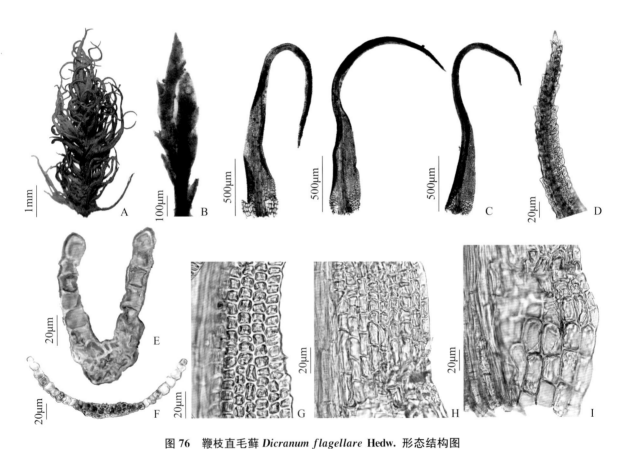

图 76　鞭枝直毛藓 *Dicranum flagellare* Hedw. 形态结构图

A. 植株；B. 鞭状枝；C. 叶片；D. 叶尖细胞；E. 叶上部横切；F. 叶角部横切；

G. 叶上部细胞；H. 叶基部细胞；I. 叶角部细胞

（凭证标本：方元平，026）

67. 日本曲尾藓 *Dicranum japonicum* Mitt.

植物体大,黄绿色或褐绿色,无光泽。茎细长。叶片四散倾立或扭曲,干燥时呈镰刀形弯曲,湿时略伸展,披针形,上部背凸,龙骨状;上半部叶边有粗锐齿,平直不内曲,中肋细弱,粗约 0.2mm,于叶尖突出成短毛尖,上部背面有 2 列粗齿,角细胞 2 层,褐色,叶基部细胞狭长方形,上部细胞长六边圆形,先端细胞狭长,背面无疣。内雌苞叶高鞘状,有长毛尖。孢蒴长柱形,背曲弓形,倾立或平列。

本种叶先端细胞狭长,背面无疣,为与多蒴曲尾藓的明显区别。

生境:生于林下或潮湿林边腐殖质或岩石表面薄土上。

图 77 日本曲尾藓 *Dicranum japonicum* Mitt. 居群

分布:产于湖北省西南部等地;广西壮族自治区、福建省、西藏自治区、贵州省、江西省、重庆市、湖南省、广东省、云南省、安徽省、四川省、甘肃省、山东省、陕西省、浙江省、江苏省、内蒙古自治区、吉林省、台湾地区、黑龙江省、河南省有分布;日本、朝鲜、俄罗斯(远东地区)也有分布。

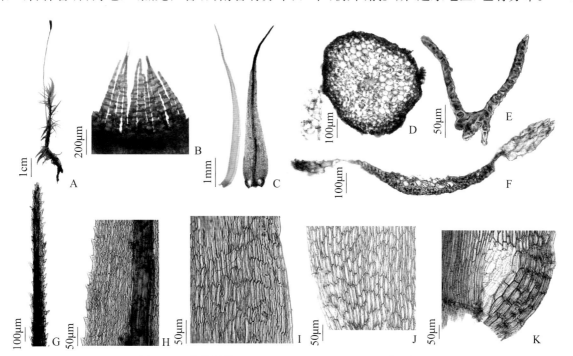

图 78 日本曲尾藓 *Dicranum japonicum* Mitt. 形态结构图

A. 植株;B. 蒴齿;C. 叶片;D. 茎横切;E. 叶上部横切;F. 叶角部横切;G. 叶尖细胞;

H. 叶上部细胞;I. 叶中部细胞;J. 叶基部细胞;K. 叶角部细胞

(凭证标本:田春元,HH453)

68. 硬叶曲尾藓 *Dicranum lorifolium* Mitt.

　　植物体中等大小,密集或蓬松丛生,有光泽,红褐色。茎叉状分枝,长约5cm。叶密生,常一侧偏曲呈镰刀形,基部宽渐向上呈狭披针形,内卷成管状,叶边内曲,中下部平滑,上部有锐齿;中肋细弱,达于叶尖先端,稀突出成短尖,背面上部有齿,角细胞大,2层,稍向外突出,深红褐色,内外细胞均无色,叶边细胞单层,叶片基部细胞狭长方形,中上部细胞短小。雌苞叶鞘状,先端突然成毛尖。孢蒴柱形,直立或倾立。

　　生境:生于林下或灌丛下的树干基部或腐木上。

　　分布:产于湖北省西南部等地;甘肃省、福建省、浙江省、西藏自治区、贵州省、江西省、重庆市、云南省有分布;尼泊尔、不丹、印度也有分布。

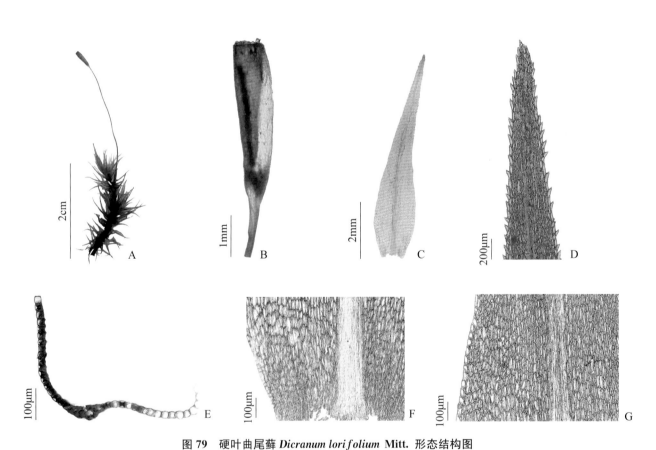

图 79　硬叶曲尾藓 *Dicranum lorifolium* Mitt. 形态结构图

A. 植株;B. 孢蒴;C. 叶片;D. 叶上部细胞;E. 叶横切;F. 叶基部细胞;G. 叶中部细胞

(凭证标本:彭丹,5360)

69. 曲尾藓 *Dicranum scoparium* Hedw.

植物体密集丛生,黄褐色,上部色淡,下部色深。茎直立或倾立,多单一不分枝,高约10cm。叶密生,干燥时稍扭转,披针形,渐尖,内卷成管状,或背突成槽状;上部叶边有齿突或单细胞齿,下部叶边平滑,全缘内曲;中肋细弱,均长达叶尖突出,中上部背面有2~3列栉片,栉片上有粗齿,叶角细胞长方形,厚2层细胞,叶基部细胞长条形,叶中部细胞长方形,上部细胞长六边形。孢蒴长圆柱形,褐色,干燥时弓形背曲;蒴齿下部有粗条纹,上部有疣。

生境:生于林下腐木、岩面薄土或腐殖质上。

分布:产于湖北省五峰后河、神农架、利川星斗山等地;福建省、西藏自治区、贵州省、江西省、重庆市、湖南省、云南省、安徽省、四川省、甘肃省、山东省、陕西省、浙江省、新疆维吾尔自治区、江苏省、内蒙古自治区、天津市、辽宁省、吉林省、台湾地区、黑龙江省、河北省有分布;不丹、日本、朝鲜、俄罗斯、欧洲、北美洲也有分布。

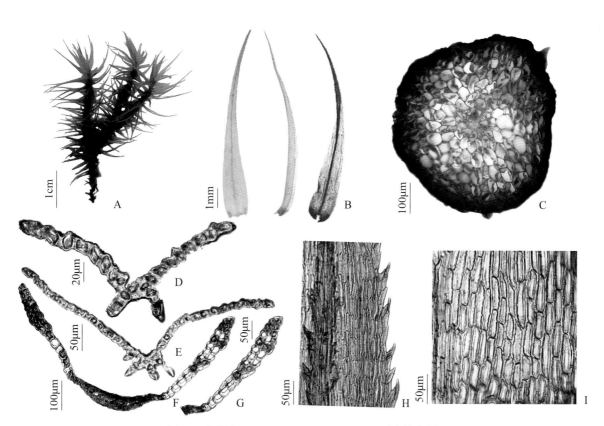

图80 曲尾藓 *Dicranum scoparium* Hedw. 形态结构图

A. 植株;B. 叶片;C. 茎横切;D. 叶中部横切;E. 叶基部横切;F. 叶角部横切;

G. 叶角部横切的一部分;H. 叶中部细胞;I. 叶基部细胞

(凭证标本:方元平,7960)

70. 东亚曲尾藓 *Dicranum nipponense* Besch.

植物体中小型，丛生，深绿色，有弱光泽。茎直立或叉状分枝，高 2～6cm，茎上叶稀疏。叶片贴生或四散伸展，顶端叶片弯曲，披针形渐尖，上部背凸龙骨状，茎下部叶短阔；叶边 1/3 以上有密粗齿，齿由单细胞构成，下部叶边平滑；中肋细弱，于叶尖前部终止，背面有 2～3 列锐齿；角细胞为褐色长方形薄壁细胞；角细胞上方细胞方形至近方形；叶下部细胞狭长形；叶中部细胞为排列疏松的长方形；叶上部细胞狭长方形或纺锤形。雌苞叶高鞘状，有短毛尖。孢蒴柱形、曲背弓形。

生境：生于林下岩面薄土或腐木上。

分布：产于湖北省五峰后河；贵州省、云南省、四川省、江苏省、湖南省、吉林省有分布；朝鲜、日本也有分布。

图 81 东亚曲尾藓 *Dicranum nipponense* Besch. 居群

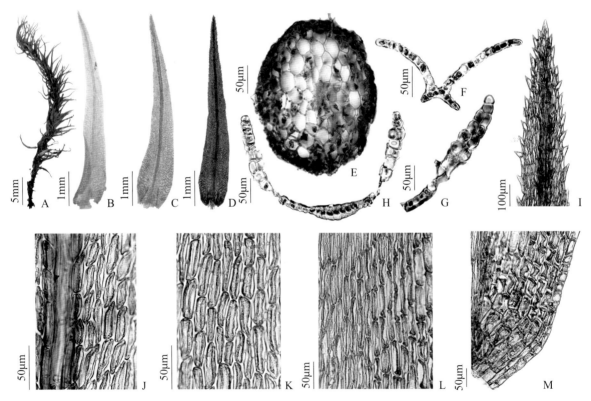

图 82 东亚曲尾藓 *Dicranum nipponense* Besch. 形态结构图

A. 植株；B、C、D. 叶片；E. 茎横切；F. 叶上部横切；G. 叶角部横切的一部分；H. 叶角部横切；
I. 叶尖细胞；J. 叶上部细胞；K. 叶中部细胞；L. 叶基部细胞；M. 叶角部细胞

（凭证标本：何钰、杨婧媛，HH509）

71. 无褶曲尾藓 *Dicranum leiodontum* Cardot

植物体小,丛生,上部黄绿色,下部褐色,有光泽。茎直立或倾立,高 2~2.5cm,叉状不规则分枝,基部有假根交织。叶片密覆瓦状排列,多少均呈镰刀形向一侧偏曲,干燥时时常卷缩,从卵形基部向上渐呈细长叶尖;叶边上部有齿突,中下部全缘平滑;中肋粗壮,占基部宽的 1/5~1/4,达于叶尖,突出呈毛尖状,上部背面有乳头,横切面有发达的背腹厚壁细胞;角细胞发达,为单层大形厚壁细胞,褐色;中下部叶细胞长方形或长圆形,厚壁,壁孔不明显;中上部叶细胞方圆形,或不规则圆形,厚壁,有时背面有低乳头。雌雄异株。雌苞叶分化明显,内卷呈筒形,高鞘状,先端突然呈短毛尖,尖部有疣。蒴柄草黄色,长 1~1.26cm。孢蒴直立,长卵形或短柱形,辐射对称,孢蒴外壁细胞长方形,厚壁。蒴齿狭披针形,长约 0.27mm,2 裂达中部,先端钝,上部有疣,中下部有纵条纹;环带分化,通带为 1 列大厚壁细胞;蒴盖直立,圆锥形,几乎与壶部等长。蒴帽兜形,长约 3.5mm,先端粗糙。孢子粒状,直径 17~20μm,具细疣。

生境:生于山区阔叶林或针阔混交林下,腐木生,有时生于树干基部。

分布:产于湖北省神农架等地;广西壮族自治区、新疆维吾尔自治区、西藏自治区、吉林省有分布;朝鲜、日本也有分布。

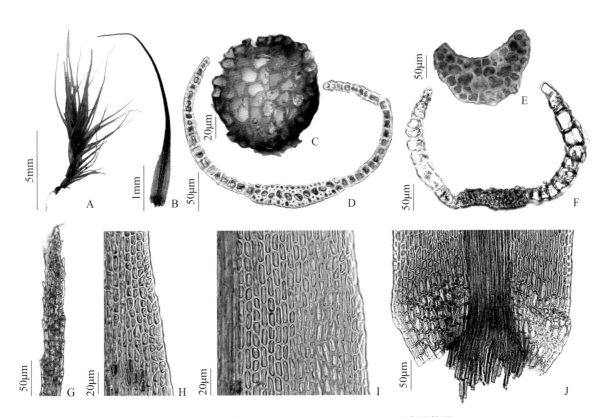

图 83　无褶曲尾藓 *Dicranum leiodontum* Cardot 形态结构图

A. 植株;B. 叶片;C. 茎横切;D. 叶基部横切;E. 叶上部横切;F. 叶角部横切;

G. 叶尖细胞;H. 叶上部细胞;I. 叶基部细胞;J. 叶角部细胞

(凭证标本:郑敏,Ø411)

72. 细叶曲尾藓 *Dicranum muehlenbeckii* Bruch & Schimp.

植物体密集丛生,垫状,黄绿色或褐绿色,不具光泽或具弱光泽。茎直立或倾立,高约 3cm。顶端叶常弯曲,干燥时卷缩,湿时舒展。叶片基部卵形,向上为披针形,无波纹;叶边上部厚边内卷,有齿,下部平滑;中肋粗壮,为基部宽的 1/6～1/4,达于叶尖并突出,背面上部具钝齿;角细胞双层,直达中肋,为深褐色长方形或六边形细胞;叶基部细胞长矩形,中上部细胞短矩形或不规则圆形,背面有低疣或前角突。孢蒴单生,圆柱形,背曲。

生境:生于落叶松林下、沼泽地的腐殖质或岩面薄土上。

分布:产于湖北省武汉等地;贵州省、云南省、西藏自治区、四川省、浙江省、吉林省有分布;朝鲜、日本、俄罗斯、欧洲、北美洲也有分布。

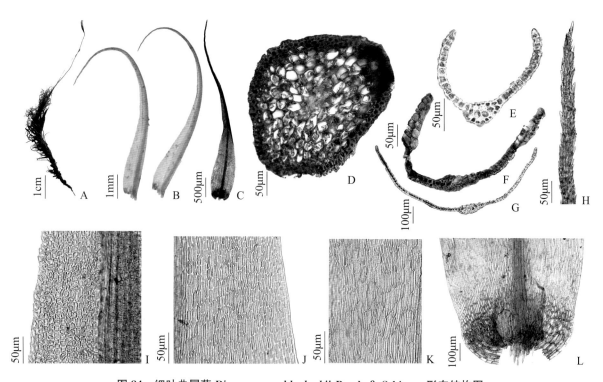

图 84　细叶曲尾藓 *Dicranum muehlenbeckii* Bruch & Schimp. 形态结构图

A. 植株;B、C 叶片;D. 茎横切;E. 叶中部横切;F. 叶角部横切;G. 叶基部横切;H. 叶尖;

I. 叶上部细胞;J. 叶中部细胞;K. 叶基部细胞;L. 叶角部细胞

(凭证标本:刘双喜,HD469)

(三十三)苞领藓属 *Holomitrium* Brid.

植物体小,密集丛生,绿色或黄绿色。茎基部密被棕红色假根。叶片在茎下部小,渐上长大,上部叶簇生,基部鞘状,上部长披针形;中肋长,达叶尖或稀突出;叶细胞小,上部方圆形,壁相当厚,基部细胞长方形,角细胞分化,黄棕色。雌雄异株。雄株矮小,附于假根上成假雌雄同株。孢蒴直立,卵圆形或短柱形,对称或稍弯曲、平滑。蒴齿着生于蒴口内部。齿片两两并立,无条纹,具密疣。

本属全世界约 50 种。中国 2 种;湖北 1 种。

73. 密叶苞领藓 *Holomitrium densifolium*(Wilson)Wijk & Margad.

植物体密集丛生,小垫状,绿色或黄绿色,无光泽。茎上部倾立或直立,叉状分枝,先端有芽条,上部均为叶覆盖。叶片基部鞘状,长椭圆形,渐呈长叶尖;叶边平直,全缘;中肋达于叶尖终止;叶基部细胞长方形,薄壁,中上部细胞形状不规则,厚壁。雌雄同株(假同株型)。雌苞叶分化明显,从鞘状基部逐渐向上呈长披针形,尖部达于孢蒴,通长比蒴柄长。孢蒴短粗。蒴齿生于蒴口内下部,曲尾藓形。

生境:生于林下树干基部,或石生。

分布:产于湖北省利川星斗山;贵州省、安徽省、广西壮族自治区、福建省、广东省、台湾地区有分布;印度、不丹、斯里兰卡、泰国、缅甸、越南、老挝、菲律宾、日本也有分布。

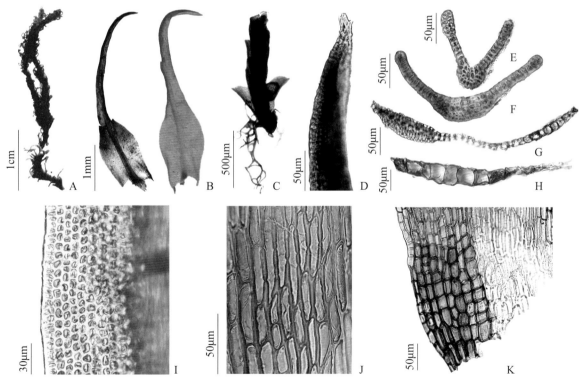

图 85　密叶苞领藓 *Holomitrium densifolium*(Wilson)**Wijk & Margad.** 形态结构图

A. 植株;B. 叶片;C. 芽条;D. 叶尖;E. 叶近尖部横切;F. 叶中部横切;G. 叶基部横切;

H. 叶角部横切;I. 叶中部细胞;J. 叶基部细胞;K. 叶角部细胞

(凭证标本:方元平,8123)

（三十四）拟白发藓属 *Paraleucobryum*（Lindb. ex Limpr.）Loeske

植物体挺硬,灰绿色,有光泽,密集丛生。叶淡绿色,直立或一向偏曲;中肋极宽,中部以上几乎全为中肋占满,中肋断面 3～4 层细胞,常仅中央一列为绿色细胞,其他均为无色大细胞;叶细胞通常长方形或线形,仅基部可见叶片细胞,具壁孔;角细胞分化明显,方形薄壁,棕色。雌雄异株。内雌苞叶高鞘状。孢蒴直立,圆柱形,对称。蒴齿单层 2 裂,具纵纹和疣。蒴帽兜形,全缘。

本属分布于欧、亚、美三洲北部较寒冷地区。现已知中国 4 种;湖北 3 种。

74. **拟白发藓** *Paraleucobryum enerve*（Thed.）Loeske

植物体密集丛生,灰绿色,有时绿色,具光泽。茎直立,分枝,基部具褐色假根。叶阔披针形;中部以上边缘内卷成管状,全缘,平滑。尖部有不明显齿突;中肋特宽,占叶片基部的 2/3 以上,叶片的中上部全为中肋占满,横切面 3～4 层细胞,中央一列绿色细胞,上下均为大型无色细胞包围;角细胞 2～3 层,无色或褐色,近似耳状突出;叶片细胞单层,狭长形。雌雄异株。

生境:生于林下腐木、树干基部、岩面、石隙中以及流石滩和草地上。

分布:产于湖北省神农架;陕西省、浙江省、西藏自治区、新疆维吾尔自治区、云南省、吉林省、台湾地区、四川省有分布;不丹、印度、日本、俄罗斯、北美洲也有分布。

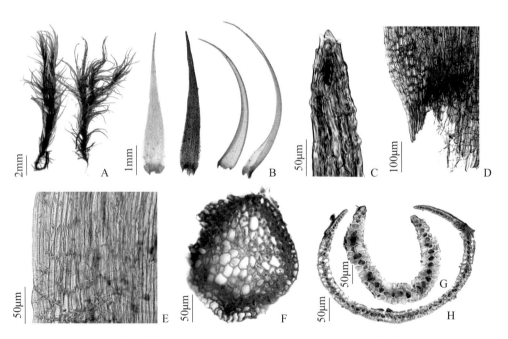

图 86 拟白发藓 *Paraleucobryum enerve*（Thed.）Loeske 形态结构图

A. 植株;B. 叶片;C. 叶尖细胞;D. 叶角部细胞;E. 叶基部边缘细胞;F. 茎横切;G. 叶上部横切;H. 叶基部横切

（凭证标本:刘胜祥,382）

75. 疣肋拟白发藓 *Paraleucobryum schwarzii*（Schimp.）C. Gao & Vitt

植物体丛生，细长，黄绿色或灰绿色，有光泽。雌雄异株。茎直立或倾立，单一或叉状分枝。叶基部宽，向上呈狭披针形，内卷成管状，叶尖不为白毛尖；中肋宽延，占基部宽的 3/4，横切面 3～4 层细胞，无厚壁层，腹面单层薄壁大细胞，背面 2～3 层略厚壁的大细胞，背面细胞突出粗糙或略平滑；角细胞突出成耳状，薄壁六边形，红褐色；叶细胞不加厚，基部近中肋阔长方形，近边缘变狭，中上部短长方形，近尖部全为中肋所充满。目前疣肋拟白发藓 *Paraleucobryum schwarzii*（Schimp.）C. Gao & Vitt 已被归并至白发藓科曲柄藓属纤枝曲柄藓 *Campylopus gracilis*（Mitt.）A. Jaeger（Hodgetts et al. 2020），但本书根据《中国生物物种名录 2023 版》仍保留该种在曲尾藓科。

生境：生于林下、岩面薄土或腐木上。

分布：产于湖北省利川等地；贵州省、江西省、四川省、广西壮族自治区、海南省、云南省、西藏自治区和台湾地区有分布；日本、尼泊尔、印度北部及欧洲和北美洲也有分布。

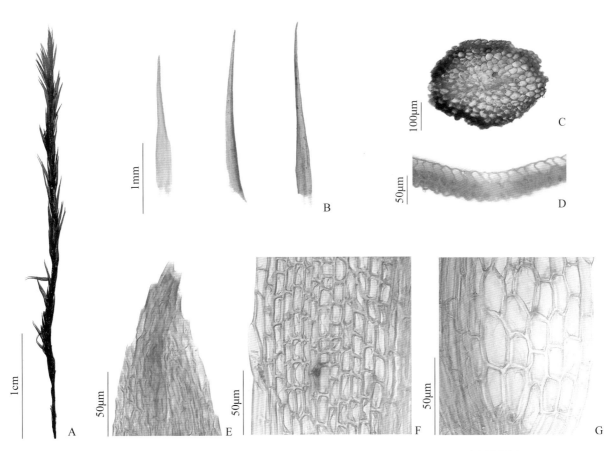

图 87　疣肋拟白发藓 *Paraleucobryum schwarzii*（Schimp.）C. Gao & Vitt 形态结构图

A. 植株；B. 叶片；C. 茎横切；D. 叶横切；E. 叶尖细胞；F. 叶中部细胞；G. 叶基部细胞

（凭证标本：刘胜祥，7281）

76. 长叶拟白发藓 *Paraleucobryum longifolium*（Ehrh. ex Hedw.）Loeske

植物体密集丛生或疏丛生,灰绿色或深绿色,具光泽。茎直立或倾立。叶片狭长披针形,略向一侧偏曲;叶边内卷,尖部有细齿;中肋宽延,占基部的 2/3 以上,达于叶尖,突出呈细毛尖状,横切面绿色细胞位于背面,杂于无色细胞中间排列;角细胞分化明显,近似叶耳状,褐色;叶片细胞长方形,有壁孔。雌雄异株。孢蒴长椭圆形或柱形,平滑,黄绿色,外蒴壁细胞形状不规则。齿片紫红色,上部黄色或无色具疣。

生境:生于林下腐木、树干基部、岩面腐殖质上,也少见于泥土上。

分布:产于湖北五峰后河、利川星斗山;黑龙江省、吉林省、四川省、云南省、西藏自治区有分布;日本、印度、俄罗斯、欧洲、北美洲也有分布。

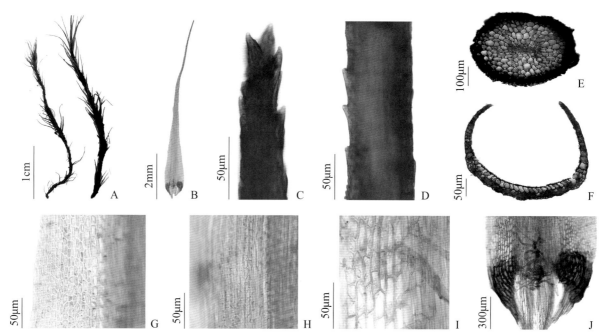

图 88　长叶拟白发藓 *Paraleucobryum longifolium*（Ehrh. ex Hedw.）Loeske 形态结构图

A. 植株;B. 叶片;C. 叶尖细胞;D. 叶上部细胞;E. 茎横切;F. 叶横切;G. 叶中部边缘细胞;

H. 叶中部近中肋细胞;I. 叶基部近中肋细胞;J. 叶基部细胞

（凭证标本:刘胜祥,7875）

（三十五）无齿藓属 *Pseudochorisodontium*（Broth.）C. Gao, Vitt, X. Fu & T. Cao

植物体鲜绿色或黄绿色。叶片基部阔鞘状,向上突然成狭长披针形;叶边全缘或近乎全缘,仅上部具齿突;叶片上部细胞短,圆形、长圆形、长椭圆形或形状不规则。孢蒴直立,圆柱形;无蒴齿或有发育弱的蒴齿。

本属全世界 6 种。中国 6 种;湖北 1 种。

77. 韩氏无齿藓 *Pseudochorisodontium hokinense*（Besch.）C. Gao，Vitt，X. Fu & T. Cao

植物体大，密集丛生，黄绿色，无光泽。茎直立或倾立，单一或叉状分枝，高达 4cm；基部密被假根。叶密生，长达 6mm，从宽的基部向上逐渐成狭披针形叶尖，上部偏曲呈镰刀形，中部以上背面有疣；叶边平直，中上部有明显齿，中下部平滑；中肋中等粗，达于叶尖突出成短尖，中部背面粗糙，上部背面有齿；角细胞发达，黄褐色，3 层细胞；叶基部细胞狭长形，厚壁，近中肋有明显壁孔；叶中上部细胞方形或不规则形，厚壁有壁孔，背面有高疣。

雄雄异株。雌苞叶基部高鞘状，向上突然成毛尖。蒴单生，柄长达 1.5cm，黄褐色，直立。孢蒴直立，圆柱形，蒴盖高圆锥形，直喙状。缺蒴齿。孢子黄褐色，直径 20～25μm，近于平滑。

生境：生于林下树干基部或岩面薄土上。

分布：中国特有种。产于湖北省；西藏自治区、云南省、四川省有分布。

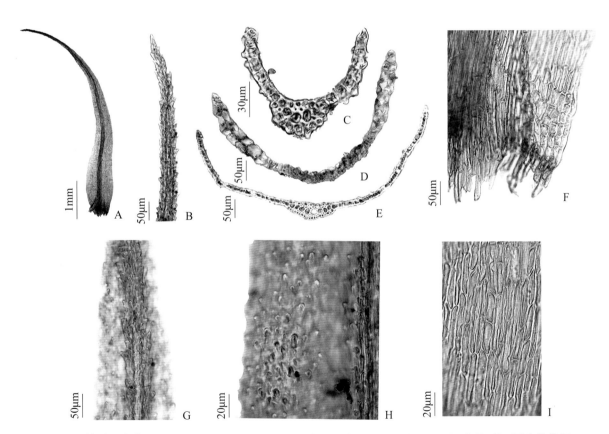

图 89 韩氏无齿藓 *Pseudochorisodontium hokinense*（Besch.）C. Gao，Vitt，X. Fu & T. Cao 形态结构图

A. 叶片；B. 叶尖；C. 叶上部横切；D. 叶角部横切；E. 叶基部横切；F. 叶角部细胞；G. 叶中肋；H. 叶上部细胞；I. 叶基部细胞

（凭证标本：刘胜祥，359）

植物体小至大型，丛生，白发藓型（苍白色至灰绿色）或曲尾藓型（黄绿色至深绿色，或棕褐色）。茎单一或分枝；中轴分化，略分化或不分化。叶披针形至线状披针形，或舌形，先端有白色透明毛尖，或无，稀基部呈鞘状，具或不具叶耳，叶全缘，或中上部具齿；中肋宽阔，占叶基部宽度 1/3 以上，中上部背面具栉片、齿突，或无，叶细胞形状变化较大，平滑，角细胞分化或不分化。多雌雄异株。蒴柄长，直立或呈鹅颈状；孢蒴直立或弯曲，卵球形至圆柱形，或长椭圆形，具气孔；环带分化，或缺失；蒴盖通常具喙；蒴帽兜形或钟形。孢子平滑或具疣。

本科全世界 15 属。中国 6 属；湖北 4 属。

（三十六）白氏藓属 *Brothera* C. Mull.

植物体细小，丛生，灰绿色，有光泽。茎直立，不育枝顶端具丛生无性芽胞，基部密被假根。叶直立，基部内卷，具小型叶耳，上部披针形或狭披针形；中肋扁阔，占叶基部宽度的 1/3，尖部近于由中肋所充满，横切面通常 3 层细胞，中央绿色细胞排列不规则，叶细胞无色，长纺锤形，薄壁，边缘细胞狭长，角部细胞分化不明显。

本属全世界 1 种。中国 1 种；湖北也有分布。

78. 白氏藓 *Brothera leana*（Sull.）Müll. Hal.

特征与属同。

生境：生于腐木上、树干基部，稀生于岩石上。

分布：产于湖北省宜昌大老岭森林公园、五峰后河、恩施七姊妹山等地；福建省、西藏自治区、贵州省、江西省、湖南省、云南省、四川省、陕西省、浙江省、吉林省、台湾地区、黑龙江省、河北省有分布；日本、印度、俄罗斯远东地区、北美洲也有分布。

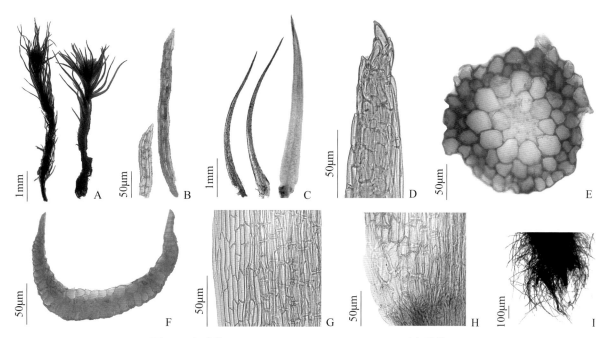

图 90　白氏藓 *Brothera leana*（Sull.）Müll. Hal. 形态结构图

A. 植株；B. 芽胞；C. 叶片；D. 叶尖细胞；E. 茎横切；F. 叶基部横切；G. 叶中部细胞；H. 叶基部细胞；I. 假根

（凭证标本：吴林，Q160815052）

（三十七）曲柄藓属 *Campylopus* Brid.

植物体小或大，一般密集丛生，棕黄色或红褐色，有光泽，稀光泽不明显。茎多年生，密集叉状分枝或束状分枝，有时茎端产生纤长新芽枝。叶片满被茎上，老茎部分叶多腐落，湿时伸展倾立或直立，干时贴茎生，坚挺不卷曲，顶端丛生叶有时一向偏曲，长披针形，基部呈耳状，上部狭长形，有细长尖，边缘略上卷，叶边全缘或仅尖端有齿；中肋平阔，基部常下延，上部常充满整个叶尖，横切面有大型主细胞，有或无背腹厚壁层，叶细胞方形或长方形，有时菱形或虫形，多数无壁孔，基部细胞疏松薄壁，无色透明，角细胞膨大，多数呈棕色或红色。雌雄异株。雌苞叶与叶同形。

本属全世界 180 种。我国有 20 种和 1 亚种及 1 变种；湖北 11 种。

79. 毛叶曲柄藓 *Campylopus ericoides*（Griff.）Jaeg.

植物体群集丛生，褐绿色，具弱光泽。茎直立，常不分枝，长 2cm，红色。叶在茎上常簇状丛生，仅基部生假根，茎短，叶直立，干燥时紧贴，有时先端略偏曲，长达 6mm，从宽的基部渐上呈披针形钻状尖，边缘内卷成管状；叶尖有齿，无透明毛尖，中肋为基部宽的 1/3，达叶尖并突出，横切面腹面有 1～2 层大型细胞，背面有厚壁层，背表面有大型凸细胞形成的沟槽，角细胞无色、略突出，略大于叶细胞，长方形，为叶的最宽处，界线明显，角细胞区的中肋有假根，叶细胞短长方形，与角细胞有明显界线，中上部细胞短纺锤形，厚壁，边缘有 1～2 列透细胞。未见到孢子体。

图 91 毛叶曲柄藓 *Campylopus ericoides*（Griff.）Jaeg. 居群

生境：生于腐木或树干基部。

分布：产于湖北省通山县九宫山、浠水县三角山、恩施星斗山等地；广西壮族自治区、福建省、海南省、贵州省、江西省、湖南省、广东省、云南省、香港特别行政区、四川省有分布；尼泊尔、泰国、越南、缅甸、斯里兰卡、菲律宾、印度尼西亚也有分布。

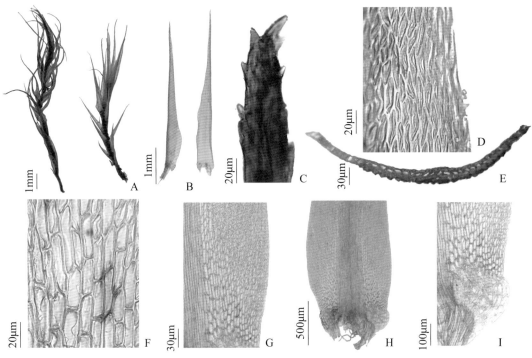

图 92 毛叶曲柄藓 *Campylopus ericoides*（Griff.）Jaeg. 形态结构图

A. 植株；B. 叶片；C. 叶尖细胞；D. 叶上部细胞；E. 叶基部横切；F. 叶基部近中肋细胞；G. 叶基部细胞；H. 叶角部；I. 叶角部细胞

（凭证标本：郑桂灵，3066）

80. 节茎曲柄藓 *Campylopus umbellatus*（Arn.）Paris

植物体常大型、粗壮，密集丛生，上部黄绿色，下部褐色或黑色，因为毛尖透明藓丛呈灰绿色，故带弱光泽。茎直立或倾立，高4～7cm，不育枝呈条状，生育枝先端簇生叶，多年生植株呈节状，密被假根。叶密，直立，干燥时贴生，湿时伸展倾立，生于茎上部者呈绿色，生于茎下部者呈黑绿色，从狭的基部渐上呈卵披针形，中下部最宽，先端有透明毛尖或不明显，有齿，边缘平滑，近尖端略内卷；中肋占叶基部的1/3～1/2，达于先端成毛尖，背面上部有2～4个细胞高的栉片，横切面有大型中央主细胞，背腹面均有厚壁层；叶角细胞区界线明显，不突出或略突出，六边形或长方形薄壁，叶片基部细胞长方形，中上部为纺锤形或短虫形，均厚壁，雌雄异株。雌雄苞均呈芽状。蒴柄短，5～6mm长，弯曲下垂呈鹅颈状，一个雌苞中生3～4个孢子体；蒴盖长喙状，锥体形；蒴齿2裂达基部，线形，有密乳头；蒴帽兜形，边缘有缨络。

生境：生于林下岩石、土壤上。

分布：产于湖北省宜昌邓村、通山县九宫山、恩施星斗山等地；广西壮族自治区、福建省、西藏自治区、海南省、贵州省、江西省、重庆市、湖南省、广东省、云南省、香港特别行政区、安徽省、四川省、山东省、浙江省、江苏省、台湾地区有分布；日本、朝鲜、印度尼西亚也有分布。

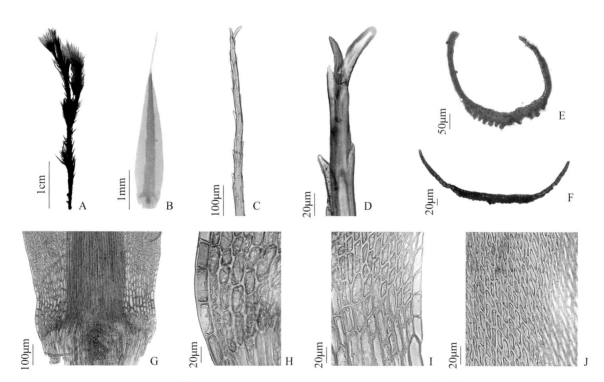

图93　节茎曲柄藓 *Campylopus umbellatus*（Arn.）Paris 形态结构图

A. 植株；B. 叶片；C. 叶上部细胞；D. 叶尖细胞；E. 叶上部横切；F. 叶基部横切；G. 叶下部细胞；

H. 叶基部边缘细胞；I. 叶中部边缘细胞；J. 叶中部近中肋细胞

（凭证标本：方元平，7042）

81. 曲柄藓 *Campylopus flexuosus*（Hedw.）Brid.

　　植物体大小差异大，高1～10cm，密集丛生，绿色或油绿色，有光泽。茎直立或弯曲倾立，密被假根，叉状分枝。叶片直立或直立紧贴，干燥时偏曲，长约6mm，从宽的基部渐向上呈锥状披针形，中上部边缘内卷成管状，尖部无透明毛尖，有锯齿；中肋约占基部的1/2，不充满叶尖，横切面有厚壁层，背面平滑，腹面有2层大型薄壁细胞，角细胞褐色，薄壁，突出几乎呈半圆形，叶细胞长方形，基部近中肋约为长16μm、宽11μm，向边缘变狭，约为近中肋细胞的1/2宽，中上部细胞短长方形，近中肋细胞约为长18μm、宽8μm，向边缘为短纺锤形，厚壁，边有1～2列狭长细胞。雌雄异株。通常见不到孢子体。

　　生境：生于土壤或岩石上。

　　分布：产于湖北省罗田天堂寨；广西壮族自治区、福建省、海南省、贵州省、江西省、重庆市、湖南省、云南省、山东省、浙江省、新疆维吾尔自治区、台湾地区有分布；尼泊尔、俄罗斯（西伯利亚）、欧洲、美洲、澳大利亚、新西兰、马达加斯加也有分布。

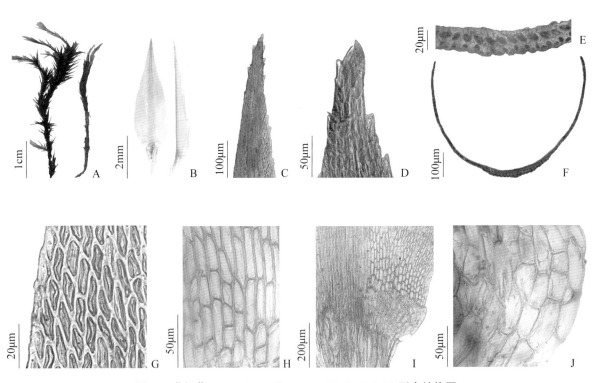

图94　曲柄藓 *Campylopus flexuosus*（Hedw.）Brid. 形态结构图

A. 植株；B. 叶片；C、D. 叶尖；E. 叶基部横切的一部分；F. 叶基部横切；G. 叶上部边缘细胞；H. 叶基部细胞；I、J. 角细胞

（凭证标本：叶雯，3762）

82. 疏网曲柄藓 *Campylopus laxitextus* S. Lac.

植物密集丛生,暗绿色至深绿色。茎直立或倾立,高 2～6cm,叉状分枝或单一,生殖枝常节状(头状),雌苞叶簇状,雄枝芽状,不育枝长条状,下部有红褐色假根。叶片密生,直立,干时紧贴,湿时伸展倾立,先端有时略曲,从宽的基部渐上呈披针形,先端锐尖,但无透明毛尖,长 3.0～3.4mm,宽 0.53mm,边缘内卷成管状;中肋扁阔,约占叶片基部的 2/3;叶角细胞薄壁大、长方形,略突出;叶片细胞排列疏,叶基部长方形,向上方形,少数为纺锤形,先端常有几列薄壁细胞。雌雄异株。蒴柄与孢蒴基部平滑,孢蒴卵形,对称。蒴盖圆锥形,斜喙状尖。蒴帽边有缨络。

生境:生于林下腐木上。

分布:产于湖北省通山县九宫山、恩施星斗山等地;海南省、贵州省、江西省、重庆市、云南省、台湾地区、香港特别行政区有分布;印度尼西亚也有分布。

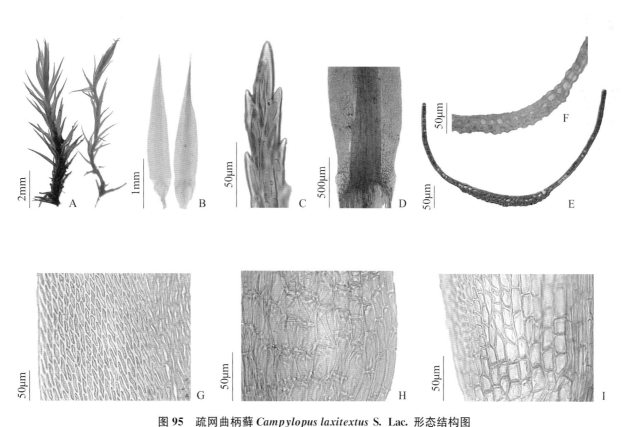

图 95 疏网曲柄藓 *Campylopus laxitextus* S. Lac. 形态结构图

A. 植株;B. 叶片;C. 叶尖细胞;D. 叶基部;E. 叶基部横切;F. 叶中肋横切;G. 叶中部细胞;H. 角细胞;I. 叶基细胞

(凭证标本:程丹丹,7990)

83. **尾尖曲柄藓** *Campylopus comosus*（Schwägr.）Bosch & Sande Lac.

植物体密集丛生,上部黄绿色,下部带褐色;雌雄异株。茎直立,单一,稀分枝,高约3cm,带红色假根。叶片直立或上部弯曲,长约3.5mm,宽0.45mm,干燥时贴生;基部短宽,渐向上呈细长披针形,毛尖不透明;叶边直,在短尖部有齿;中肋基部宽,约占叶片的1/2,上部背面有浅沟槽,横切面腹面为大型薄壁细胞,中部有1列略小于腹面的主细胞,背面有厚壁层;角细胞透明或紫红色,略突出;基部细胞长方形,细胞壁黄色,向边缘渐狭,叶上部细胞小方形或长方形。孢蒴柄呈鹅颈状弯曲。孢蒴弯曲,基部有骸突。蒴帽在未成熟前有缨络。

生境: 生于高山林下腐木上。

分布: 产于湖北省西南部;浙江省、贵州省、重庆市、广东省、云南省、台湾地区、香港特别行政区、四川省有分布;斯里兰卡、印度、泰国、越南、印度尼西亚、马来西亚、菲律宾、巴布亚新几内亚、新喀里多尼亚岛(法属)、澳大利亚也有分布。

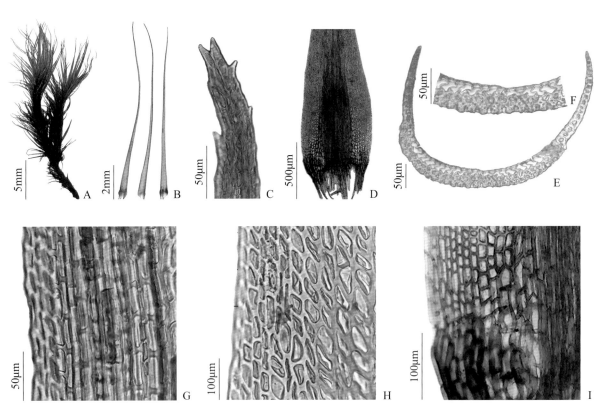

图96 尾尖曲柄藓 *Campylopus comosus*（Schwägr.）Bosch & Sande Lac. 形态结构图

A. 植株;B. 叶片;C. 叶尖;D. 叶基部;E. 叶中肋横切;F. 叶基部横切;G. 叶上部细胞;H. 叶近基部细胞;I. 叶基细胞

（凭证标本:方元平,7266）

84. 狭叶曲柄藓 *Campylopus subulatus* Schimp. ex Milde

植物体中小型,丛生,黄绿色或暗绿色,无光泽。茎直立或倾立,多单一,稀叉状分枝,生于丛间的高达1~2cm,基部有假根。叶片挺硬,湿时伸展直立,干时收拢贴生,从宽披针形基部向上呈短尖;叶边直,中上部有1~2列狭长形细胞围绕;中肋扁阔,为基部宽的2/3,达于叶尖突出呈短尖,平滑或有细齿,有时尖部透明,中肋横切面中央有1列大型主细胞,腹面有1层薄壁大细胞,背面有拟厚壁层,无小型厚壁细胞,背表面平滑;角细胞分化明显透明,叶基部近中肋细胞长方形,薄壁透明,边缘有几列狭形细胞,向上细胞变短,上部细胞短方形厚壁或长方形或椭圆形。雌雄异株。孢蒴长椭圆形,蒴口收缩。不育植株顶端常有芽叶丛。

生境:生于林边路旁湿岩面或沙石质土上。

分布:产于湖北省利川星斗山等地;西藏自治区、贵州省、广东省、云南省、四川省有分布;南亚、欧洲、北美洲也有分布。

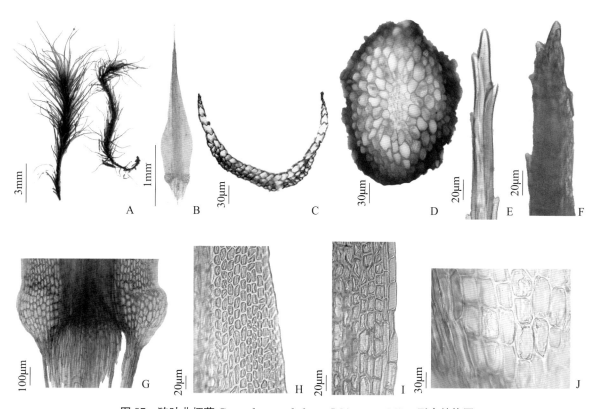

图97 狭叶曲柄藓 *Campylopus subulatus* Schimp. ex Milde 形态结构图

A. 植株;B. 叶片;C. 叶基部横切;D. 茎横切;E、F. 叶尖;G. 叶基部;H. 叶上部细胞;I. 叶基部细胞;J. 角细胞

(凭证标本:方元平,8022)

85. **台湾曲柄藓** *Campylopus taiwanensis* Sakurai

　　植物体粗短，挺硬，密集丛生，淡绿色，稍具光泽。茎直立，高达1.5cm，不分枝或叉状分枝，有少数假根，先端叶常向一侧偏曲。叶直立，干时贴生，湿时伸展倾立，从基部渐上呈披针形，长达3mm，宽约0.33mm，干时边缘内卷成管状，先端有长短不等的透明毛尖，有齿；中肋粗，约占基部的1/2，达先端突出，叶背面上部有2~3个细胞的栉片，横切面腹面有大型薄壁细胞，背面有厚壁层；角细胞少，为长方形透明大细胞；叶细胞纺锤形或菱形，厚壁，排列紧密。

　　生境：生于泥土上。

　　分布：中国特有种。产于湖北省通山九宫山；广西壮族自治区、山东省、浙江省、贵州省、重庆市、湖南省、广东省、台湾地区、香港特别行政区、安徽省有分布。

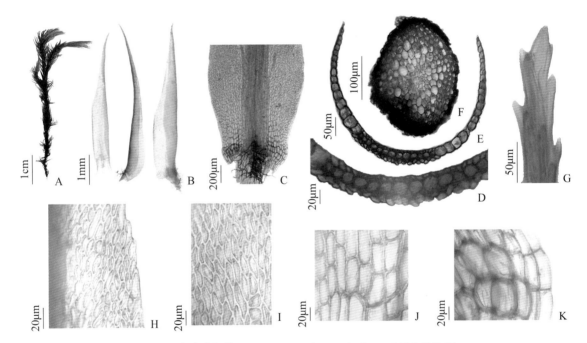

图98　台湾曲柄藓 *Campylopus taiwanensis* Sakurai **形态结构图**

A. 植株；B. 叶片；C. 叶基部；D. 叶中肋横切；E. 叶横切；F. 茎横切；G. 叶尖；

H. 叶上部细胞；I. 叶中部细胞；J. 叶基部细胞；K. 角细胞

（凭证标本：叶雯，3844）

（三十八）青毛藓属 *Dicranodontium* Bruch & Schimp.

　　植物体一般较大，密集丛生，常具光泽。茎单一或分枝。叶直立或镰刀形弯曲，基部较宽，尖部细长，向上呈狭长披针形；中肋宽阔，约占叶基宽度的1/3，充满整个叶尖部，横切面背腹侧均具厚壁层，角细胞大，无色或黄褐色，常突出呈耳状，叶基部细胞近中肋的呈长方形、方形或不等长六边形，渐向边缘渐狭长，形成明显的分化边缘，尖部细胞为长方形

或狭长形。蒴柄挺直，有时曲折；孢蒴辐射对称，平滑，长卵形或椭圆体形；蒴帽兜形，基部无
缨毛；蒴盖长圆锥形；蒴齿 2 裂达基部。

本属全世界 13 种。中国 9 种；湖北 7 种。

86. 青毛藓 *Dicranodontium denudatum*（Brid.）E. Britton

植物体矮小，密集丛生，黄褐色，有弱绢光泽，基部有假根交织。茎直立或倾立，稀分枝，中轴
分化不明显。叶干时扭曲，镰刀形偏曲；基部宽，向上呈狭长线形，叶边内卷管状，全缘平滑或
1/2 以上有齿突；中肋扁阔，占叶基部宽的 1/3～1/2，叶尖部突出毛尖状，角细胞突出呈耳状，细
胞大，无色或棕色，叶上部细胞狭长方形或狭线形，中部为长方形或虫形，基部近中肋细胞阔短长
方形，边缘狭长虫形。蒴柄干时直立，湿时不规则弯曲；孢蒴长椭圆形；蒴盖圆锥形喙状；齿片 2
裂至中部以下。

生境：生于山区腐木、岩面薄土上。

分布：产于湖北省神农架、宜昌大老岭森林公园、武汉、咸宁、恩施等地；广西壮族自治区、福
建省、西藏自治区、贵州省、江西省、重庆市、广东省、云南省、四川省、山东省、浙江省、新疆维吾尔
自治区、江苏省、内蒙古自治区、吉林省、台湾地区、黑龙江省、河北省有分布；尼泊尔、印度、俄罗
斯、日本、北美洲、欧洲也有分布。

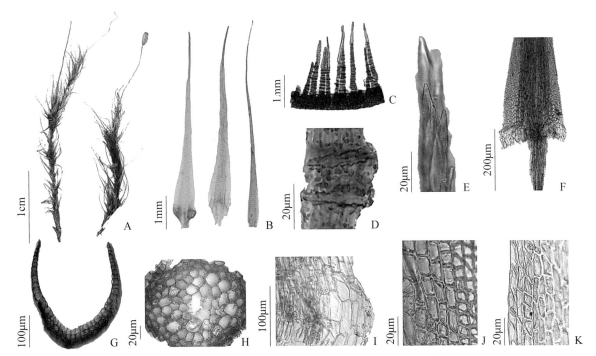

图 99 青毛藓 *Dicranodontium denudatum*（Brid.）E. Britton 形态结构图

A. 植株；B. 叶片；C. 蒴齿；D. 蒴齿上的疣；E. 叶尖细胞；F. 叶下部细胞；G. 叶横切；H. 茎横切；

I. 叶基部细胞；J. 叶中部近中肋细胞；K. 叶中部边缘细胞

（凭证标本：刘胜祥，2501）

87. **毛叶青毛藓** *Dicranodontium filifolium* Broth.

植物体纤细，密集丛生，黄绿色，无光泽。茎直立或倾立，被覆棕褐色假根，稀分枝，茎皮部不分化，仅 2～3 层厚壁小型褐色细胞，具中轴。叶直立或干时卷曲，呈镰刀形偏曲，茎下部叶小，向上变大，一般内卷成管状，基部卵形，渐上呈细披针形，毛尖部有齿突；中肋扁阔，约占基部的 1/4，在叶先端突出呈毛突状；叶细胞方形或长方形厚壁，基部近中肋长方形阔大，边缘略狭长；角细胞数少，突出呈耳状，黄褐色或无色。

生境：生于林下树干、树基和湿石上。

分布：中国特有种。产于湖北省西南部；广西壮族自治区、福建省、浙江省、海南省、贵州省、湖南省、广东省、台湾地区、澳门特别行政区、香港特别行政区、四川省有分布。

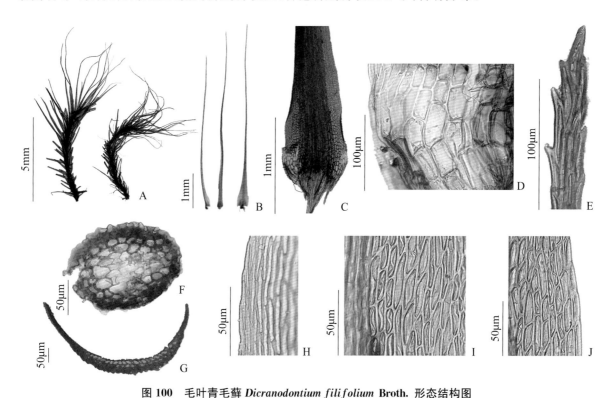

图 100 **毛叶青毛藓** *Dicranodontium filifolium* Broth. 形态结构图
A. 植株；B. 叶片；C. 叶下部细胞；D. 叶基部细胞；E. 叶尖细胞；F. 茎横切；G. 叶横切；

H. 叶上部边缘细胞；I. 叶中部近中肋细胞；J. 叶中部边缘细胞

（凭证标本：郑桂灵，2669）

（三十九）白发藓属 *Leucobryum* Hamp.

体型中等或粗壮，灰白或灰绿色，高 1～8cm，直立或倾立，疏松丛集或呈密垫状。叶有时稍呈一侧偏曲，卵披针形或狭卵披针形，背部有时具明显细胞前角突起，叶边全缘；中肋宽阔,占叶片的大部分,厚 2 至多层细胞,中间具 1 列小型绿色细胞,叶细胞线形,具多数壁孔。蒴柄纤细而呈紫红色;孢蒴卵状圆柱形,老时具 8 条明显的纵沟,台部腹面有瘤状突起;蒴盖圆锥形,具斜长喙;蒴齿 16 枚,具纵长纹及密疣;蒴帽兜形。

本属全世界 80 种。中国 10 种 1 变种;湖北 7 种。

88. 狭叶白发藓 *Leucobryum bowringii* Mitt.

植物体灰绿色,形成柔软而密集的植丛。叶片群集,干燥时多卷缩,易脱落,基部长卵形或长椭圆形,上部狭长披针形,先端多呈管状;中肋薄,背面平滑,横切面中间 1 层四边形绿色细胞,两侧各 1 层无色细胞,叶细胞线形或长方形,胞壁加厚,壁孔明显。蒴柄纤细,红色;孢蒴倾斜或平展,齿片 16,中间分裂,具细疣;无环带;蒴盖圆锥形,具长喙;蒴帽兜形。

生境:生于阔叶林下土坡、石壁和树干上。

分布:产于湖北省黄冈浠水三角山、黄冈大崎山、宜昌大老岭森林公园、恩施星斗山、恩施七姊妹山等地;广西壮族自治区、福建省、西藏自治区、海南省、贵州省、江西省、湖南省、广东省、云南省、澳门特别行政区、香港特别行政区、安徽省、四川省、浙江省、台湾地区有分布;日本、印度、斯里兰卡、泰国、马来西亚、印度尼西亚、菲律宾和新几内亚也有分布。

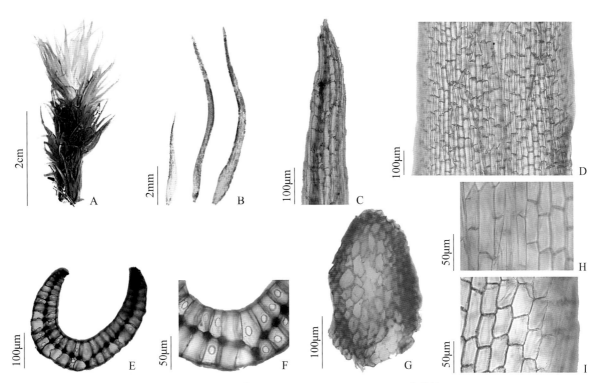

图 101 狭叶白发藓 *Leucobryum bowringii* Mitt. 形态结构图

A. 植株;B. 叶片;C. 叶上部细胞;D. 叶尖细胞;E、F. 叶横切;G. 茎横切;H. 叶中部细胞;I. 叶基部细胞

(凭证标本:刘胜祥,8114)

89. 白发藓 *Leucobryum glaucum*（Hedw.）Ångstr.

植物体密集，垫状丛生，苍白色至灰绿色。雌雄异株。叶密生，直立或略向一边弯曲，卵状披针形，上部渐尖，往往内卷成筒状，边全缘，背面平滑；中肋横切面中间呈现1行绿色细胞，两边各具2层大型无色细胞，背面有时为3层，叶细胞2～6行。蒴柄纤细，红褐色；孢蒴圆锥形，弓形弯曲。

生境：生于林下树干或腐木上。

分布：产于湖北省浠水三角山、

图 102 白发藓 *Leucobryum glaucum*（Hedw.）Ångstr. 居群

五峰后河、利川星斗山、黄冈龙王山、通山九宫山、神农架、恩施等地；广西壮族自治区、福建省、西藏自治区、海南省、贵州省、江西省、湖南省、广东省、云南省、香港特别行政区、四川省、山东省、浙江省、辽宁省、台湾地区、河南省有分布；朝鲜、日本、俄罗斯及北美洲也有分布。

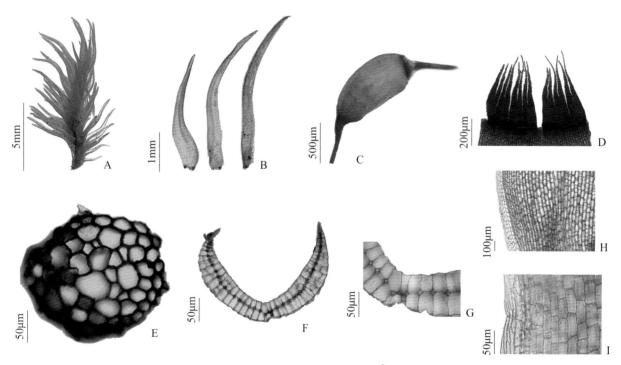

图 103 白发藓 *Leucobryum glaucum*（Hedw.）Ångstr. 形态结构图

A. 植株；B. 叶片；C. 孢蒴；D. 蒴齿；E. 茎横切；F. 叶基部横切；G. 叶基部横切的一部分；H、I. 叶基部细胞

（凭证标本：童善刚，HH139）

90. 桧叶白发藓 *Leucobryum juniperoideum* Müll. Hal.

植物体高达 2cm。叶片卵披针形，干时略皱缩，湿时常偏向一边，基部稍短于上部，卵形，上部狭披针形，有时内卷成筒状，边全缘；叶基部横切面靠近中间（叶中部）仅 2 层无色细胞，边上最厚的地方是中部的 1.8～3 倍厚；叶片基部细胞多行，其中接近中肋处约有 5～6 行长方形细胞，边缘为 2 行线形细胞，根据 2021 年中国《国家重点保护野生植物名录》，该种已列入国家二级保护。

图 104　桧叶白发藓 *Leucobryum juniperoideum* Müll. Hal. 居群

生境：生于树干，或岩面土生。

分布：产于湖北省黄冈天堂寨、五峰后河、宣恩七姊妹山、神农架等地；福建省、海南省、贵州省、江西省、重庆市、上海市、湖南省、广东省、云南省、澳门特别行政区、香港特别行政区、四川省、山东省、浙江省、江苏省、台湾地区有分布；日本、欧洲、美洲、非洲也有分布。

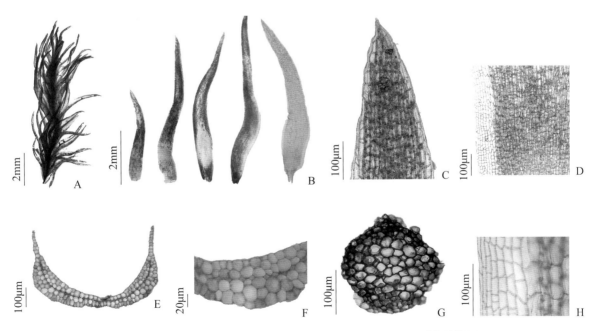

图 105　桧叶白发藓 *Leucobryum juniperoideum* Müll. Hal. 形态结构图

A. 植株；B. 叶片；C. 叶尖部细胞；D. 叶中部边缘细胞；E. 叶基部横切；F. 叶基部横切的一部分；G. 茎横切；H. 叶基部细胞

（凭证标本：刘胜祥，7117）

温热地区湿生藓类。植物体通常细小、丛集,多为土生或石生,稀为树生,绿色或黄绿色。茎直立,单一或不规则分枝,基部具假根。叶互生,排成扁平的 2 列;叶片两半抱茎扁合,具背部突起(背翅)及前部突起(前翅),通常可分成:①鞘部。位于叶的基部,呈鞘状抱茎。②前翅。在鞘部前方,中肋的近轴扁平部分。③背翅。在鞘部和前翅的对侧,及中肋的远轴扁平部分。叶边缘全缘或具齿,常具由狭长细胞构成的分化边缘,中肋常及顶,稀退失,叶细胞圆形或六角形,平滑或具疣,或有乳头突起。雌雄同株或异株。孢蒴顶生或腋生,辐射对称或略弯曲,基部常具气孔。蒴齿单层,稀不发育;齿片通常 2 裂,深达中部以下,外面观通常红色,具粗长条纹及密横脊,内观面黄色,具粗横隔;蒴盖圆锥形,具长喙;蒴帽兜形,通常平滑。孢子细小,平滑或具疣。

本科全世界 3 属。中国 1 属;湖北有分布。

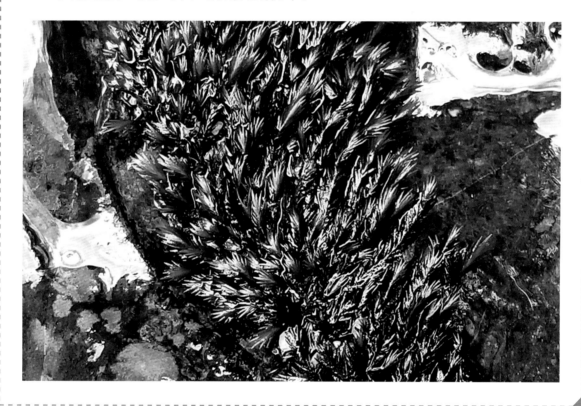

（四十）**凤尾藓属** *Fissidens* Hedw.

属的特征与同科的特征相同。

本属全世界 481 种,分布于世界各地。中国 58 种 2 亚种 10 变种;湖北 19 种 1 变种。

91. 异形凤尾藓 *Fissidens anomalus* Mont.

植物体绿色至带褐色。茎密集丛生,连叶高 14～50mm,宽 4.5～5.3mm;无腋生透明结节,茎中轴分化。叶 15～53 对,最基部叶小,上部叶远较下部叶大,排列较为紧密,中部以上各叶狭披针形,长 3.1～3.7mm,宽 0.7～0.8mm,干时明显卷曲;先端狭急尖,背翅基部圆形,罕为短下延,叶尖处有不规则的粗锯齿,其余部分具细圆齿至锯齿,叶边由 1～3 列平滑、厚壁而浅色细胞构成一浅色的边缘,中肋粗壮,突出,前翅和背翅细胞四方形、圆形至不规则六边形,长 7～11μm,角隅加厚,具明显的乳头状突起,不透明。雌雄异株。蒴柄短,长仅 1.5～2mm,平滑;孢蒴直立对称;蒴壶长 0.7～1mm;蒴壁细

图 106 异形凤尾藓 *Fissidens anomalus* Mont. 居群

胞长圆形;蒴齿长 0.3～0.5mm,基部宽 88～98μm,上部具螺纹加厚及突起的节瘤,中部具粗疣,下部具细密疣;蒴盖具长喙,长 0.5～0.8mm;蒴帽钟状,长约 1.3mm。

生境:生于林下湿润岩石和土上,有时亦生于树干上。

分布:产于湖北省五峰后河、利川星斗山等地;广西壮族自治区、福建省、贵州省、江西省、重庆市、湖南省、云南省、香港特别行政区、四川省、甘肃省、山东省、陕西省、新疆维吾尔自治区、台湾地区、河南省有分布;菲律宾、印度尼西亚、越南、泰国、缅甸、尼泊尔、印度、斯里兰卡也有分布。

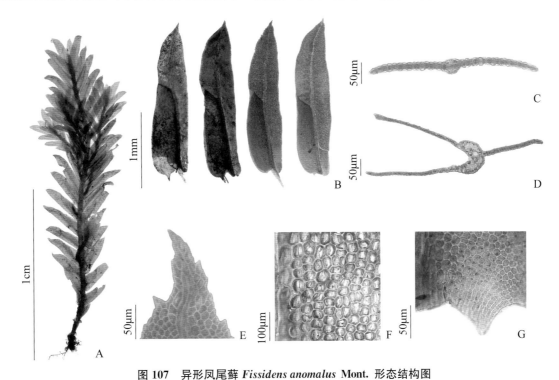

图 107 异形凤尾藓 *Fissidens anomalus* Mont. 形态结构图

A. 植株;B. 叶片;C. 叶上部横切;D. 叶鞘部横切;E. 叶尖细胞;F. 叶前翅细胞;G. 叶鞘部细胞

(凭证标本:彭丹,5163)

92. 小凤尾藓 *Fissidens bryoides* Hedw.

植物体细小。茎通常不分枝,连叶高 1.5～5.6mm,宽 1.3～2.4mm,腋生透明结节不明显,中轴稍分化,叶 4～6 对,上部叶长圆状披针形,长 0.8～2mm,宽 0.3～0.5mm,急尖,背翅基部楔形不下延;中肋及顶或在叶尖稍下处消失,叶鞘约为叶全长的 1/2～3/5,通常略不对称,分化边缘通常粗壮,在前翅宽 1～3 列细胞,在叶鞘处宽 3～6 列细胞,厚度为 1～3 层细胞,前翅及背翅细胞为方形至六边形,长 5～12μm,略厚壁,平滑,叶鞘细胞与前翅及背翅细胞相似,但靠近中肋基部细胞较大而长。雌雄同株。雄生殖苞芽状,腋生于茎叶。雌生殖苞生于茎顶,颈卵器长约 2.45μm,雌苞叶与茎叶相似,但较长。蒴柄长 1.8～7.5mm,平滑;孢蒴对称;蒴壶长 0.25～0.8mm;蒴盖圆锥形,具喙,长 0.35～0.6mm;蒴外层细胞长方形,侧壁略加厚。

生境: 生于海拔 720～1200m 荫蔽环境中的石上、土上或洞穴石壁上。

分布: 产于湖北省神农架红坪等地;福建省、西藏自治区、贵州省、上海市、香港特别行政区、四川省、江苏省、吉林省、宁夏回族自治区、河北省、河南省、广西壮族自治区、海南省、江西省、重庆市、云南省、北京市、山东省、陕西省、浙江省、新疆维吾尔自治区、内蒙古自治区、台湾地区、黑龙江省、山西省有分布;北半球及南美洲也有分布。

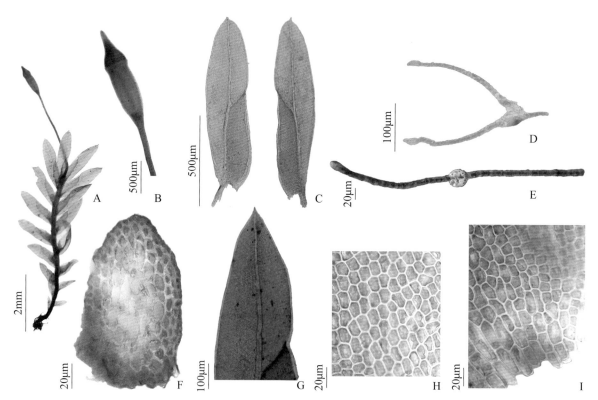

图 108　小凤尾藓 *Fissidens bryoides* Hedw. 形态结构图

A. 植株;B. 孢蒴;C. 叶片;D. 叶鞘部横切;E. 叶上部横切;F. 茎横切;G. 叶上部;H. 叶前翅细胞;I. 叶鞘部细胞

（凭证标本:刘胜祥,10078-3）

93. 卷叶凤尾藓 *Fissidens dubius* P. Beavu.

植物体绿色至带褐色。茎单一,带叶高 10～50mm,宽 3.5～5mm;无腋生透明突起,茎中轴明显分化。叶 13～58 对,排列较紧密,最下部的叶细小,中部以上各叶远比最下部叶大,披针形,长 3.2～3.5mm,宽 0.7～0.8mm,干时明显卷曲,先端急尖至狭急尖;背翅基部圆形至略下延,鞘部为叶全长的 3/5～2/3,由 3～5 列厚壁而平滑的细胞构成一条厚度为 1 层细胞的浅色边缘;中肋粗壮,及顶,前翅和背翅细胞通常圆状六边形,罕为椭圆状卵圆形,长 10～11μm,鞘部细胞与前翅和背翅细胞相似。雌雄异株。雄株细小,长约 1mm。雌器苞腋生。颈卵器长约 300μm。蒴柄侧生,长 5～8mm,平滑;孢蒴稍倾斜,不对称;蒴壶长 0.8～1.4mm;蒴齿长 0.5～0.6mm;蒴盖具长喙,长 1～6mm;蒴帽钟状,长约 1.6mm。

生境:常生于林下潮湿的岩石面上和土上,亦生于树干上。

分布:产于湖北省五峰后河、随州大洪山、通山龙潭、通山九宫山、罗田天堂寨、利川星斗山、武汉狮子山、通城黄龙、神农架红坪等地;福建省、西藏自治区、贵州省、上海市、湖南省、广东省、香港特别行政区、安徽省、四川省、江苏省、吉林省、宁夏回族自治区、河北省、广西壮族自治区、江西省、重庆市、云南省、甘肃省、山东省、陕西省、浙江省、新疆维吾尔自治区、内蒙古自治区、辽宁省、台湾地区、黑龙江省有分布;朝鲜、日本、菲律宾、印度尼西亚、尼泊尔、印度、斯里兰卡、非洲北部、欧洲、北美洲、巴布亚新几内亚也有分布。

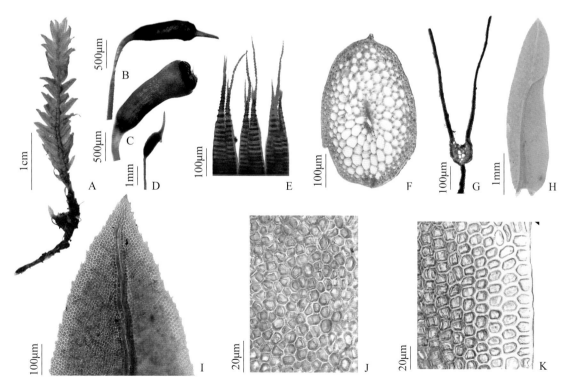

图 109 卷叶凤尾藓 *Fissidens dubius* P. Beavu. 形态结构图

A. 植株;B、C、D. 孢蒴;E. 蒴齿;F. 茎横切;G. 叶鞘部横切;H. 叶片;I. 叶上部;J. 叶前翅细胞;K. 叶鞘部细胞;

(凭证标本:彭丹,5135)

94. 大叶凤尾藓 *Fissidens grandifrons* Brid.

植物体较大，匍匐，深绿色，老时带褐色，坚挺。茎单一或分枝，连叶高 16～83mm，宽 2.5～3.3mm；具腋生透明结节；茎中轴不分化。叶 13～83 对，紧密排列，干时亦坚挺，最下部叶细小，中部以上各叶披针形至剑状披针形，长 2.8～3.5mm，宽 0.4～0.5mm；背翅基部楔形，下延，鞘部为叶全长的一半，对称，叶边稍具锯齿，中肋粗壮，不透明，终止于叶尖下数个细胞，在横切面，前翅和背翅的边缘厚 1～2 层细胞，靠近叶缘的细胞较小而壁较薄，靠近中肋的细胞较大而壁较厚，前翅和背翅细胞四方形至六边形，长 7～11μm，平滑，鞘部细胞与前翅和背翅细胞相似，但靠近基部的细胞较大而壁较厚。雌雄异株。雌器苞腋生。颈卵器长 400～640μm。蒴柄长 18～21μm，平滑；孢蒴直立至平列，对称；蒴壶圆柱状，长 1.1～1.6mm；蒴齿长约 0.43mm，基部宽 114μm。孢子直径 14～25μm。

生境：生于林下沟边潮湿岩石上及洞穴口。

分布：产于湖北省神农架黑湾、五峰后河等地；广西壮族自治区、西藏自治区、贵州省、湖南省、云南省、北京市、安徽省、四川省、甘肃省、陕西省、青海省、台湾地区、山西省有分布。朝鲜、日本、尼泊尔、印度、巴基斯坦、北非、中非、北美洲中部也有分布。

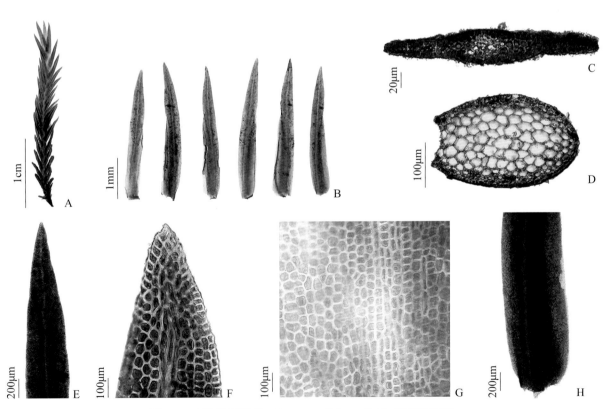

图 110　大叶凤尾藓 *Fissidens grandifrons* Brid. 形态结构图

A. 植株；B. 叶片；C. 叶上部横切；D. 茎横切；E. 叶上部细胞；F. 叶尖细胞；G. 叶前翅细胞；H. 叶基部

（凭证标本：刘胜祥，572）

95. 裸萼凤尾藓 *Fissidens gymnogynus* Besch.

植物体黄绿色至带褐色,茎通常不分枝,连叶高 7～16mm,长 1.8～3.6mm;无腋生透明结节,茎中轴稍分化。叶 9～25 对,排列较紧密,干时明显卷曲,最基部的叶细小,靠近中部的叶较大,上部以上各叶舌形至披针形,长 1.8～2.1mm,宽 0.3～0.5mm,具小短尖至急尖;背翅基部圆至楔形,鞘部为叶长的 1/2～3/5,不对称,叶边稍具锯齿至细圆齿,中肋粗壮,通常终止于叶尖下数个细胞,叶尖细胞圆状菱形,平滑而厚壁,形成一浅色区域,前翅和背翅细胞六边形至圆状六边形,10～14μm,具乳头状突起,不透明,鞘部细胞六边形,壁较厚而且轮廓清晰。雌雄异株。颈卵器顶生,长约 470μm。雌苞叶分化不明显。蒴柄长约 2.3mm,红褐色;孢蒴直立,对称;蒴壶圆柱状,长约 1.1mm。

生境:生于树干上或林中岩石面上或土上。

分布:产于湖北省五峰后河、通城大溪、罗田天堂寨等地;广西壮族自治区、福建省、海南省、贵州省、江西省、重庆市、湖南省、广东省、云南省、香港特别行政区、安徽省、四川省、山东省、陕西省、浙江省、台湾地区、河南省有分布;朝鲜、日本也有分布。

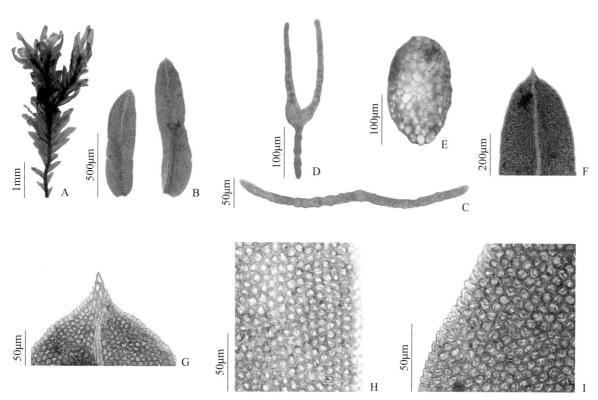

图 111　裸萼凤尾藓 *Fissidens gymnogynus* Besch. 形态结构图

A. 植株;B. 叶片;C. 叶上部横切;D. 叶鞘部横切;E. 茎横切;F. 叶上部;G. 叶尖细胞;H. 叶前翅细胞;I. 叶鞘部细胞

(凭证标本:叶雯,3871)

96. 内卷凤尾藓 *Fissidens involutus* Wilson ex Mitt.

植物体细小至中等大，黄绿色。茎丛集，通常单一，有时分枝，连叶高 10～50mm，宽 1.1～1.8mm；有腋生透明结节但不很明显；茎中轴不分化。叶 7～15 对，通常疏松排列；中部和上部叶披针形至狭披针形，长 0.8～1.5mm，连叶宽 0.2～0.3mm，先端狭急尖，背翅基部圆形，鞘部为叶全长的 3/5～2/3，对称至近不对称，叶边具锯齿，中肋及顶或终止于叶尖下数个细胞，前翅和背翅细胞四方形，长 5～9μm，具乳头状突起，薄壁，不透明，鞘部细胞与前翅和背翅细胞相似，但靠近基部的细胞较长，乳头状突起较不明显，细胞壁稍厚。雌雄异株。雌苞叶明显分化。颈卵器长 330～430μm。蒴柄长 5.5～7mm，平滑。孢蒴直立，对称；蒴壶圆柱状，长 0.75mm；蒴壁细胞四方形至短长方形，纵壁略厚，横壁薄；蒴齿长 0.26mm，基部宽 71μm，上部具突起的节瘤和螺纹加厚，下部具细疣；蒴盖具长喙，长 0.5mm；蒴帽钟状，长约 0.8mm，平滑。孢子直径 11～18μm。

生境：生于常绿阔叶林下土上。

分布：产于湖北省五峰后河、利川星斗山、神农架红坪等地；广西壮族自治区、福建省、西藏自治区、贵州省、江西省、重庆市、湖南省、云南省、四川省、山东省、陕西省、浙江省、台湾地区、河南省有分布；越南、泰国、缅甸、尼泊尔、印度也有分布。

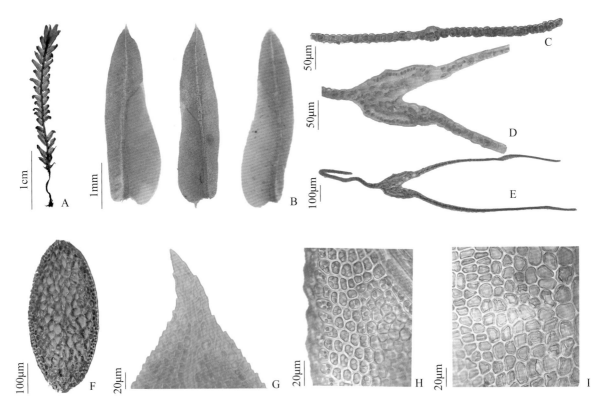

图 112　内卷凤尾藓 *Fissidens involutus* Wilson ex Mitt. 形态结构图

A. 植株；B. 叶片；C. 叶上部横切；D. 叶鞘部横切的一部分；E. 叶鞘部横切；

F. 茎横切；G. 叶尖细胞；H. 叶前翅细胞；I. 叶鞘部细胞

（凭证标本：刘胜祥，HH606）

97. 大凤尾藓 *Fissidens nobilis* Griff.

　　植物体绿色到带褐色。茎单一,带叶高 18～60mm,宽5.5～10mm;无腋生透明结节,茎中轴明显分化。叶 14～26 对,基部叶细小而疏离,中部的各叶远比基部叶大,密生,披针形至狭披针形,长 4.7～5.5mm,宽 1.0～1.2mm;急尖,背翅基部楔形,下延,鞘部长为叶的 1/2,叶边上半部具不规则齿,下半部近全缘,由厚为 2～3 层厚壁而平滑的细胞构成一条宽为 2～5 列细胞的深色边缘,中肋粗壮,及顶,前翅和背翅细胞四方形至六边形,有时具尖乳头状突起,鞘部细胞与前翅和背翅细胞相似,但几近平滑。雌雄异株。雌器苞在中、上部叶腋生。颈卵器长 426～640μm。蒴柄侧生,长约 6.5mm,平滑;孢蒴稍倾斜,不对称;蒴壶长 1.3～1.4mm;蒴壁细胞长方形至不规则的长方状六边形;蒴盖具喙,长 0.4～1.3mm。孢子直径 11～18μm。

　　生境:常生于林下岩石上或土上。

　　分布:产于湖北省通城大溪、长阳叹气沟、浠水三角山等地;广西壮族自治区、福建省、海南省、贵州省、江西省、重庆市、湖南省、广东省、云南省、香港特别行政区、四川省、山东省、浙江省、江苏省、台湾地区、河南省有分布;朝鲜、日本、菲律宾、印度尼西亚、新加坡、越南、泰国、缅甸、尼泊尔、印度、斯里兰卡、斐济也有分布。

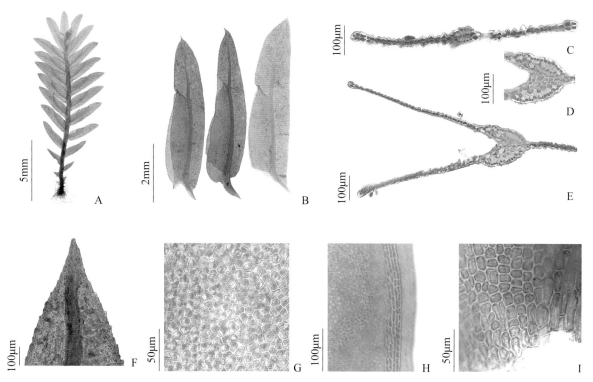

图 113　大凤尾藓 *Fissidens nobilis* Griff. 形态结构图

A. 植株;B. 叶片;C. 叶上部横切;D. 叶鞘部横切的一部分;E. 叶鞘部横切;F. 叶上部;

G. 叶前翅细胞;H. 叶鞘部边缘细胞;I. 叶鞘部细胞

(凭证标本:彭丹,4323)

98. 垂叶凤尾藓 *Fissidens obscurus* Mitt.

植物体绿色至带褐色，密集丛生。茎匍匐，连叶长 18～50mm，宽 3.2～5mm，通常由叶腋长出少数分枝，分枝的基部和茎腹面常具假根；无腋生透明结节；茎中轴不分化。叶 18～43 对，排列较稀疏，干时卷曲，湿时稍向下弯垂；中部以上各叶披针形，长约 3.6mm，宽 0.75mm，叶先端钝急尖；背翅基部圆形至阔楔形；鞘部为叶全长的 1/2～3/5，稍不对称，叶边除先端稍具细圆齿外，其余几近全缘，中肋粗壮，终止于叶尖下数个细胞，前翅和背翅细胞不规则的四边形、短长方形至六边形或圆形，厚壁，长 10～13μm，不透明，平滑，鞘部细胞与前翅和背翅细胞相似，但壁较厚，靠近中肋基部的细胞较长。雌雄异株。颈卵器顶生。雌苞叶线性，无分化边缘，长 3～7mm，宽 0.25mm。

图 114 垂叶凤尾藓 *Fissidens obscurus* Mitt. 居群

生境：生于林下岩石面上或沙质土上。

分布：产于湖北省五峰后河；广西壮族自治区、山东省、西藏自治区、贵州省、重庆市、湖南省、云南省均有分布；日本、尼泊尔、印度也有分布。

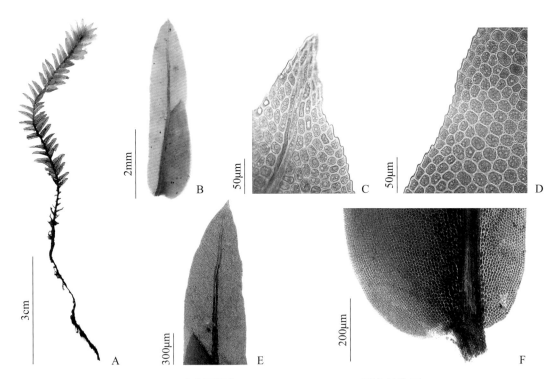

图 115 垂叶凤尾藓 *Fissidens obscurus* Mitt. 形态结构图

A. 植株；B. 叶片；C. 叶尖细胞；D. 叶前翅细胞；E. 叶上部细胞；F. 叶基部细胞

（凭证标本：童善刚，10624-2）

99. 延叶凤尾藓 *Fissidens perdecurrens* Besch.

植物体中等大小至较大,深绿色,坚挺。茎单一或分枝,连叶高12～35mm,宽3～3.3mm,具腋生透明结节;茎中轴不分化。叶20～24对,排列紧密,最基部叶细小,中部以上各叶远较基部叶为大,狭披针形,长1.6～2.3mm,宽0.3mm,急尖,背翅基部楔形,下延,鞘部叶,常对称,叶边具细锯齿;中肋粗壮,不透明,及顶或终止于叶尖下数个细胞,在中肋的上半段,透过表面细胞可见两列大型、长方形的主细胞,在横切面,前翅和背翅的边缘厚1～2层细胞,靠近中肋处厚3～4层细胞,鞘部多为厚1层细胞,前翅和背翅细胞相似,但靠近基部的细胞壁较厚,乳头状突起不明显。雌雄异株。雌器苞腋生。雌苞叶分化,线状披针形。颈卵器长315～350μm。

图116 延叶凤尾藓 *Fissidens perdecurrens* Besch. 居群

生境:生于林下潮湿岩石上。

分布:产于湖北省宣恩七姊妹山;福建省、浙江省、新疆维吾尔自治区、贵州省、江西省、湖南省、云南省、台湾地区、四川省均有分布;日本也有分布。

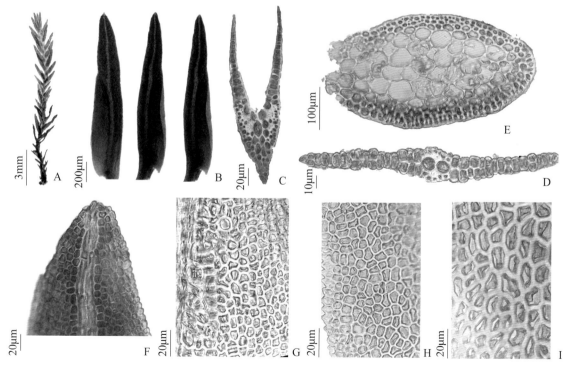

图117 延叶凤尾藓 *Fissidens perdecurrens* Besch. 形态结构图

A. 植株;B. 叶片;C. 叶上部横切;D. 叶鞘部横切;E. 茎横切;F. 叶尖细胞;

G. 叶前翅细胞;H. 叶鞘部边缘细胞;I. 叶鞘部细胞

（凭证标本:吴林,Q160815060）

100. 鳞叶凤尾藓 *Fissidens taxifolius* Hedw.

植物体中等大小，紧密丛生。茎单一，罕有分枝，连叶高 4.5～16mm，宽 2～4.6mm；无腋生透明结节，茎中轴不明显分化。叶 6～17 对，紧密排列，中部以上的叶卵圆状披针形，长 1.6～3.3mm，宽 0.5～0.8mm，先端急尖至短尖；背翅基部圆形，有时阔楔形，鞘部为叶全长的 1/2～3/5，稍不对称，叶边具锯齿，中肋粗壮，及顶至短突出，前翅和背翅细胞圆六边形至六边形，长 7～11μm，壁薄，具乳头状突起，不透明，鞘部细胞与前翅和背翅细胞相似，但壁较厚，乳头状突起更高耸，靠近中肋基部的细胞较大。雌雄异株，雌器苞侧生。雌苞叶分化，狭披针形，长约 1.3mm。颈卵器长 370～426μm。侧生或基生，蒴柄长 11～16mm；孢蒴平列至倾斜，不对称，弯曲；蒴壶长约 1mm；蒴壁细胞长方状六边形；蒴齿长 0.56～0.63mm，基部宽 127～156μm。具明显突出的节瘤；蒴盖具长喙。

生境：生于林下土上或岩石上面。

分布：产于湖北省五峰后河；广西壮族自治区、贵州省、江西省、重庆市、上海市、湖南省、云南省、香港特别行政区、四川省、甘肃省、山东省、浙江省、江苏省、天津市、吉林省、台湾地区、黑龙江省、河北省、河南省有分布；广布于世界各地。

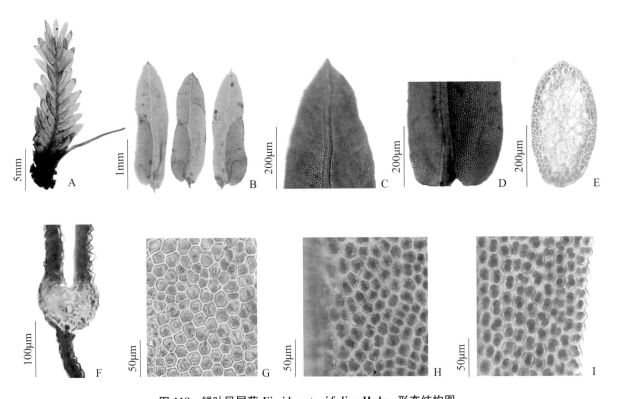

图 118 鳞叶凤尾藓 *Fissidens taxifolius* Hedw. 形态结构图

A. 植株；B. 叶片；C. 叶上部；D. 叶基部；E. 茎横切；F. 叶鞘部横切的一部分；

G. 叶前翅细胞；H. 叶鞘部细胞；I. 叶鞘部边缘细胞

（凭证标本：刘胜祥，HH1042）

101. 南京凤尾藓 *Fissidens teysmannianus* Dozy & Molk.

　　植物体细小至中等大小,紧密丛生。茎单一或具少数分枝,连叶高 5～10mm,宽 2.3～3.1mm;腋生透明结节不明显;茎中轴略分化。叶 8～20 对,排列较紧密,中部以上的叶披针形,长 1.6～1.8mm,宽 0.3～0.4mm,急尖,背翅基部通常为圆形,有时楔形,鞘部为叶全长的 1/2,对称或稍不对称;叶边具锯齿,中肋及顶,前翅和背翅细胞四方形至六边形,长 1.5～3μm,具乳头状突起,不透明,每一角隅具不明显的疣 1 个,叶边有一条由 1～2 列较小而平滑的细胞构成浅色的边缘,鞘部细胞与前翅和背翅细胞相似,但较大,细胞角隅的疣更明显。雌雄异株。雌器苞芽状,腋生。雌苞叶高度分化。颈卵器长 180～370μm。蒴柄长 5.3～6.8mm,平滑;孢蒴稍倾斜,对称;蒴壶长 0.8～1.0mm;蒴壁细胞四方形至短长方形;蒴齿长约 0.3mm,基部宽 60μm;蒴盖具长喙,长 0.5～0.7mm;蒴帽长约 0.9mm。

　　生境:生于林下土上或岩石面上,亦生于树干上。

　　分布:产于湖北省五峰后河、通山九宫山、罗田天堂寨等地;福建省、海南省、贵州省、江西省、重庆市、湖南省、广东省、云南省、香港特别行政区、四川省、山东省、浙江省、江苏省、台湾地区、河南省有分布;朝鲜、日本也有分布。

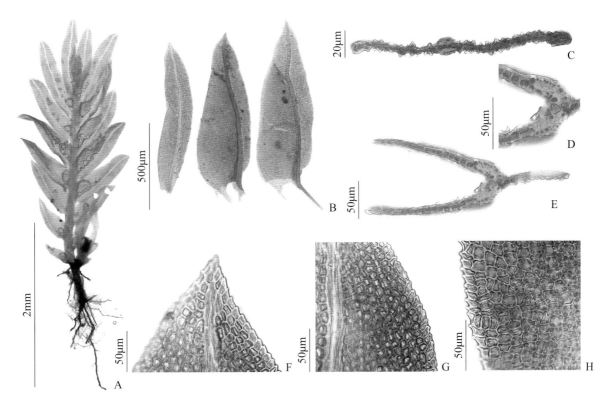

图 119　南京凤尾藓 *Fissidens teysmannianus* Dozy & Molk. 形态结构图

A. 植株;B. 叶片;C. 叶上部横切;D. 叶鞘部横切的一部分;E. 叶鞘部横切;F. 叶尖细胞;G. 叶前翅细胞;H. 叶鞘部细胞

(凭证标本:叶雯,3625)

102. 网孔凤尾藓 *Fissidens polypodioides* Hedw.

植物体绿色、黄绿色至带褐色，稀疏丛生。茎单一或分枝，连叶高 27～72mm，宽 6～6.8mm；无腋生透明结节；茎中轴明显分化。叶 23～58 对，最基部的叶极小，排列稀疏；中部以上各叶远大于基部，密生，长圆状披针形，长 3.6～4.1mm，宽 1.0～1.1mm，先端通常短尖，偶为阔急尖；背翅基部圆形；鞘部为叶全长的一半，对称至稍不对称；叶边在靠近叶尖处具粗锯齿，其余部分稍具锯齿；中肋粗壮，通常终止于叶尖下数个细胞；前翅和背翅细胞四边形至六边形，长 11～21μm，平滑至稍具乳头状突起，轮廓清晰，壁稍厚。雌雄异株。雌器苞通常顶生于短侧枝上。颈卵器长 340～596μm。雌苞叶分化，较茎叶短而狭，长 4.6～5.6mm，宽 0.4～0.6mm，急尖，背翅基部楔形，鞘部细胞远长于前翅和背翅细胞。

生境：生于常绿阔叶林土上、巨石或陡峭石壁上。

分布：产于湖北省利川星斗山；广西壮族自治区、福建省、西藏自治区、海南省、贵州省、江西省、重庆市、湖南省、广东省、云南省、香港特别行政区、四川省、山东省、台湾地区有分布；日本、菲律宾、印度尼西亚、马来西亚、新加坡、越南、泰国、缅甸、尼泊尔、印度、巴布亚新几内亚也有分布。

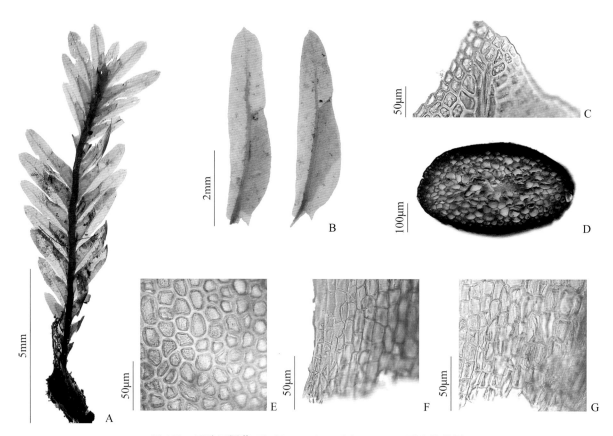

图 120　网孔凤尾藓 *Fissidens polypodioides* Hedw. 形态结构图

A. 植株；B. 叶片；C. 叶尖细胞；D. 茎横切；E. 叶前翅细胞；F. 叶鞘部边缘细胞；G. 叶鞘部细胞

（凭证标本：刘胜祥，7557）

103. 多枝小叶凤尾藓 *Fissidens bryoides* var. *ramosissimus* Thér.

本变种与小凤尾藓的区别是，背翅基部狭楔形，未及叶基即消失，分化边缘远离叶尖消失。

生境：多生于半荫蔽的石上。

分布：产于湖北省五峰后河、武汉洪山、建始野三河、神农架天生桥、通城大溪等地；广西壮族自治区、山东省、陕西省、福建省、海南省、台湾地区、四川省有分布；日本也有分布。

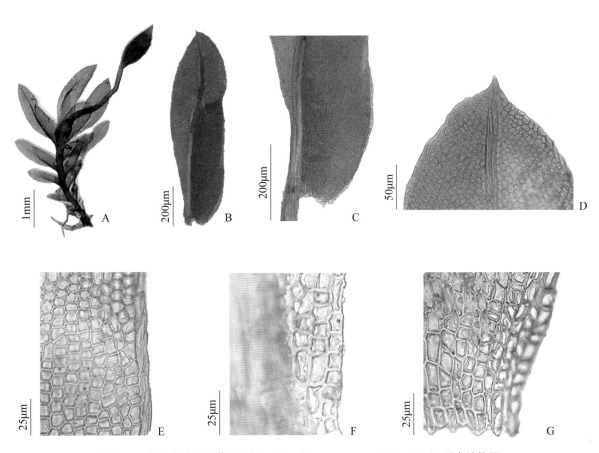

图 121　多枝小叶凤尾藓 *Fissidens bryoides* var. *ramosissimus* Thér. 形态结构图

A. 植株；B. 叶片；C. 叶鞘部；D. 叶尖细胞；E. 叶前翅细胞；F. 叶背翅基部细胞；G. 叶鞘部细胞

（凭证标本：吴林，Y160817016）

植物体矮小丛生。茎直立，多具中轴，单一，稀叉状分枝或成束状分枝。叶多列，干燥时多皱缩，稀紧贴茎上，潮湿时伸展或背仰，叶片多呈卵形、三角形或线状披针形，稀呈阔披针形、椭圆形、舌形或剑头形；先端多渐尖或急尖，稀圆钝，叶边全缘，稀具齿，平展，背卷或内卷，中肋多粗壮，长达叶尖或稍突出，稀在叶尖稍下处消失，中央具厚壁层，叶细胞呈多角状圆形、方形或五至六角形，细胞壁上具疣或乳头突起，稀平滑无疣，叶基细胞常常分化呈方形或长方形，平滑透明。雌雄异株或同株。孢蒴多呈卵圆形、长卵形圆柱状，稀球形，多直立，稀倾立或下垂，蒴壁平滑；蒴齿单层，稀缺如，常具基膜，齿片 16 条，多呈狭长披针形或线形，直立或向左旋扭，往往密被细疣；蒴盖呈锥形，先端具长尖喙；蒴帽多兜形，孢子形小。

本科全世界 103 属。多分布在温带地区，少许属种分布到寒带或热带。多生于岩石上、林地上，还往往见于钙质土或墙壁上。我国已记录有 34 属；湖北 20 属。

（四十一）丛本藓属 *Anoectangium* Schwägr.

植物体矮小细弱，密集丛生，鲜绿色或黄绿色。茎直立，多单一，稀分枝，高 2～4cm，基部常丛生毛状假根，中轴分化或不分化。叶多呈狭披针形，鲜时直伸，干时常卷缩；叶先端渐尖，常旋扭；全缘或具圆钝齿；中肋粗壮，长达叶尖；叶基细胞稍分化，多近矩形，常透明；叶细胞多近圆形，表面多圆形疣突。雌雄异株。雌苞叶较茎上部叶长大，基部鞘状。蒴柄细长，直立；孢蒴多呈长倒卵形；蒴盖多具长喙，几乎与壶部等长；蒴帽多兜形，具喙状尖，包被孢蒴的 1/2；孢子球形，多棕黄色，表面平滑。

本属全世界 34 种，广布于各大洲温暖湿润山区。中国已知有 5 种；湖北 3 种。

104. 扭叶丛本藓 *Anoectangium stracheyanum* Mitt.

本种与阔叶丛本藓区别：植株纤细，高仅 1cm 左右；叶中肋长不及叶尖，叶细胞呈不规则的方形或多边状圆形，具粗大圆形突疣。

生境：多生于岩石上或岩石薄土上，在石缝中及滴水石壁上亦习见。还可生于海拔 5000m 左右的冰川石上或高寒地区草甸土上。

分布：产于湖北省神农架等地；福建省、西藏自治区、贵州省、江西省、重庆市、湖南省、广东省、云南省、北京市、安徽省、四川省、山东省、陕西省、浙江省、内蒙古自治区、吉林省、台湾地区、河北省、山西省、河南省有分布；巴基斯坦、斯里兰卡、尼泊尔、缅甸、印度、泰国、越南、日本也有分布。

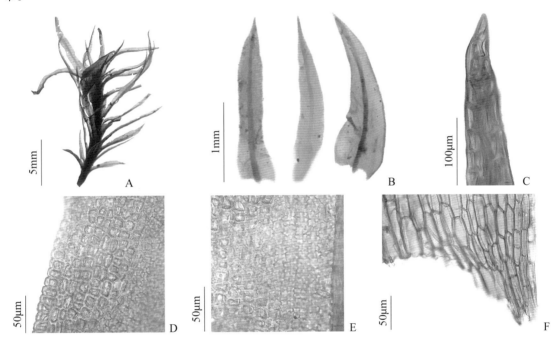

图 122　扭叶丛本藓 *Anoectangium stracheyanum* Mitt. 形态结构图
A. 植株；B. 叶片；C. 叶尖细胞；D. 叶上部边缘细胞；E. 疣；F. 叶基部细胞
（凭证标本：刘胜祥，10067）

（四十二）扭口藓属 *Barbula* Hedw.

植株矮小，纤细或略粗壮，绿色或带红棕色，往往密集丛生，或呈紧密的垫状。茎直立，具分化的中轴，叉状分枝，基部密生假根。叶干时紧贴，湿时散列，有时背仰，呈卵形、卵状披针形、三角状披针形或舌形，先端渐尖或急尖，叶边全缘，整齐背卷；中肋粗壮，长达叶尖或在叶尖稍下处消失，稀突出叶尖，中肋背面平滑或具微疣；叶上部细胞形小，呈多角状圆形或方形，壁稍增厚，不透明，具单疣或多个细疣，稀具乳头或平滑，基部细胞稍长大，多呈短矩形，平滑无疣。雌雄异株。雌苞叶与叶同形，稀较大而具高鞘部。孢蒴直立，稀稍倾立,呈卵状圆柱形,稀稍弯曲;环带多分化;蒴齿细长。

本属实为丛藓科中最大之一属,最常见之属。全世界101种。中国23种;湖北2种。

105. 扭口藓 *Barbula unguiculata* Hedw.

植株型小,疏松丛生。茎直立,多分枝。叶卵状披针形或卵状舌形,先端钝且较平展,或先端而具小尖头,叶边中下部背卷,全缘;中肋粗壮,及顶或突出于叶尖成小尖头,叶中上部细胞多边形至圆多边形,具多个小马蹄形疣,基部细胞椭圆状长方形,多平滑。蒴柄细长,红褐色;孢蒴直立,圆柱形;蒴齿细长,向左旋扭;蒴盖圆锥形,具直喙。

生境:生于土表、岩面或岩面薄土上。

分布:产于湖北省神农架等地;福建省、西藏自治区、上海市、湖南省、澳门特别行政区、香港特别行政区、安徽省、四川省、江苏省、吉林省、宁夏回族自治区、河北省、河南省、广西壮族自治区、江西省、重庆市、云南省、北京市、甘肃省、山东省、陕西省、浙江省、新疆维吾尔自治区、内蒙古自治区、天津市、辽宁省、台湾地区、山西省有分布;尼泊尔、巴基斯坦、印度、西亚、欧洲、北美洲、非洲北部也有分布。

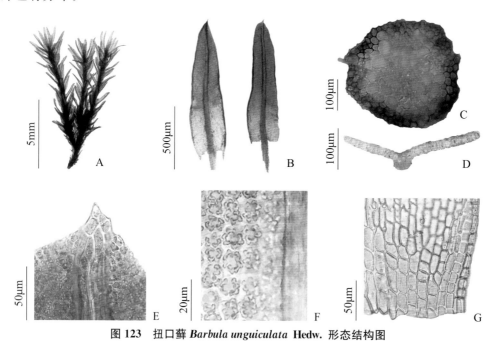

图123 扭口藓 *Barbula unguiculata* Hedw. 形态结构图

A. 植株;B. 叶片;C. 茎横切;D. 叶基部横切;E. 叶尖细胞;F. 疣;G. 叶基部细胞

(凭证标本:刘胜祥,7245)

(四十三)红叶藓属 *Bryoerythrophyllum* P. C. Chen

该属藓类植株较粗壮,散生或疏丛生。初期黄绿色,后期渐显红褐色。茎单一或具分枝,密被叶,叶干时紧贴,卷缩或扭曲,湿时直立或背仰,长卵圆状,稀剑头形,叶边平展或中下部背卷,上部常具不规则粗钝齿,稀全缘;中肋粗壮,先端稍细,在叶尖部消失或突出叶尖具小尖头,叶中上部细胞绿色,呈圆形至方形或不规则五边形,每个细胞具数个圆形、马蹄形或环状细疣,基部细胞较长大,不规则长方形,平滑,常带红色,有的种类叶缘细胞带红棕色,疣稀疏而透明,形成明显的分化边。多雌雄异株。蒴柄直立,成熟时紫红色。孢蒴短圆柱形,黄褐色,老时红色;环带有分化;蒴齿短,直立;齿片呈线形,密被细疣,蒴盖先端具斜长喙;蒴帽兜形。多数种类叶腋着生球形芽胞体。

本属全世界31种。中国10种1变种;湖北7种。

106. 红叶藓 *Bryoerythrophyllum recurvirostrum*(Hedw.)P. C. Chen

植株稀疏或紧密丛生,深绿色带红褐色。茎直立,基部密被红色假根。叶狭卵状披针形,稍弯曲,先端渐尖,具微齿,下部叶边全缘,叶边全部背卷;中肋粗壮,长达叶尖,叶上部细胞4～6边形,绿色,具多数新月形或圆形疣,叶基无分化,基部细胞短矩形,平滑,无色或带红色。蒴柄长1～1.5cm,红褐色;孢蒴直立,圆柱形,红褐色;蒴齿短,直立,红色,密被细疣;蒴盖具短喙。孢子绿色,具疣。雌雄同株。

生境:生于阴湿的岩石上、岩面薄土上、林地上、灌丛下以及腐木上。

分布:产于湖北省五峰后河等地;黑龙江省、吉林省、内蒙古自治区、河北省、山东省、山西省、陕西省、贵州省、甘肃省、青海省、新疆维吾尔自治区、浙江省、湖南省、江西省、四川省、福建省、台湾地区、云南省、西藏自治区有分布;日本、中亚、西亚、俄罗斯(西伯利亚)、欧洲、非洲北部、北美洲、大洋洲也有分布。

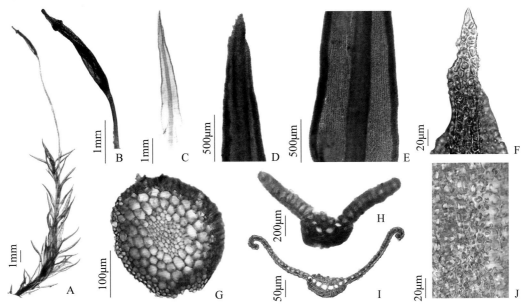

图 124 红叶藓 *Bryoerythrophyllum recurvirostrum*(Hedw.)P. C. Chen 形态结构图

A. 植株;B. 孢蒴;C. 叶片;D. 叶尖;E. 叶中部;F. 叶尖细胞;G. 茎横切;H. 叶上部横切;

I. 叶基部横切;J. 叶上部细胞示新月形疣

(凭证标本:刘胜祥,10499-1)

107. 单胞红叶藓 *Bryoerythrophyllum inaequalifolium*（Taylor）R. H. Zander

　　本种与红叶藓区别：植物体上部黄绿色，下部浅棕色，叶干燥时紧贴于茎，内弯或稍螺旋状扭曲，叶尖圆钝；中肋表皮细胞方形到长方形，稍具疣到光滑；叶上部和中部细胞圆形到长卵形，角隅处稍加厚，分叉疣；基部细胞分化，长方形，稍厚壁，光滑。单细胞芽胞大量存在叶腋间，不规则球形，棕色。雌雄异株。

　　生境：土生。

　　分布：产于湖北五峰后河；山东省、新疆维吾尔自治区、福建省、浙江省、西藏自治区、重庆市、内蒙古自治区、云南省、河南省有分布；多见于热带及温带，包括南美洲西部和北部、中美洲、墨西哥，美国东南部也有分布。

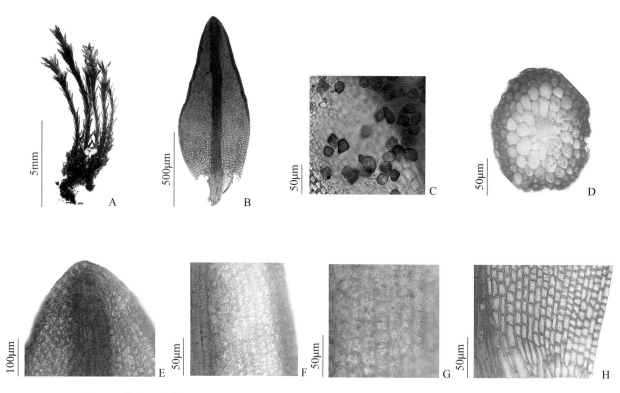

图 125　单胞红叶藓 *Bryoerythrophyllum inaequalifolium*（Taylor）R. H. Zander 形态结构图

A. 植株；B. 叶片；C. 芽胞；D. 茎横切；E. 叶尖细胞；F. 叶中部细胞；G. 疣；H. 叶基部细胞

（凭证标本：彭丹，104）

108. 东亚红叶藓 *Bryoerythrophyllum wallichii*（Mitt.）P.C. Chen

植株密集丛生,绿色或褐色。茎高约 1cm,单一或分枝,横切面圆形,中轴分化,具 1～3 层厚壁细胞。叶长椭圆状舌形,先端圆钝,常具小尖头;叶边中下部全缘,稍背卷,中上部平展,有规则细齿,每齿有 1 个细胞或仅由细胞尖部突出形成;中肋粗壮,长达叶尖,叶上部细胞四至六边形,具多个圆形或星月形细疣;叶基部细胞较长而透明,与上部细胞形成明显分界线;叶缘 4～5 列细胞壁增厚,黄色,形成明显分化的边缘。蒴柄长约 1cm,孢蒴直立,长圆柱形,蒴盖具斜长喙。

生境:生于林地上或阴湿的岩石上。

分布:产于湖北省神农架等地;贵州省、四川省、云南省、西藏自治区有分布;日本也有分布。

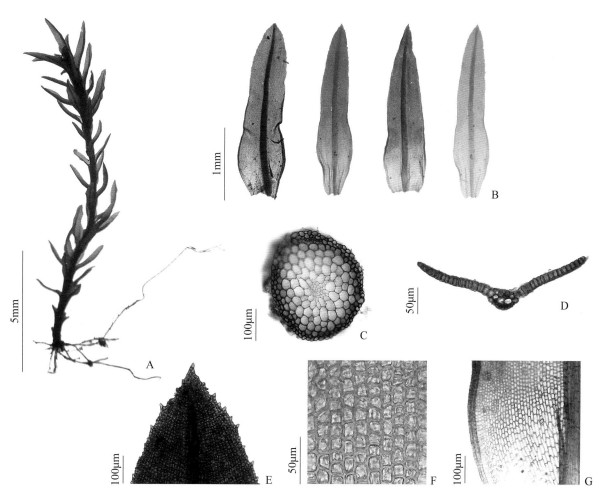

图 126 东亚红叶藓 *Bryoerythrophyllum wallichii*（Mitt.）**P.C. Chen** 形态结构图

A. 植株;B. 叶片;C. 茎横切;D. 叶横切;E. 叶尖细胞;F. 叶中部细胞;G. 叶基部细胞

（凭证标本:刘胜祥,10502-1）

109. 高山红叶藓 *Bryoerythrophyllum alpigenum*（Jur.）P. C. Chen

植株疏松丛生,深绿或红棕色。茎直立,高 2～4cm。叶长卵状披针形,基部阔,先端渐尖;叶边中下部背卷,中上部具不规则的粗齿;中肋粗壮,长达叶尖稍下处消失;叶片细胞呈四至六边形,胞壁薄,多为红色,具多数圆形、马蹄形或圆环状的疣;叶基细胞分化长方形,多平滑,透明。蒴柄长约 2cm,孢蒴直立或稍倾斜长圆柱形;蒴齿红色,线状披针形,密被疣;蒴盖具短喙。孢子红色,光滑。

生境:生于阴湿的岩石上、林地上、树干基部或林缘及沟边土坡上。

分布:产于湖北省五峰后河等地;贵州省、陕西省、四川省、云南省、西藏自治区均有分布;巴基斯坦、克什米尔地区、俄罗斯（高加索）及欧洲、北美洲和澳大利亚也有分布。

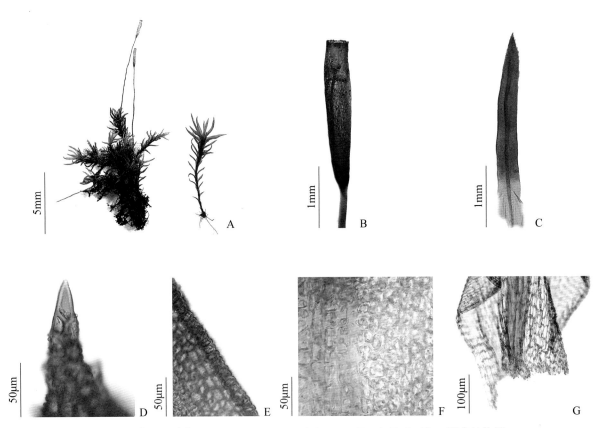

图 127 高山红叶藓 *Bryoerythrophyllum alpigenum*（Jur.）**P. C. Chen** 形态结构图

A. 植株;B. 孢蒴;C. 叶片;D. 叶尖细胞;E. 叶上部边缘细胞;F. 叶中部细胞;G. 叶基部细胞

（凭证标本:刘胜祥,251a）

110. 锈色红叶藓 *Bryoerythrophyllum ferruginascens*（Stirt.）Giacom.

植物体密集丛生或疏松丛生,红褐色,高 4.6～6.1mm。茎直立,单一或很少分枝,横切面三角圆形,直径 0.13～0.19mm,中轴分化。叶披针形,长 1.0～1.2mm,先端具小尖头,有 1～3 个细胞,全缘,中下部背卷。中肋粗壮,长达叶尖。叶上部细胞圆方形或多边圆形,具密疣,不透明,每个细胞具 3～4 个疣,基部细胞短矩形至长方形,宽 23μm,长 8～10μm,透明或淡黄色。孢蒴直立,长约 2mm,圆柱形,红棕色;蒴齿直立,浅黄色,蒴盖圆锥形,具长喙。假根处常生多细胞芽胞,卵球形或棒形,红棕色。雌雄异株。

生境:土生或岩面薄土生。

分布:产于湖北省神农架、五峰后河等地;内蒙古有分布;为世界广布种。

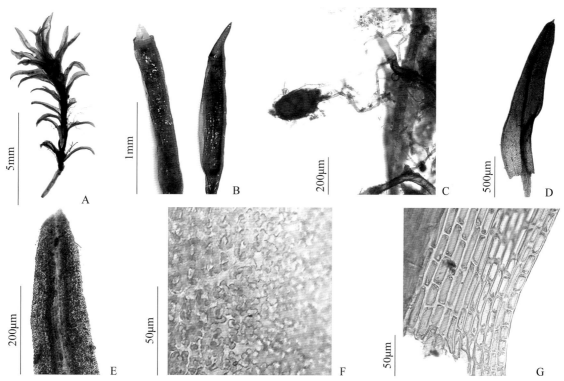

图 128 锈色红叶藓 *Bryoerythrophyllum ferruginascens*（Stirt.）Giacom. 形态结构图

A. 植株;B. 孢蒴;C. 芽胞;D. 叶片;E. 叶尖细胞;F. 疣;G. 叶基部细胞

（凭证标本:刘胜祥,125-2）

（四十四）对齿藓属 *Didymodon* Hedw.

植物体密丛生,多棕色。茎的中轴常发育,稀缺失。叶通常呈棕色,有时为绿色,干时贴茎或疏松贴茎,基部呈卵形,上部渐尖;叶边多背卷,稀上部具齿。叶细胞圆形、圆方形或菱形,平滑或具低粗疣,基部细胞不规则椭圆形;中肋及顶或在叶尖下即消失。蒴柄红棕色,上部为灰棕色。孢蒴卵形或圆柱形。蒴齿 16 或 32 片,直立或向左旋扭,具细密疣,有低的基膜。环带由 1～3 列细胞组成,成熟后自行脱落。蒴帽兜形。蒴盖具长喙。孢子棕绿色或绿色。

本属全世界 88 种,中国 35 种。*Moss of China* 记录了中国 19 种 1 变种;湖北 15 种 2 变种。

111. 长尖对齿藓 *Didymodon ditrichoides*（Broth.）X. J. Li & S. He.

植株紧密丛生,呈黄绿色。茎直立,高 2～3.5cm,多单一,稀分枝。叶干燥时紧贴于茎上,湿时倾立,呈三角状至阔卵圆状披针形,叶边全缘,背卷;中肋突出叶尖呈刺芒状,带红棕色,叶片上部细胞呈不规则方形带圆形,壁稍厚,具单一细疣,基部细胞呈不规则的长方形,多平滑透明。蒴柄细长;孢蒴圆柱形;蒴齿细长,线形向左旋扭。

生境:生于林下或林缘岩石上、土壁上或林地上、灌丛下、沟边或路旁石缝中或岩面薄土上。

分布:产于湖北省神农架木鱼坪、红坪、大九湖、五峰后河、宣恩七姊妹山等地;福建省、西藏自治区、贵州省、江西省、上海市、湖南省、云南省、安徽省、四川省、甘肃省、陕西省、浙江省、新疆维吾尔自治区、江苏省、内蒙古自治区、青海省、辽宁省、台湾地区、山西省、河南省有分布;冰岛、北美洲也有分布。

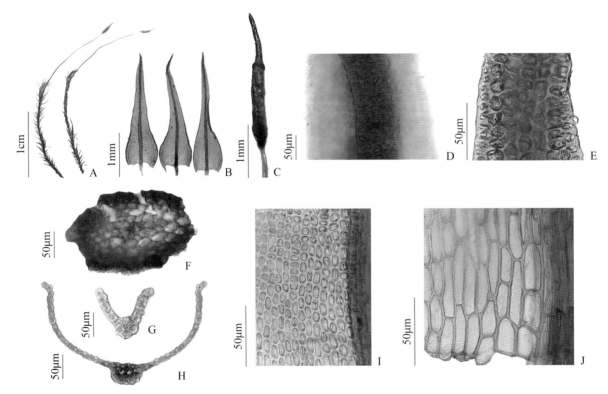

图 129 长尖对齿藓 *Didymodon ditrichoides*（Broth.）X. J. Li & S. He. 形态结构图

A. 植株干湿对照;B. 叶片;C. 孢蒴;D. 叶上部中肋背面细胞;E. 叶上部中肋腹面细胞;F. 茎横切;

G. 叶上部横切;H. 叶基部横切;I. 叶中部近中肋细胞;J. 叶基部细胞

（凭证标本:刘胜祥,10525-5）

112. 反叶对齿藓 *Didymodon ferrugineus*（Besch.）Hill

植株暗绿色带红褐色,疏松丛生。茎直立,高 3～5cm,稀分枝。叶潮湿时强烈背仰,卵状披针形,先端渐尖,叶边全缘,背卷;中肋粗壮,长达叶尖稍下处消失,红褐色,背面被疣,粗糙,叶上部细胞多角状圆形至椭圆形或三角形,胞壁强烈增厚,密被疣,基部细胞多角状矩形。蒴柄细长,红色;孢蒴圆柱形;蒴齿细长,线形向左旋扭。

生境：生于岩石、岩面薄土、土坡上,还常见于高山栎林地。

分布：产于神农架关门山、九冲土地垭、五峰后河、宣恩七姊妹山等地;全国广布;印度、俄罗斯、欧洲、北美洲及古巴也有分布。

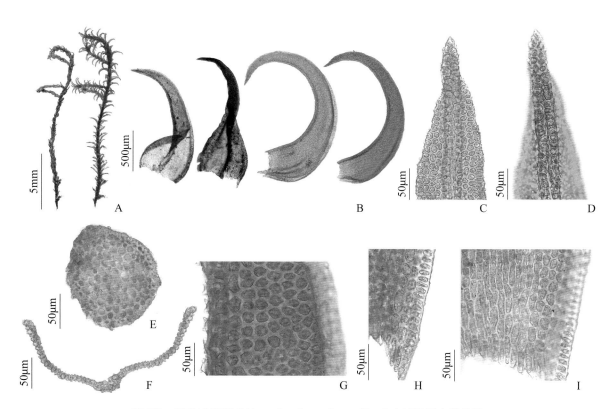

图 130　反叶对齿藓 *Didymodon ferrugineus*（Besch.）Hill 形态结构图

A. 植株干湿对照;B. 叶片;C. 叶上部中肋腹面细胞;D. 叶上部中肋背面细胞;E. 茎横切;F. 叶基部横切;

G. 叶上部细胞;H. 叶基部边缘细胞;I. 叶基部细胞

（凭证标本：刘胜祥,10025-1）

113. 链状对齿藓（新拟名）*Didymodon maschalogena*（Renauld & Cardot）Broth.

植株体绿色或棕黄色，稀疏丛生。茎直立，高1～2cm，单一不分枝。叶片干燥时扭曲且贴茎，湿润时舒展；叶片呈卵状披针形，从卵状基部向上急尖，叶片距叶尖1/3～1/2处背卷，全缘，叶基下沿。中肋4个细胞宽，达于叶尖下终止。叶基部细胞稍增大，呈不规则四边形或矩形；近中肋细胞1层呈长方形；叶尖部细胞呈不规则圆形或椭圆形。叶腋中存在多细胞组成的球状芽胞，黄褐色至橙褐色。

生境：生于林下或林缘岩石上、土壁上。

分布：产于湖北省五峰后河、神农架平堑、咸宁九宫山等地；云南省、内蒙古自治区有分布；印度、日本、北美洲也有分布。

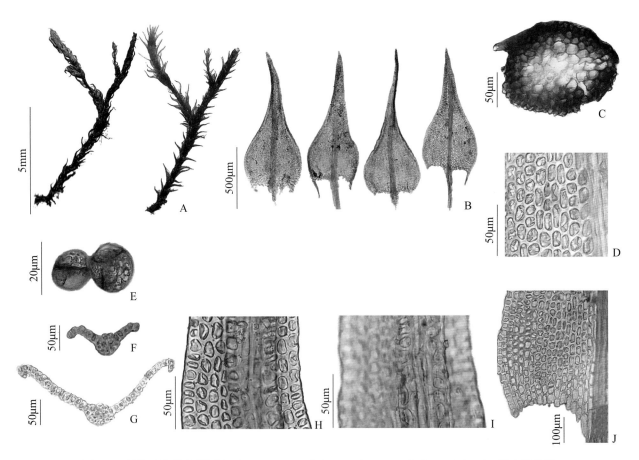

图131　链状对齿藓（新拟名）*Didymodon maschalogena*（Renauld & Cardot）Broth. 形态结构图

A. 植株干湿对照；B. 叶片；C. 茎横切；D. 叶中部近中肋细胞；E. 孢子；F. 叶上部横切；

G. 叶基部横切；H. 叶中肋腹面细胞；I. 叶中肋背面细胞；J. 叶基部细胞

（凭证标本：郑桂灵，3244C）

114. 细肋硬叶对齿藓 *Didymodon rigidulus* var. *icmadophilus*（Schimp. ex Müll. Hal.）R. H. Zander

植物体茎高1～1.5cm。叶干燥时紧贴,潮湿时倾立,卵状披针形,向上突然变狭成细长叶尖,叶缘中部以下背卷;中肋细,向上伸出细长尖。叶上部细胞不规则圆形,厚壁,每个细胞具单个钝圆疣,基部近边缘细胞圆形或圆方形,近中肋细胞短长圆形,厚壁,平滑,透明带棕黄色。

生境：林下钙质土生或沙土生、岩面薄土生。

分布：产于湖北五峰后河等地；内蒙古自治区有分布；欧洲、美洲、亚洲也有分布。

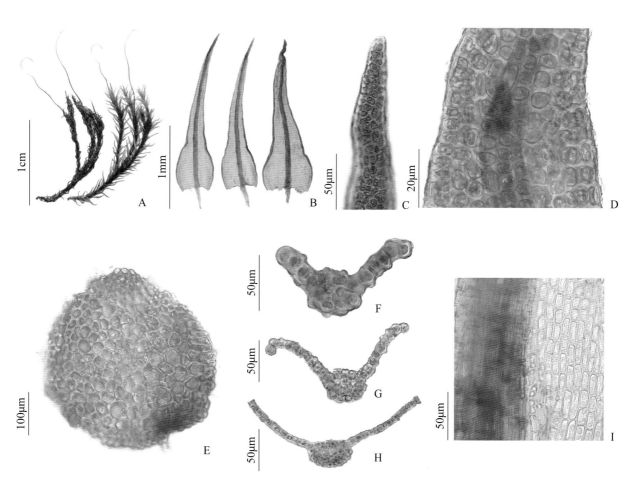

图 132 细肋硬叶对齿藓 *Didymodon rigidulus* var. *icmadophilus*（Schimp. ex Müll. Hal.）R. H. Zander 形态结构图

A. 植物体干湿对照；B. 叶片；C. 叶尖细胞；D. 叶上部中肋腹面细胞；E. 茎横切；

F. 叶上部横切；G. 叶中部横切；H. 叶基部横切；I. 叶基部近中肋细胞

（凭证标本：刘胜祥,10029-2）

115. 极大对齿藓 *Didymodon maximus*（Syed & Crundw.）M. O. Hill

植物体高大,达 3～23cm。茎直立,不规则分支,横切面三角圆形,中轴分化,具 1～2 层厚壁细胞,无透明细胞。叶干燥时紧贴于茎,内弯或螺旋状扭曲,潮湿时伸展,长三角形或披针形,强烈背弯,叶中部中肋腹面有 2 列细胞,横切面圆形到卵形。

极大对齿藓与大对齿藓 *Didymodon giganteus*（Funck）Jur. 的区别:植物体更高大,叶上部细胞厚壁,但是细胞壁加厚均匀很少形成壁孔,而大对齿藓叶上部细胞的细胞壁不规则加厚,形成强烈的壁孔。

生境:峭壁生、山顶岩石薄土生、阴坡灌丛下土生、石壁土面生。

分布:产于湖北省神农架;中国新记录种;美国阿拉斯加州、加拿大、爱尔兰、俄罗斯和蒙古国也有分布。

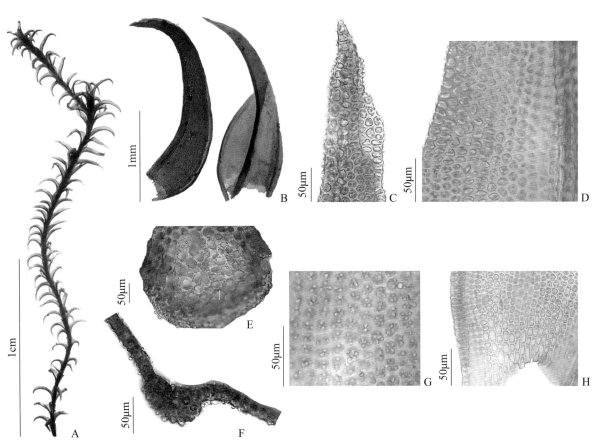

图 133　极大对齿藓 *Didymodon maximus*（Syed & Crundw.）M. O. Hill 形态结构图

A. 植株;B. 叶片;C. 叶尖细胞;D. 叶中部细胞;E. 茎横切;F. 叶横切;G. 疣;H. 叶基部细胞

（凭证标本:刘胜祥,10027-1）

116. 芒尖尖叶对齿藓 *Didymodon constrictus* var. *flexicuspis*（P. C. Chen）K. Saito

植株密集丛生，直立，单一，稀分支。叶基部较宽，向上渐尖呈钻状；叶边下段背卷；中肋突出叶尖呈长芒状，前先端往往弯曲。叶上部细胞圆形，胞壁不规则增厚，具1至多个疣；基部细胞长方形，平滑，薄壁透明。

生境：生于林下岩石或土面。

分布：产于湖北省神农架等地；山东省、新疆维吾尔自治区、西藏自治区、内蒙古自治区、青海省、云南省、台湾地区、宁夏回族自治区、四川省、山西省、河南省有分布。为中国特有种。

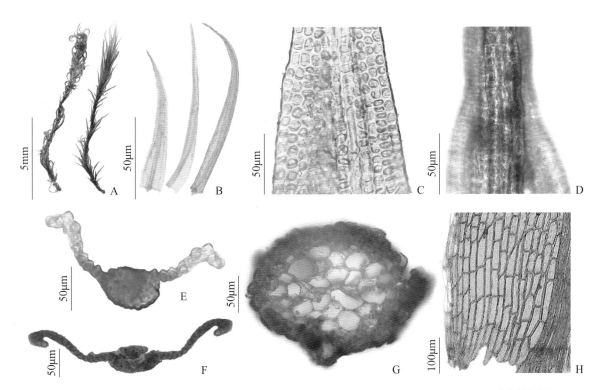

图 134 芒尖尖叶对齿藓 *Didymodon constrictus* var. *flexicuspis*（P. C. Chen）K. Saito 形态结构图

A. 植株；B. 叶片；C. 叶上部中肋腹面；D. 叶上部中肋背面；E. 叶上部横切；F. 叶基部横切；G. 茎横切；H. 叶基部细胞

（凭证标本：刘胜祥，133）

117. 短叶对齿藓 *Didymodon tectorus*（Müll. Hal.）Saito

植物体绿色，稀分枝。叶干时贴茎，湿时斜伸，卵状披针形，先端渐尖，叶边全缘，稍背卷。中肋粗壮，长达叶尖，叶上部细胞为不规则的三至六角状圆形，壁厚，具单个圆疣，基部细胞较大，不规则长方形，薄壁，平滑且透明。

生境：生于高山林地、林缘及沟边岩石、土壁。

分布：产于湖北省神农架、武汉、通山等地；辽宁省、内蒙古自治区、河北省、北京市、山西省、山东省、河南省、陕西省、甘肃省、新疆维吾尔自治区、安徽省、江苏省、上海市、浙江省、江西省、四川省、贵州省、云南省、西藏自治区和广西壮族自治区有分布；越南也有分布。

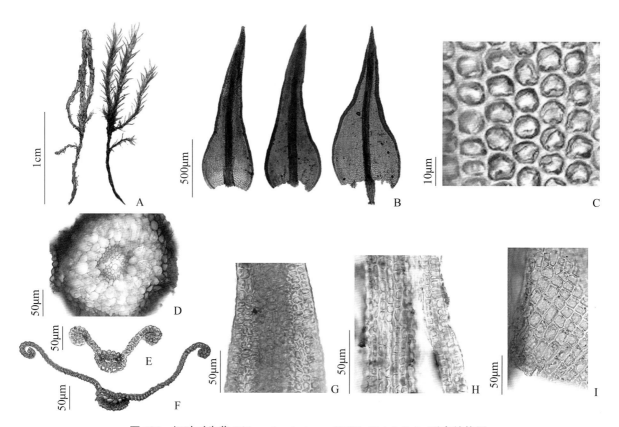

图 135　短叶对齿藓 *Didymodon tectorus*（Müll. Hal.）Saito 形态结构图

A. 植株；B. 叶片；C. 叶中部细胞；D. 茎横切；E. 叶上部横切；F. 叶基部横切；G. 叶上部中肋腹面细胞；

H. 叶上部中肋背面细胞；I. 叶基部细胞

（凭证标本：刘胜祥，10066-4）

118. 大对齿藓 *Didymodon giganteus*（Funck）Jur.

　　植物体高大,高可达 12～20cm,疏松丛生,暗绿带红褐色。茎直立,多分枝。叶干时皱缩,湿时强烈背仰,叶基三角状阔卵圆形,向上渐呈狭披针形;叶边全缘,下部背卷,上部略呈波状;中肋细长,至叶尖消失,呈红褐色,叶细胞壁不规则地强烈增厚,上部细胞三至五角状星形,每个细胞具 1～2 个小圆疣;基部细胞呈狭长方状蠕虫形,由于壁特厚,壁孔明显,而使侧壁波状增厚,平滑无疣。

　　生境:生于岩石或腐木上。

　　分布:产于湖北省西南部、团风大崎山等地;新疆维吾尔自治区、四川省、云南省有分布;印度、日本、欧洲、北美洲也有分布。

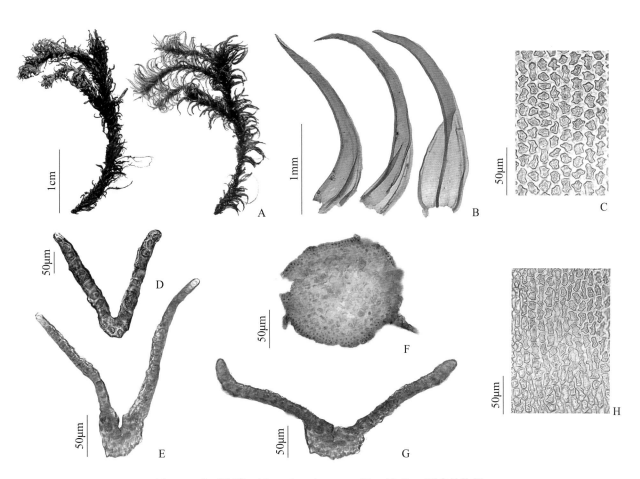

图 136　大对齿藓 *Didymodon giganteus*（Funck）Jur. 形态结构图

A. 植株干湿对照;B. 叶片;C. 叶中部细胞;D. 叶上部横切;E. 叶中部横切;F. 茎横切;G. 叶基部横切;H. 叶基部细胞

（凭证标本:刘胜祥,10510-3）

119. **高氏对齿藓** *Didymodon gaochienii* B.C. Tan & Y. Jia

植物体高 6～8mm，密集垫状丛生。茎横切面圆形，无透明细胞表皮，中轴中等程度分化。叶尖渐尖，易脱落，多次分节呈正方形或矩形的裂片；中肋横切面呈圆形或卵圆形，主细胞 1 层，背腹厚壁细胞带 0～1 层，背腹面表皮均分化，不凸起，光滑。叶片中上部细胞圆形、卵形或六边形，细胞壁明显增厚；基部细胞明显分化，长方形，不透明，光滑，细胞壁中等程度增厚。无芽胞。雌雄异株。

生境：生于岩面薄土。

分布：产于湖北省五峰后河；内蒙古自治区、河北省、山西省、山东省、陕西省、宁夏回族自治区、甘肃省、青海省、新疆维吾尔自治区、江苏省、四川省、重庆市、云南省、西藏自治区有分布；俄罗斯（西伯利亚）、秘鲁、巴西、智利、中亚、西亚、欧洲、北美洲和非洲北部也有分布。

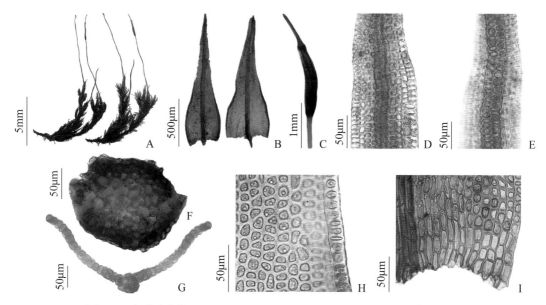

图 137　高氏对齿藓 *Didymodon gaochienii* B.C. Tan & Y. Jia 形态结构图

A. 植株；B. 叶片；C. 孢蒴；D. 叶上部中肋腹面细胞；E. 叶上部中肋背面细胞；F. 茎横切；

G. 叶基部横切；H. 叶中部及边缘细胞；I. 叶基部细胞

（凭证标本：刘胜祥，10514-2）

（四十五）净口藓属 *Gymnostomum* Nees & Hornsch.

植物体密集丛生，每年自先端萌生新枝，逐年向上生长，多年后往往形成高大的垫状藓丛。茎直立，稀分枝。叶湿时倾立，干燥时向内卷曲，呈长椭圆状披针形或狭长披针形，叶边平展，全缘；中肋粗壮，多不到叶尖即消失，叶上部细胞较小，呈多角状圆或方形，具细密疣，下部细胞呈不规则的长方形，平滑，无色透明或略带黄色。雌雄异株。雌苞叶基部略呈鞘状。蒴柄细长；孢蒴直立，呈卵状长圆形；蒴齿缺失；蒴盖易脱落，或与蒴轴相连；蒴帽狭兜形，具长斜喙状尖。

本属约有 21 种，分布于全球温带地区，多生于山区石灰或墙壁上。中国 7 种；湖北 2 种。

120. 净口藓 *Gymnostomum calcareum* Nees & Hornsch.

植物体细小,呈暗黄绿带黑色。茎直立,高不及 1cm。叶较短,呈长椭圆形状披针形或舌形,先端圆钝,叶边平展,全缘;中肋粗壮,长不及叶尖;叶片上部细胞方形,壁稍增厚,具多数细疣;基部细胞长方形,薄壁,平滑无疣,无色透明。蒴柄细长;孢蒴卵形。

生境:多生于海拔 800～2000m 的高山岩石上。

分布:产于湖北省神农架、宜昌、咸宁等地;广西壮族自治区、西藏自治区、贵州省、重庆市、上海市、广东省、云南省、北京市、四川省、甘肃省、山东省、陕西省、新疆维吾尔自治区、江苏省、内蒙古自治区、宁夏回族自治区、河北省有分布;印度、智利、西亚、欧洲、澳大利亚、北美洲、非洲北部(阿尔及利亚)也有分布。

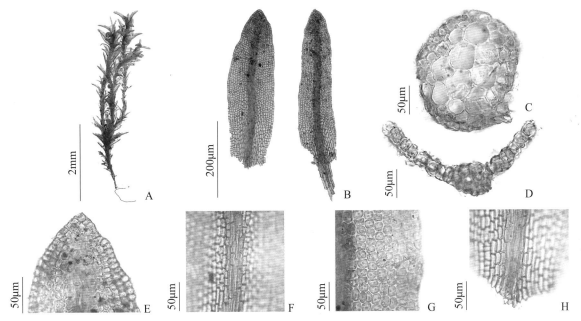

图 138 净口藓 *Gymnostomum calcareum* Nees & Hornsch. 形态结构图

A. 植株;B. 叶片;C. 茎横切;D. 叶横切;E. 叶尖细胞;F. 叶中部近中肋细胞;G. 叶中部细胞;H. 叶基部细胞

(凭证标本:刘胜祥,7304b)

(四十六)石灰藓属 *Hydrogonium* (Müll. Hal.) A. Jaeger

植物体丛生或分散生长,上部黄绿色,下部棕色。茎直立或扭曲,单一,横切面椭圆形或圆形,中轴分化或不分化,具厚壁细胞,无透明细胞。叶干燥时疏松贴于茎,内弯或稍螺旋状扭曲,潮湿时伸展,三角披针形或卵形到椭圆形,沿中肋形成窄槽;叶尖圆钝,叶边全缘;中肋止于叶尖以下 1～2 个细胞或形成一个小尖,中肋腹面表皮细胞长方形,具疣或光滑,背面表皮细胞长方形,上部具明显的齿突,具疣或光滑,叶中部中肋腹面有 2 列细胞,横切面椭圆形或半圆形,主细胞 1 层,1～6 个,具腹厚壁细胞,具背厚壁细胞带,具水输导细胞,背、腹表皮细胞均分化;叶上部和中部细胞圆方形,均匀加厚,细小的分叉疣,模糊细胞腔;基部细胞分化,长方形,稍厚壁,光滑。多细胞芽胞大量存在叶腋间,倒卵形、倒纺锤形、球形、卵形或纺锤形,黄绿色、棕色或棕绿色。雌雄异株。叶 KOH 颜色反应为黄色。本属在《中国生物物种名录 2023 版》被并入扭口藓属,考虑读者阅读习惯,仍作为独立属处理。

该属全世界有 26 种,中国未知,在《中国生物物种名录 2023》网页版石灰藓属 18 个种和 3 个亚种均被归并入扭口藓属 *Barbula*,作为异名处理;湖北 3 种。

121. 东方石灰藓 *Hydrogonium orientale*（F. Weber）Jan Kučera

植物体丛生,上部黄绿色,下部棕色,高 1.6～5.6mm。茎扭曲,单一,横切面圆形,直径 0.15～0.18mm,中轴不分化,具 2～4 层厚壁细胞,无透明细胞。叶干燥时疏松贴于茎,内弯或稍螺旋状扭曲,潮湿时伸展,卵形到椭圆形,沿中肋形成窄槽,长 0.4～1.2mm,宽 0.1～0.3mm;叶尖圆钝,叶边全缘;中肋止于叶尖以下 1～2 个细胞或形成一个小尖,中肋腹面表皮细胞长方形,具疣或光滑,背面表皮细胞长方形,上部具明显的齿突,具疣或光滑,叶中部中肋腹面有 2 列细胞,横切面圆形,主细胞 1 层,1～3 个,腹厚壁细胞 0～2 个,具背厚壁细胞带,半圆形,具水输导细胞,背、腹表皮细胞均分化;叶上部和中部细胞圆方形,均匀加厚,细小的分叉疣,模糊细胞腔;基部细胞分化,长方形,厚壁,光滑。多细胞芽胞大量存在叶腋间,卵形或纺锤形,棕色或棕绿色。雌雄异株。叶 KOH 颜色反应为黄色。

生境:土生或灌丛下土生。

分布:产于湖北省五峰后河、通山九宫山等地;内蒙古自治区有分布;亚洲、中美洲、南美洲、非洲和澳大利亚也有分布。

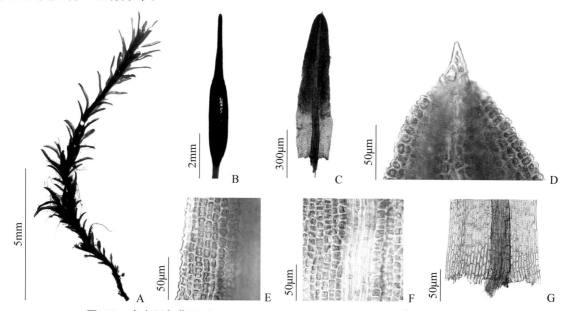

图 139 东方石灰藓 *Hydrogonium orientale*（F. Weber）Jan Kučera 形态结构图

A. 植株;B. 孢蒴;C. 叶片;D. 叶上部细胞;E. 叶上部叶边缘细胞;F. 叶中部中肋细胞;G. 叶基部细胞

（凭证标本:彭丹,1353）

122. 群生石灰藓 *Hydrogonium gregarium*（Mitt.）Jan Kučera

植物体丛生，上部黄绿色，下部棕色，高 2.3～3.0mm。茎扭曲，单一，横切面圆形，中轴稍分化，具 1～2 层厚壁细胞，无透明细胞。叶干燥时疏松贴于茎，内弯或稍螺旋状扭曲，潮湿时伸展，卵形，沿中肋形成窄槽；叶尖圆钝，叶边全缘；中肋止于叶尖以下 1～3 个细胞，中肋腹面表皮细胞长方形，具疣或光滑，背面表皮细胞长方形，上部具明显的齿突，具疣或光滑，叶中部中肋腹面有 2 列细胞，横切面半圆形，背、腹表皮细胞均分化；叶上部和中部细胞圆方形，(7.2～12.1)μm×(7.3～12.5)μm，稍均匀加厚，细小的分叉疣；基部细胞分化，方形到长方形，(10.2～24.6)μm×(6.6～10.3)μm，稍厚壁，光滑。多细胞芽胞大量存在叶腋间，球形或纺锤形，(127.8～160.2)μm×(82.1～132)μm，黄绿色。雌雄异株。叶 KOH 颜色反应为黄色。

生境：土生或岩面土生。

分布：产于湖北省通山九宫山；内蒙古自治区有分布；北美洲、日本也有分布。

图 140　群生石灰藓 *Hydrogonium gregarium*（Mitt.）Jan Kučera 形态结构图

A. 植株；B. 叶片；C. 叶上部；D. 叶尖细胞；E. 芽胞；F. 叶基部细胞；G. 叶中部近中肋细胞；

H. 叶上部细胞；I. 叶基部细胞；J. 叶基部近中肋细胞

（凭证标本：郑桂灵，2564）

123. 卷叶石灰藓(新拟)*Hydrogonium amplexifolium*(Mitt.)P. C. Chen

植物体密集丛生或分散生长,上部黄绿色,下部棕色。茎直立,中轴稍分化。叶干时疏松贴茎,湿时伸展,三角披针形,沿中肋形成窄槽;叶尖圆钝,叶上部到中部边缘具细胞疣构成的齿;中肋伸出短尖,上部具明显的齿突;叶上部和中部细胞圆方形,稍均加厚,细小的分叉疣;基部细胞分化,长方形,稍厚壁,光滑。多细胞芽胞大量存在叶腋间,倒卵形或倒纺锤形,直径 97.6～185.5μm,棕色。雌雄异株。叶 KOH 颜色反应为黄色。该种中文名为赵东平新拟种名。

生境:土生。

分布:产于湖北省五峰后河、通山九宫山等地;内蒙古自治区、辽宁省、四川省、山西省有分布;日本、韩国、俄罗斯、北美洲、欧洲、非洲也有分布。

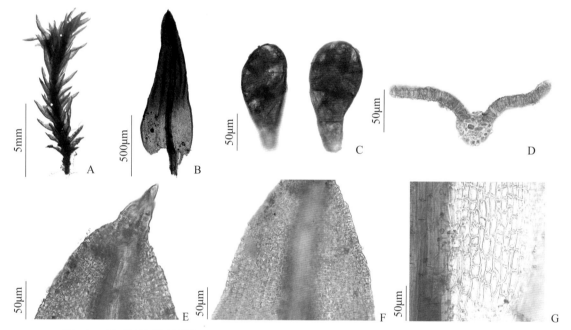

图 141 卷叶石灰藓(新拟)*Hydrogonium amplexifolium*(Mitt.)P. C. Chen 形态结构图

A. 植株;B. 叶片;C. 芽胞;D. 叶基部横切;E. 叶尖细胞;F. 叶中部细胞;G. 叶基部细胞

(凭证标本:刘胜祥,376)

(四十七)立膜藓属 *Hymenostylium* Brid.

植物体多中等大小,绿色至棕色,密集或垫状丛生。茎直立,常分枝,基部多生假根,中轴通常不分化。叶干时贴茎或卷曲,湿时伸展至背仰,舌形、披针形至线状披针形,上部常呈龙骨状,先端急尖或圆钝;叶边平展或背卷,全缘;中肋及顶或略突出于叶尖,有时达叶尖稍下部消失,横切面具两列厚壁细胞束。叶中上部细胞方形、菱形或短矩形,具密疣,基部细胞分化,长方形,通常薄壁。雌雄异株。雌苞叶略分化,基部略呈鞘状。蒴柄细长,棕黄色至红色。孢蒴卵圆形或短圆柱形。环带略分化。蒴齿缺失。蒴盖圆锥形,具斜喙。蒴帽兜形,平滑。孢子棕色,具疣。

　　本属全世界 16 种。中国 2 种和 2 变种;湖北 2 种。

124. 立膜藓(新拟名为钩喙藓)*Hymenostylium recurvirostrum*(Hedw.)Dixon

　　植物体细弱,密集丛生。茎直立,单一或叉状分枝,基部密被假根,横切面圆形、五角圆形或三角形,具厚壁细胞,通常不具中轴。叶松散倾立,干燥时卷曲,潮湿时伸展,长圆披针形或狭长披针形,叶缘平展或在基部一侧背卷,全缘或粗糙,先端渐尖或急尖;中肋细,及顶或突出叶尖成小尖,横切面半圆形或腹面内凹,无背、腹表皮细胞,具背、腹厚壁细胞带;叶上部细胞方形.圆方形或长菱形,壁稍加厚,每个细胞具多个细圆疣;基部细胞长方形或长圆形,壁稍加厚,平滑透明。雌雄异株。雌苞叶稍分化,基部略成鞘状。蒴柄直立,黄色或红色;孢蒴卵状或短圆柱形,环带稍分化;蒴齿缺如;蒴盖圆锥形,具斜长喙。蒴帽兜形,平滑。孢子球形、褐色,密疣。

　　生境:多生于石灰岩面上,或岩缝中,稀见于高山林地上或树干基部。

　　分布:产于湖北省西南部、团风大崎山等地;贵州、内蒙古自治区、河北省、河南省、江苏省、四川省有分布;印度、尼泊尔、巴基斯坦、日本、俄罗斯、欧洲、北美洲、非洲北部也有分布。

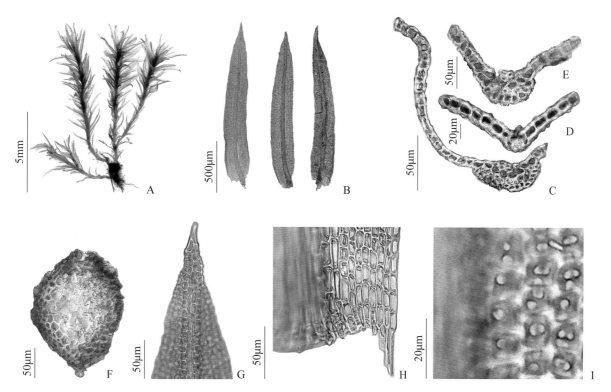

图 142　立膜藓(新拟名为钩喙藓)*Hymenostylium recurvirostrum*(Hedw.)Dixon 形态结构图

A. 植株;B. 叶片;C. 叶基部横切;D. 叶中部横切;E. 叶上部横切;F. 茎横切;G. 叶尖细胞;H. 叶基部细胞;I. 疣

(凭证标本:彭丹,5375)

（四十八）湿地藓属 *Hyophila* Brid.

植物体矮小，密集丛生。茎直立，多单一，稀分枝。叶剑形或舌形；先端圆钝或具小尖头；叶全缘或先端有微齿，干燥时叶缘常内卷；中肋粗壮，长达叶尖或稍突出；叶片中上部细胞较小，近方形或圆形，表面平滑或具细密疣；叶基细胞较长大，近矩形，表面平滑无疣，色浅透明。雌雄异株。苞叶较小，与茎上部叶同形；孢子体顶生；蒴柄细长，直立；孢蒴长圆柱形，直立，环带分化，老熟时常自行卷落；蒴盖圆锥形，具斜长喙尖；无蒴齿；蒴帽兜形。孢子较小，表面光滑无疣。

本属全世界 41 种。中国 7 种；湖北 2 种。

125. 卷叶湿地藓 *Hyophila involuta*（Hook.）Jaeg.

植物体密集丛生，褐绿色，茎高 1～2cm，基部叶少，多具假根。叶长舌形，鲜时倾立，干时向内卷曲；全缘，仅近尖部有微齿；先端圆钝，具小尖头；中肋粗壮，达于叶尖；叶片中上部细胞近圆形，壁稍厚，多平滑无疣。仅腹面略具乳突；叶基细胞近矩形，表面平滑。雌雄异株。蒴柄直立，长约 1.5cm；孢蒴长圆柱形，略弓曲，环带分化；蒴盖呈圆锥形，具喙尖；无蒴齿。染色体 $n=13$。

生境：石生或土生。

分布：产于湖北省西南部等地；贵州省、吉林省、辽宁省、河北省、山东省、河南省、江苏省、上海市、江西省、四川省、福建省、台湾地区、广东省、广西壮族自治区、云南省、西藏自治区有分布；印度、尼泊尔、缅甸、越南、印度尼西亚、日本、俄罗斯、欧洲、南美洲、北美洲及大洋洲也有分布。

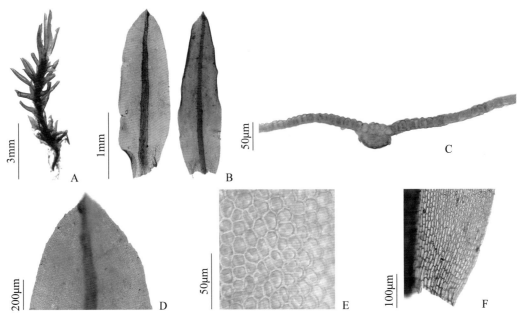

图 143 卷叶湿地藓 *Hyophila involuta*（Hook.）Jaeg. 形态结构图

A. 植株；B. 叶片；C. 叶横切；D. 叶上部细胞；E. 叶中部细胞；F. 叶基部细胞

（凭证标本：刘胜祥，7304a）

126. 四川湿地藓 *Hyophila setschwanica*（Broth.）Chen

植物体矮小丛生，黄绿色。茎高 1.5～5mm，密被叶。叶片干燥时内卷，潮湿时倾立，叶基阔，向上呈披针形或披针状舌形，长约 2mm，内凹，先端钝，具小尖头，叶边全缘，上部边内卷；中肋粗壮，长达叶尖。叶片上部细胞呈圆形，方形至六角形，具明显高出的乳头，叶基细胞呈短矩形，无色透明。雌雄同株。蒴柄直立，长约 6mm；孢蒴长卵形，长约 1mm；环带由 1～2 列细胞构成，宿存蒴口；蒴齿缺失；蒴盖圆锥形，具斜长喙尖。孢子圆球形，直径 15～20μm，壁上具疣。

生境：生于土壁上、岩面薄土上或阴湿的岩石上。

分布：中国特有种。产于湖北省五峰后河；海南省、贵州省、云南省、香港特别行政区、四川省有分布。

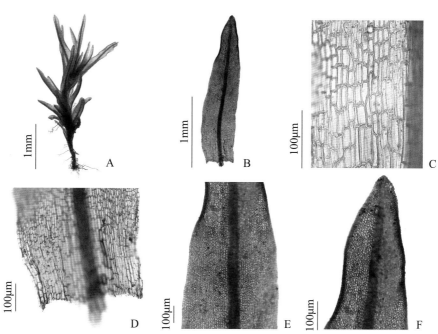

图 144　四川湿地藓 *Hyophila setschwanica*（Broth.）Chen 形态结构图
A. 植株；B. 叶片；C. 叶中部近中肋细胞；D. 叶基部细胞；E. 叶中部细胞；F. 叶上部细胞
（凭证标本：郑桂灵，2561a）

（四十九）细丛藓属 *Microbryum* Schimp.

植物体密集丛生，或疏丛生，黄绿色。茎直立，不分枝，横切面圆形，中轴分化或不分化，无厚壁细胞，或弱分化，无透明细胞。叶干燥时紧贴于茎，或卷缩，潮湿时稍伸展，卵形、披针形或椭圆形，叶上部内凹，叶尖渐尖，具小尖；叶边具疣状凸起形成的圆齿状，叶中部背卷，靠近顶端背弯；中肋细，长达于叶尖，或伸出叶尖形成短尖或短毛尖；中肋腹表面细胞方形、短矩形或伸长，光滑或具疣，背面细胞短矩形到伸长，光滑，叶中部中肋腹面有 2 列细胞；中肋横切面圆形，主细胞 1 层，2 个，无腹厚壁细胞带，具背厚壁细胞带，半圆形或圆形，存在水输导细胞，背、腹表皮细胞均分化，偶见大型的腹表皮细胞形成的枕状凸起；

叶上部和中部细胞方形至六边形或短矩形，偶见偏菱形，薄壁到均匀加厚，背、腹表面都凸起，每个细胞具 1~6 个 C 形疣，基部细胞分化，长方形，光滑透明。雌雄同株。蒴柄直立，黄棕色；孢蒴伸出苞叶，直立，短，开蒴或闭蒴，黄棕色，卵形或长卵形，闭蒴时具小尖；环带不存在或由 1~2 行泡状细胞组成，无或发育不全；蒴盖圆锥形；蒴帽兜形或钟形，通常具疣；孢子球形，较大，直径 20~40μm。叶上部 KOH 颜色反应为红色。

本属全世界有 16 种，中国 3 种；湖北 1 种。

127. 刺孢细丛藓 *Microbryum davallianum*（Sm.）R. H. Zander

植物体疏丛生，黄绿色或黄棕色，高 1.0~2.0mm。茎直立，单一或分枝，横切面圆形，直径 0.15~0.20mm，中轴分化，无厚壁细胞，无透明细胞。叶干燥时紧贴于茎，潮湿时稍伸展，卵状披针形到披针形，长 0.7~1.0mm，宽 0.2~0.4mm；叶上部内凹；叶尖渐尖；叶边具疣状凸起形成的圆齿状，基部边缘稍背弯；中肋粗壮，及顶，具单细胞构成的小尖；中肋腹表面细胞长方形或伸长，具疣，背面细胞伸长，光滑，叶中部中肋腹面有 4 列细胞；中肋横切面圆形，主细胞 1 层，2 个，无腹厚壁细胞带，具背厚壁细胞带，2 层，半圆形，具亚厚壁细胞，存在水输导细胞，背、腹表皮细胞分化；叶上部和中部细胞方形至六边形，薄壁至均匀加厚，每个细胞具 4~6 个 C 形疣，基部细胞分化，长方形，光滑透明。雌雄同株。蒴柄直立，黄棕色，孢蒴直立，裂蒴，黄棕色，椭圆形，长 0.5~1.0mm；无齿；蒴盖圆锥形；孢子球形，黄棕色，表面具长刺状凸起。叶上部 KOH 颜色反应为红色。

生境：生于路边钙质土面上。

分布：产于湖北省神农架；内蒙古自治区有分布；澳大利亚、亚州西部、欧洲、北美洲、非洲北部也有分布。

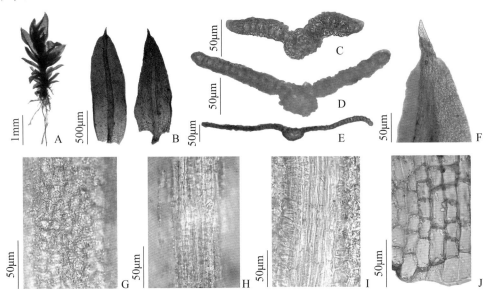

图 145 刺孢细丛藓 *Microbryum davallianum*（Sm.）R. H. Zander 形态结构图

A. 植株；B. 叶片；C. 叶上部横切；D. 叶中部横切；E. 叶基部横切；F. 叶尖细胞；G. 叶上部细胞；

H. 叶中肋背面细胞；I. 叶中肋腹面细胞；J. 叶基部细胞

（凭证标本：刘胜祥，10604）

（五十）拟合睫藓属 *Pseudosymblepharis* Broth.

植物体较高大,疏松丛生。茎直立,高 3～8cm,下部稀分枝,上部枝叶茂密。叶干时皱缩,湿时四散扭曲;叶基部较宽,鞘状,向上渐狭,狭长披针形,先端渐尖,边全缘,平直;中肋粗壮,长达叶尖或突出呈芒刺状;上部细胞绿色,不规则多角形,每个细胞上具数个粗疣,下部细胞长方形,平滑,无色透明,沿叶缘两侧向上延伸成明显的分化边。雌雄异株。蒴柄细长;孢蒴直立,圆柱形;蒴齿单层,齿片短披针形,直立,黄色,具细疣。

本属全世界约有 9 种。中国 4 种;湖北 2 种。

128. 狭叶拟合睫藓 *Pseudosymblepharis angustata*（Mitt.）Hilp.

植物体疏松丛生,鲜绿色或黄绿色。叶干时强烈卷缩,狭长线形,先端渐尖,边全缘,平展;中肋细长,突出叶尖呈刺芒状;叶细胞壁薄,方形至六边形,每个细胞上密被多个突出的圆形单疣,基部细胞稍有分化,长方形,壁厚,无疣。

生境:多生于林地、阴湿的岩石以及岩面薄土上。

分布:产于湖北省神农架等地;新疆维吾尔自治区、福建省、江西省、湖南省、广西壮族自治区、重庆市、四川省、贵州省、云南省、西藏自治区、陕西省、甘肃省、宁夏回族自治区、台湾地区、安徽省有分布;印度、缅甸、日本、印度尼西亚也有分布。

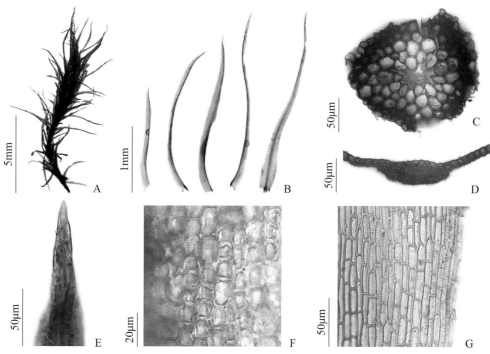

图 146 狭叶拟合睫藓 *Pseudosymblepharis angustata*（Mitt.）Hilp. 形态结构图

A. 植株;B. 叶片;C. 茎横切;D. 叶横切;E. 叶尖细胞;F. 叶中部细胞;G. 叶基部细胞

（凭证标本:刘胜祥,8137）

129. **细拟合睫藓** *Pseudosymblepharis duriuscula*（Mitt.）P. C. Chen

本种与狭叶拟合睫藓相同：叶片狭长，呈线状披针形；叶基较狭，不呈鞘状，与狭叶拟合睫藓的区别：叶中肋突出叶先端较短，呈小尖头状。

生境：生于林地、林下石上、阴湿的岩壁上，或瀑布下岩面上。

分布：产于湖北省通山九宫山、五峰后河、神农架等地，陕西省、浙江省、四川省、山东省、贵州省、重庆市、湖南省有分布。斯里兰卡也有分布。

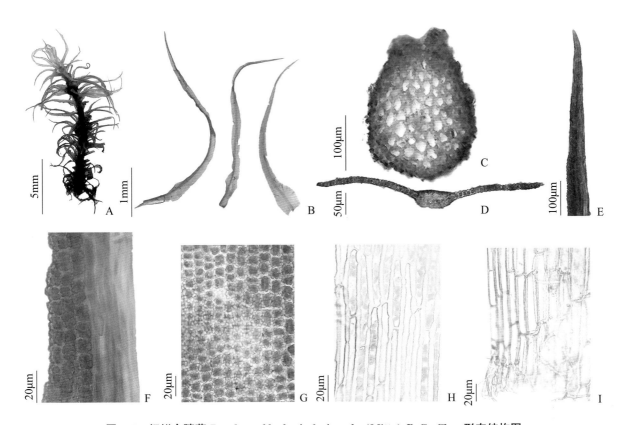

图147　细拟合睫藓 *Pseudosymblepharis duriuscula*（Mitt.）P. C. Chen 形态结构图

A. 植株；B. 叶片；C. 茎横切；D. 叶基部横切；E. 叶尖；F. 叶上部细胞；G. 叶中部细胞；H、I. 叶基部细胞

（凭证标本：郑桂灵，2707）

（五十一）舌叶藓属 *Scopelophila*（Mitt.）Lindb.

植物体柔细，密集丛生。茎单一，稀分枝，基部密被红棕色假根。叶干时平展或具纵褶；叶片呈长椭圆状剑头形或舌形，先端圆钝；叶边全缘，不分化，或具黄色厚壁分化边缘；环带宽，成熟后自行脱落；蒴齿缺如；蒴盖呈圆锥形，具直长喙状尖；蒴帽兜形。

本属全世界4种。中国2种；湖北1种。

130. **剑叶藓** *Scopelophila cataractae*（Mitt.）Broth

　　植株柔软,紧密丛生,基部密被黄棕色假根。茎直立,单一或逐年苗生新枝。叶呈长椭圆状披针形,基部狭缩,先端急尖,呈剑头形或舌形,圆钝,具短尖头;叶边全缘,下部稍背卷,中上部平展;中肋细,长达叶尖,或在叶尖稍下处消失。叶细胞呈不规则的多角形,平滑,壁薄或增厚;基部细胞稍长大,壁薄,平滑。雌雄异株,苞叶与叶同形。孢蒴直立,长卵形或长椭圆状柱形;环带有分化,常存。蒴盖具长喙;蒴帽兜形。

　　生境:多生于林地、岩石及岩面薄土上。

　　分布:产于湖北省五峰后河、神农架等地;山东省、陕西省、浙江省、贵州省、重庆市、湖南省、四川省有分布;斯里兰卡也有分布。

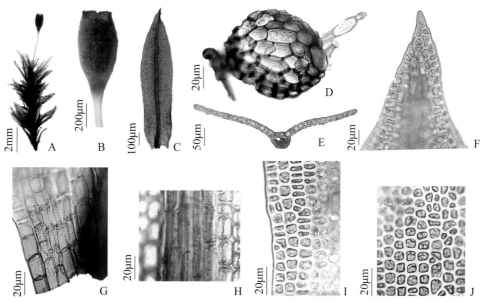

图 148 剑叶藓 *Scopelophila cataractae*（Mitt.）Broth 形态结构图

A. 植株;B. 孢蒴;C. 叶片;D. 茎横切;E. 叶横切;F. 叶尖细胞;G. 叶基部细胞;H. 中肋细胞;I. 叶中部边缘细胞;J. 叶中部细胞

（凭证标本:刘胜祥,7001）

（五十二）反纽藓属 *Timmiella*（De Not.）Limpr.

　　植株疏松丛生,绿色。茎长 1cm 左右,单一。叶多丛生茎顶,干时内卷,旋扭,湿时平展,长披针形或舌状披针形,先端急尖,中肋粗壮,下宽上狭,长达叶尖部稍下处消失;叶上部细胞呈多角状圆形,除叶缘外均为两层细胞,腹面一层具明显的乳头状突起,叶下部细胞单层,长方形,平滑。蒴柄细长;孢蒴长圆柱形,直立或略倾斜;蒴齿具矮基膜,齿片细长线形,密被细疣,直立或右旋;蒴盖圆锥形,具长直喙;蒴帽兜形。孢子黄褐色,密被细疣。本属在《中国生物物种名录 2023 版》被放在反纽藓科 Timmiellaceae,考虑读者阅读习惯,仍放在丛藓科。

　　本属全世界约有 14 种;中国 2 种;湖北 1 种。

131. 反纽藓 *Timmiella anomala*（Bruch & Schimp.）Limpr.

植物体密集丛生，深绿色，高2～3cm，茎单一或分枝。叶丛生茎顶，长披针形，干时卷曲，湿时展开；叶边自先端至中部均有锯齿。雌雄同株。蒴齿细长，向右旋扭。

生境：生于岩石上、土坡上、林地上或腐木上。

分布：产于湖北省神农架、五峰后河、宣恩七姊妹山、团风大崎山、黄冈龙王山等地；辽宁省、河北省、北京市、山东省、陕西省、浙江省、四川省、贵州省、云南省、台湾地区、西藏自治区有分布；印度、巴基斯坦、缅甸、泰国、越南、菲律宾、日本、欧洲、北美洲、非洲北部也有分布。

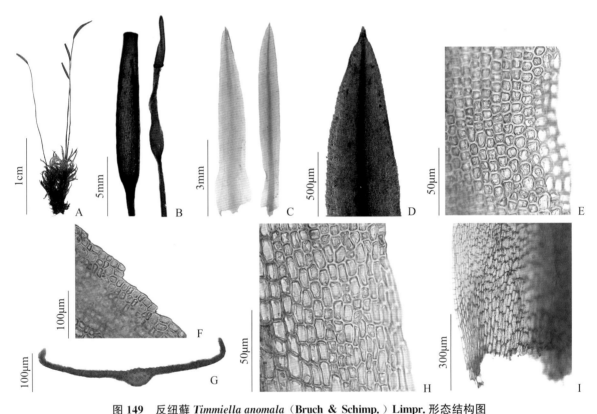

图149　反纽藓 *Timmiella anomala*（Bruch & Schimp.）Limpr. 形态结构图

A. 植株；B. 孢蒴；C. 叶片；D. 叶上部细胞；E. 叶中部边缘细胞；F. 叶上部边缘细胞；

G. 叶横切；H. 叶基部近中肋细胞；I. 叶基部近边缘细胞

（凭证标本：彭丹，1046）

（五十三）墙藓属 *Tortula* Hedw.

植株矮小而粗壮，色泽鲜绿至红棕色。茎稀叉状分枝，基部多具红棕色假根。叶干时旋扭，略皱缩，湿时伸展，呈卵形、倒卵形或舌形，先端圆钝，具小尖头或渐尖，基部有时呈鞘状；叶边全缘，常背卷；中肋粗壮，红棕色，多突出叶尖呈短刺状或白色长毛尖，先端及背面有时具刺状齿。叶上部细胞呈多角至圆形，密被疣，稀平滑；基部细胞呈长方形，无色，

　　透明,平滑;叶缘有时具狭长分化边。蒴柄细长;孢蒴长圆柱形,直立或略倾立;蒴齿密被细疣,多向左旋扭;蒴盖圆锥形,具长喙;蒴帽兜形。

　　本属全世界104种。中国20种;湖北4种。

132. 泛生墙藓 *Tortula muralis* Hedw.

　　此种除属的特征外,疏丛生。高可达5～15mm,叶长卵状舌形,叶边全缘,上部背卷,无明显分化的叶边;中肋突出叶尖呈短毛状,无色或呈黄棕色。蒴柄高1～2cm。

　　生境:多生于石灰岩及钙质土上。

　　分布:产于湖北省神农架、宜昌、咸宁、黄冈等地;福建省、西藏自治区、贵州省、上海市、湖南省、四川省、江苏省、吉林省、宁夏回族自治区、河北省、河南省、江西省、重庆市、云南省、北京市、甘肃省、山东省、陕西省、浙江省、新疆维吾尔自治区、内蒙古自治区、青海省、辽宁省、台湾地区有分布;巴基斯坦、日本、俄罗斯、秘鲁、智利、欧洲、北美洲、非洲也有分布。

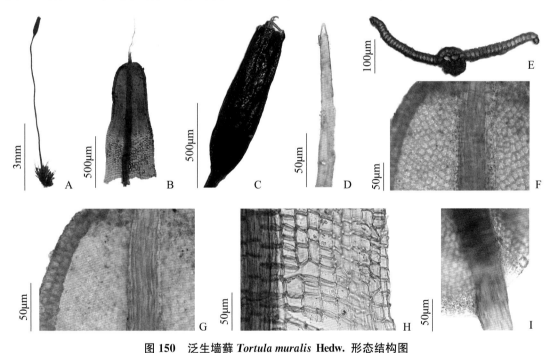

图 150　泛生墙藓 *Tortula muralis* Hedw. 形态结构图

A. 植株;B. 叶片;C. 孢蒴;D. 叶尖细胞;E. 叶横切;F. 叶中部近中肋细胞;

G. 叶中部边缘细胞;H. 叶基部边缘细胞;I. 叶基部近中肋细胞

[凭证标本:郑桂灵,2476(c)]

（五十四）毛口藓属 *Trichostomum* Bruch.

　　植物体茎直立,单一或叉状分枝,叶呈卵状,长椭圆状或线状披针形,先端急尖或渐尖,略兜形,叶缘内卷,常呈波曲或具微齿;中肋粗壮或细长,成小尖头或仅长达叶尖即消失,叶上部细胞多角状圆形或方形,胞壁稍厚,密被数个大圆疣,基部细胞稍长,呈不规则的长方形,平滑透明。蒴柄长;孢蒴长卵状圆柱形;蒴齿具短基膜或无基膜,齿片直立,狭长线形,单一或纵裂为2,有粗斜纹或纵纹,蒴盖圆锥形,先端呈短喙状;蒴帽兜形。

生于岩面上或林地沟边岩面薄土上。

本属全世界82种。中国9种;湖北6种。

133. 平叶毛口藓 *Trichostomum planifolium*（Dixon）R. H. Zander

植物体疏散丛生,鲜绿色到浅棕色。茎直立,通常在茎顶端分枝;叶干燥时强烈皱缩呈环状,卷缩或内弯,潮湿时伸展倾立,披针形或卵状长椭圆披针形,长4.2～5.6mm,宽1.4～2.3mm;叶尖短尖;叶边缘近乎平展,仅叶上部边缘稍有内弯,且不明显,全缘,中肋及顶,中肋腹面细胞短矩形,具疣,中肋上部背面细胞隆起呈圆方形,中下部伸长,平滑,叶中上部细胞方形、六边形,具细圆疣,基部细胞短矩形,平滑,透明。

生境:生于岩石、林地或树干上,路边或溪流附近的岩石和土壤上。

分布:产于湖北省宜昌、咸宁等地;广西壮族自治区、福建省、贵州省、江西省、上海市、湖南省、云南省、四川省、陕西省、浙江省、江苏省、内蒙古自治区、辽宁省、吉林省、宁夏回族自治区有分布;日本、俄罗斯也有分布。

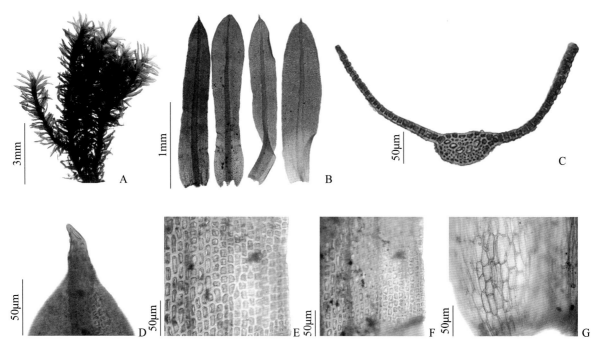

图 151 平叶毛口藓 *Trichostomum planifolium*（Dixon）**R. H. Zander** 形态结构图

A. 植株;B. 叶片;C. 叶中部横切;D. 叶尖细胞;E. 叶上部细胞;F. 叶中部细胞;G. 叶基部细胞

（凭证标本:刘胜祥,10007）

134. 锐齿酸土藓 *Oxystegus daldinianus*（De Not.）Köckinger，O. Werner & Ros

　　植物体通常较大，长达5cm，上部深绿色，下部黑色。茎直立，分枝，横切面圆形，中轴不分化。叶干燥时弯曲皱缩，潮湿时伸展，茎顶端叶片稍背仰，披针形或长椭圆状披针形或卵圆，长3.0～4.1mm，宽1.2～1.6mm，大多沿边缘易碎；叶细胞单层；叶尖急尖，叶边缘平展，具稀疏细圆齿，中肋背表面细胞伸长，厚壁，平滑，腹表面细胞不规则四边形和方形，具疣，叶上部和中部细胞方形，密被粗圆疣，基部细胞斜长方形，平滑，透明。未见孢子体。

　　生境：生于潮湿荫蔽的岩石表面或缝隙。

　　分布：产于湖北省宜昌、咸宁等地；云南省、内蒙古自治区有分布；澳大利亚、北美洲、俄罗斯、欧洲、尼泊尔、印度也有分布。

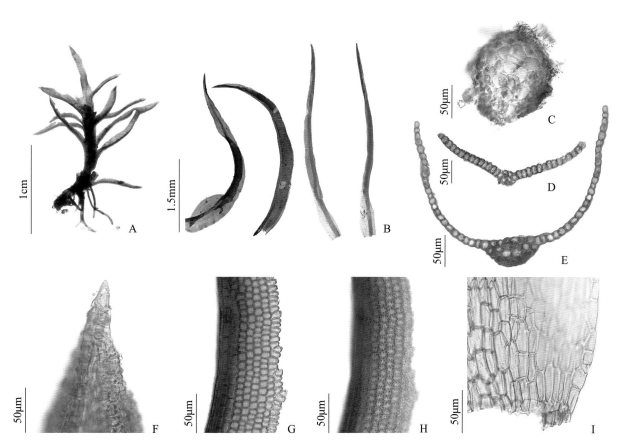

图152　锐齿酸土藓 *Oxystegus daldinianus*（De Not.）Köckinger，O. Werner & Ros 形态结构图
A. 植株；B. 叶片；C. 茎横切；D、E. 叶横切；F. 叶尖细胞；G. 叶中部边缘细胞；H. 叶中部近中肋细胞；I. 叶基部细胞
（凭证标本：彭丹，5460）

（五十五）赤藓属 *Syntrichia* Brid.

植物体粗壮，密集丛生，绿色，老时呈红棕色。茎直立，基部密生假根。叶干时扭曲，潮湿时伸展，长舌形或剑头形，基部近于呈鞘状。中肋粗壮，红褐色，突出叶尖成白色长毛尖或短刺尖，背面及尖部常具密刺。叶上部细胞方形，密被马蹄形疣；基部细胞长方形；叶边几列细胞狭长，形成明显分化边。蒴柄高出。孢蒴直立，长圆柱形。蒴齿具高基膜，齿片线形，明显向左旋扭。蒴盖具斜长喙；蒴帽兜形。孢子小，具细疣。

本属全世界 100 种。中国 12 种；湖北 2 种。

135. 中华赤藓 *Syntrichia sinensis*（Müll. Hal.）Ochyra

植物体密集丛生，高 1.0～1.5cm。茎直立，通常分枝。叶干燥时螺旋状卷缩，潮湿时通常伸展，有时背仰，叶上部稍内凹，中部收缩，有时不明显，叶尖圆钝，叶边缘细圆齿状，基部至中部稍背弯；中肋粗壮，伸出叶尖形成短毛尖，毛尖红棕色，光滑，中肋腹表面细胞短矩形，具疣。叶上部和中部细胞圆方形、短矩形或六边形，每个细胞具 8～12 个分叉疣，近中肋和中部细胞长方形，光滑透明，形成明显的 M 形透明区域，边缘细胞方形或短矩形，光滑，薄壁。孢蒴直立，圆柱形。

生境：生于林缘岩面薄土、土坡、石缝、峭壁。

分布：产于湖北省神农架、咸宁通山、宜昌等地；内蒙古自治区、四川省、河南省有分布；巴基斯坦、亚洲中部及西部、欧洲、北美洲、非洲北部也有分布。

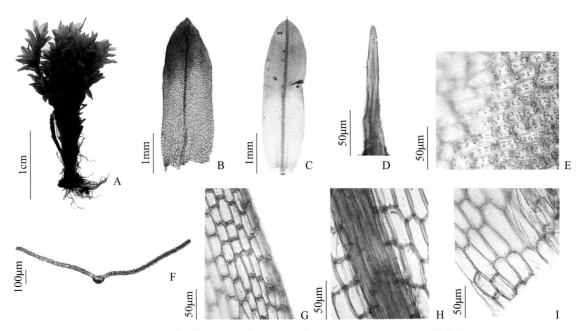

图 153　中华赤藓 *Syntrichia sinensis*（Müll. Hal.）Ochyra 形态结构图

A. 植株；B、C. 叶片；D. 叶尖细胞；E. 疣；F. 叶横切；G. 叶中部边缘细胞；H. 叶中部近中肋细胞；I. 叶基部细胞

（凭证标本：刘胜祥，089）

（五十六）小石藓属 *Weissia* Hedw.

植株型小，密集丛生，鲜绿或黄绿色。茎短小。叶簇生枝顶，干时皱缩，呈长卵圆形、披针形或狭长披针形，尖部狭长，渐尖或急尖，具小尖头，叶边平展或内卷；中肋粗壮，长达叶尖或突出成刺状，叶上部细胞呈多角状圆形，两面均密被细疣，基部细胞长方形，薄壁，平滑透明。孢蒴卵状环形或短圆柱形；蒴齿常缺如，或正常发育，或形成膜状封闭蒴口，齿片披针形，具横脊并具疣；蒴盖呈短圆锥形，具斜长喙，有的蒴盖完全不分化；蒴帽兜形。

本属全世界 83 种。中国 7 种；湖北 6 种。

136. 小石藓 *Weissia controversa* Hedw.

植物体矮小，密集丛生，绿色或黄绿色。茎单一直立或具分枝，高 0.5～1.0cm，叶狭卵状披针形，先端渐尖；叶上部边内卷，全缘，中肋粗壮，突出叶尖呈刺状，叶上部细胞呈多角状圆形，壁薄，两面均密被粗疣，基部细胞长方形，平滑，透明。蒴柄长 5～8mm；孢蒴直立，卵状圆柱形；齿片短，表面被密疣。

生境：生于岩石表面、石缝中或沙砾土上。四季均可发现。

分布：产于湖北省五峰后河等地；福建省、西藏自治区、贵州省、上海市、湖南省、广东省、澳门特别行政区、香港特别行政区、安徽省、四川省、江苏省、吉林省、宁夏回族自治区、河北省、河南省、广西壮族自治区、海南省、江西省、重庆市、云南省、北京市、甘肃省、山东省、陕西省、浙江省、新疆维吾尔自治区、内蒙古自治区、辽宁省、台湾地区、黑龙江省、山西省有分布；世界广泛分布。

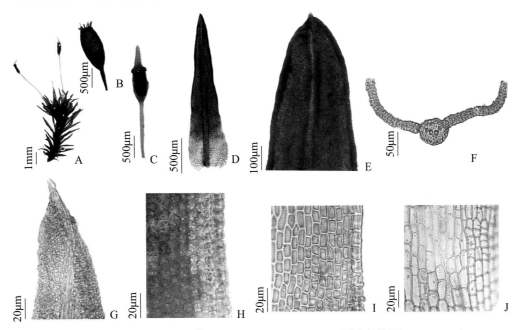

图 154　小石藓 *Weissia controversa* Hedw. 形态结构图

A. 植株；B、C. 孢蒴；D. 叶片；E. 叶上部；F. 叶中部横切；G. 叶尖部细胞；H. 疣；I. 叶中部细胞；J. 叶基部细胞

（凭证标本：刘胜祥，10781-1）

137. 缺齿小石藓 *Weissia edentula* Mitt.

本种与小石藓的区别：蒴齿缺失，植物体高约 1cm，叶尖部狭长。

生境：生于树干基部或岩石缝中、林缘或沟边岩石上、土壁上或岩面薄土上。

分布：产于湖北省武汉、五峰后河等地；福建省、西藏自治区、贵州省、上海市、湖南省、广东省、香港特别行政区、安徽省、四川省、江苏省、吉林省、宁夏回族自治区、河北省、河南省、重庆市、云南省、北京市、山东省、陕西省、浙江省、新疆维吾尔自治区、内蒙古自治区、辽宁省、台湾地区、黑龙江省有分布；印度、斯里兰卡、泰国、越南、柬埔寨、马来西亚、印度尼西亚、菲律宾、巴布亚新几内亚、澳大利亚、非洲也有分布。

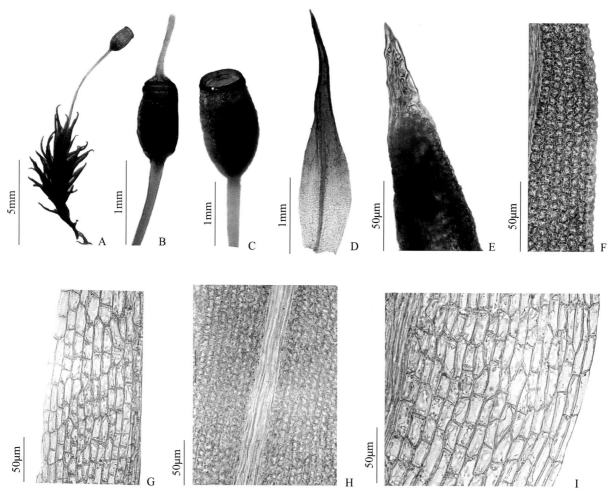

图 155　缺齿小石藓 *Weissia edentula* Mitt. 形态结构图

A. 植株；B、C. 孢蒴；D. 叶片；E. 叶上部细胞；F. 叶中部近中肋细胞；

G. 叶中部边缘细胞；H. 叶中部中肋细胞；I. 叶基部细胞

（凭证标本：彭丹，1332）

138. 钝叶小石藓 *Weissia newcomeri*（E.B. Bartram）K. Saito.

植物体矮小，密集丛生，绿色或黄绿色。茎单一直立或具分枝，高 0.5～1cm。叶片干燥时呈波状皱曲，潮湿时直立倾伸，叶长圆状针形，先端渐尖；叶上部边内卷，全缘，先端钝；中肋粗壮，自叶先端突出成小尖头；叶上部细胞呈多角状圆形，壁薄，两面均密被疣，基部细胞长方形，平滑，透明。蒴柄长 5～8mm；孢蒴直立，卵状圆柱形；孢蒴无蒴齿，蒴盖具斜长喙。

生境：生于阴坡岩面薄土、山地灌丛下。

分布：产于湖北省罗田天堂寨、五峰后河；内蒙古自治区、台湾地区、宁夏回族自治区、河北省有分布；日本也有分布。

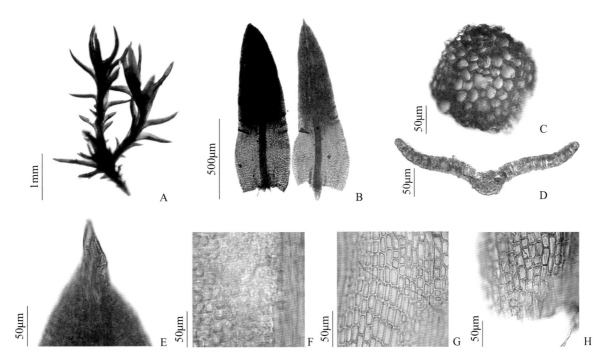

图 156 钝叶小石藓 *Weissia newcomeri*（E. B. Bartram）K. Saito. 形态结构图

A. 植株；B. 叶；C. 茎横切；D. 叶基部横切；E. 叶尖；F. 叶上部细胞；G. 叶中部细胞；H. 叶基部细胞

（凭证标本：叶雯，3688）

植物体粗壮，一般硬挺，绿色、黄绿色、棕色或黑色，无光泽，直立或倾立，稀枝条垂倾，不规则或羽状分枝，常密集丛生，交织成片，石生或树生。叶腋处常有配丝状毛，茎无中轴，横茎与茎下部叶多腐朽或呈鳞片状，有如芽条形，假根较少，有的属种具鞭状枝。叶干时常紧贴，呈覆瓦状排列，湿时倾立或背仰。叶片质坚挺，通常宽卵圆形，多内凹，部分属种具纵褶，一般具长或短的披针形尖，常为白色或无色，其上常具细齿，干时叶尖有时倾立，叶基部略下延；叶边多全缘，有时略背卷；一般无中肋。

叶上部细胞略小，卵圆形、长椭圆形、近方形、菱形、狭长形或不规则，常为厚壁，具细疣、粗疣或叉状疣，下部细胞渐大，或逐渐平滑，基部多为长方形或不规则长方形，角细胞有时近方形，常带橙黄色。一般雌雄同株。雌苞于新枝上侧生。雌苞叶一般较长，有时具纤毛及黄色隔丝。蒴柄短或长。孢蒴碗形、球形、卵形或圆筒形，有时具台部，多对称，常具纵褶，一般隐没于苞叶中或突出。环带不分化。蒴齿缺失或仅具外齿层。蒴盖微凸或呈圆锥形，稀扁平形，一般平滑，具喙。蒴帽钟形或帽状，无毛。孢子常较大，直径 $20\sim40\mu m$，多为四分体，球形或不规则，表面具疣或具长条纹饰。

本科全世界 6 属。中国 3 属；湖北 1 属。

（五十七）虎尾藓属 *Hedwigia* P. Beauv.

植物体粗壮、硬挺，多灰绿色，有时深绿色、棕黄色至黑褐色。枝茎直立或倾立，不规则分枝，一般长 $3\sim5cm$，不具鞭状枝。干时叶覆瓦状紧贴，叶尖有时伸展或背仰，湿时倾立。叶片卵状披针形，内凹，具长或短的披针形宽尖，尖部多透明，其上具齿；叶边全缘，有时略背卷，中肋缺失，叶上部细胞卵方形至椭圆形，具 $1\sim2$ 个粗糙、粗疣或叉状疣，基部细胞方形、长方形或不规则长方形，具多疣，向下逐渐减少，有时角细胞分化。雌雄同株异苞。雄苞较小，芽胞状。雌苞侧生。雌苞叶较大，长椭圆状披针形，上部边缘常具透明纤毛。蒴柄短；孢蒴碗形，隐没于苞叶。

本属全世界 12 种。中国 1 种；湖北有分布。

189. 虎尾藓 *Hedwigia ciliata*（Hedw.）Boucher

植物体中到大型,黄绿色或灰绿色。主茎匍匐,不规则分枝。叶干时覆瓦状紧贴,湿时倾立,尖部背仰,长卵形,先端渐尖,边全缘,尖部有齿突,略透明;无中肋,上部细胞椭圆形,向下渐长,有分叉的疣,角细胞方形,多列,叶边缘不分化。雌雄同株。

生境:生于林下或裸岩上。

分布:产于湖北省五峰后河、罗田天堂寨等地;福建省、西藏自治区、贵州省、上海市、湖南省、广东省、澳门特别行政区、香港特别行政区、安徽省、四川省、江苏省、吉林省、宁夏回族自治区、河北省、河南省、广西壮族自治区、海南省、江西省、重庆市、云南省、北京市、甘肃省、山东省、陕西省、浙江省、新疆维吾尔自治区、内蒙古自治区、青海省、辽宁省、天津市、台湾地区、黑龙江省、山西省有分布;全世界广泛分布。

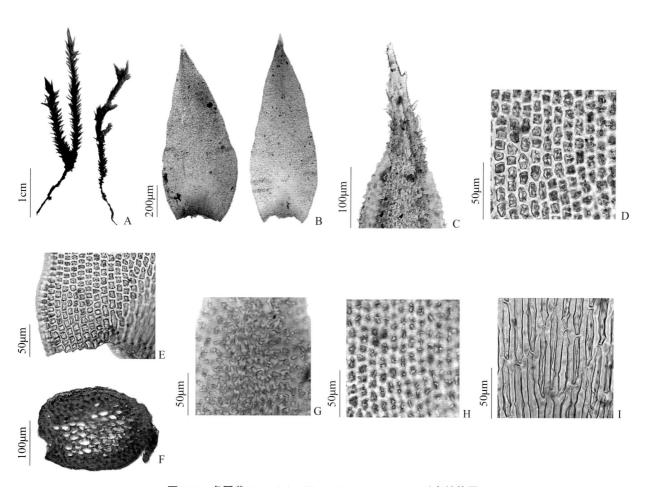

图 157 虎尾藓 *Hedwigia ciliata*（Hedw.）Boucher 形态结构图

A. 植株干湿对照;B. 叶片;C. 叶尖细胞;D. 叶中部细胞;E. 叶基部细胞;F. 茎横切;G、H. 分叉疣;I. 角细胞

（凭证标本:彭丹,258）

植物体垫状密集丛生。茎具分化中轴及皮部。叶 5～8 列，排列紧密，拟叶卵状披针形，先端狭长，基部鞘状，边缘通常不分化，上部边缘及中肋背部均具齿；中肋强，横切面中有多数中央主细胞及副细胞，仅有背厚壁层及背细胞，叶细平滑。雌雄同株或异株。生殖苞顶生。雄器苞芽胞形或盘形，配丝多数线形或棒槌形。雌苞叶较大而同形。孢子体多单生。蒴柄多高出；孢蒴直立或倾立，稀下垂；通常球形；蒴帽小，兜形。孢子具疣。

本科全世界 11 属。中国已知有 6 属；湖北 5 属。

（五十八）珠藓属 *Bartramia* Hedw.

植物体密集丛生。茎直立，无丛生枝。枝、茎密被假根。叶 8 列，基部半鞘状，上部边缘具齿；中肋背部多齿，达叶尖消失或突出呈长芒状。叶尖和中部细胞小型，方形，壁厚，背腹均有乳头，基本细胞长形，壁薄，平滑或透明。雌雄同株或异株。孢蒴多倾立，凸背而斜口，近球形，有纵纹，干时皱缩多褶；蒴齿双层，稀单层或缺如；蒴盖小，凸圆锥体形或短圆锥体形。孢子肾形或球形，有疣。

本属全世界 57 种，分布于温、湿地区，热带则见于高山和丘陵。中国 6 种；湖北 3 种。

140. 亮叶珠藓 *Bartramia halleriana* Hedw.

植物体上部暗黄绿色，下部密被棕色茸毛状假根；雌雄同株。叶干燥时茎叶端及叶稍扭曲，湿时多曲折背仰。叶上部狭线形，先端锐尖，边缘具粗齿，基部短阔，呈半鞘状，基部边平滑，反卷；中肋突出呈芒刺状，其背面具齿状刺，叶细胞上部短方形，具疣；下部长方形，叶边细胞稍短，基部黄褐色。孢蒴 1～2 个，假侧生于分枝；蒴柄短于叶片，红色；孢蒴橙黄色，球形，具深的纵皱褶；蒴齿两层，外齿层深红色，内齿层淡黄色。孢子球形，具疣。

生境：多生于树干上或岩石上附生。

分布：产于湖北省宜昌大老岭、神农架、宣恩七姊妹山、五峰后河、团风大崎山、通山九宫山等地；福建省、西藏自治区、贵州省、江西省、重庆市、湖南省、云南省、安徽省、四川省、陕西省、新疆维吾尔自治区、内蒙古自治区、辽宁省、吉林省、台湾地区及黑龙江省有分布；印度、日本、欧洲、美洲、大洋洲、非洲也有分布。

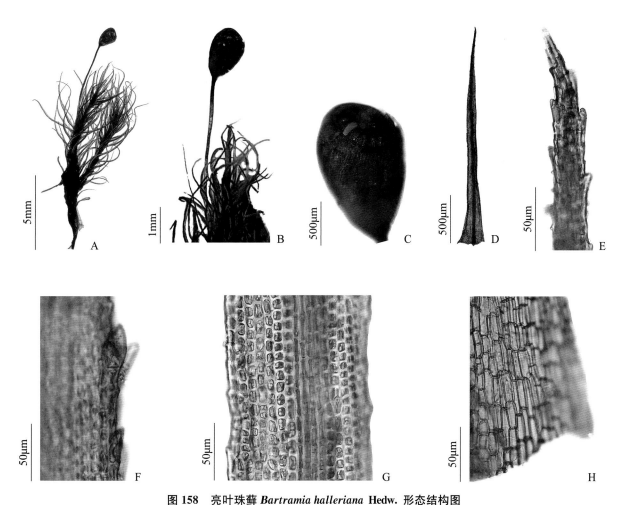

图 158 亮叶珠藓 *Bartramia halleriana* Hedw. 形态结构图

A. 植株；B. 植株上端；C. 孢蒴；D. 叶片；E. 叶尖细胞；F. 叶边缘细胞；G. 叶中部细胞；H. 叶基部细胞

（凭证标本：李俊莉，3600）

141. **直叶珠藓** *Bartramia ithyphylla* Brid.

植物体密集丛生，藓丛外缘植株基部往往为灰绿色。雌雄异株。茎直立，红褐色，菱形，被有红色假根。叶片近直立，较短，基部半鞘形，无色透明，向上渐狭；叶缘平或微卷成半管状，具锐齿；叶片上部细胞狭长方形，叶缘2～3层细胞，具疣；叶片基部细胞长方形，平滑，无色。孢蒴顶生，高于枝叶，球形；蒴柄长；蒴盖小，平凸形；孢蒴对称；蒴齿双层，内齿层比外齿层短，深绿色，具低的基膜。孢子褐色，具长疣突。

生境：生于高寒山地的林下岩石上、土壤表面或树干上。

分布：产于湖北省西南部、罗田、黄石等地；广西壮族自治区、福建省、贵州省、重庆市、云南省、四川省、甘肃省、浙江省、新疆维吾尔自治区、吉林省、台湾地区、黑龙江省等有分布；印度、日本、俄罗斯、大洋洲、欧洲、美洲、非洲等也有分布。

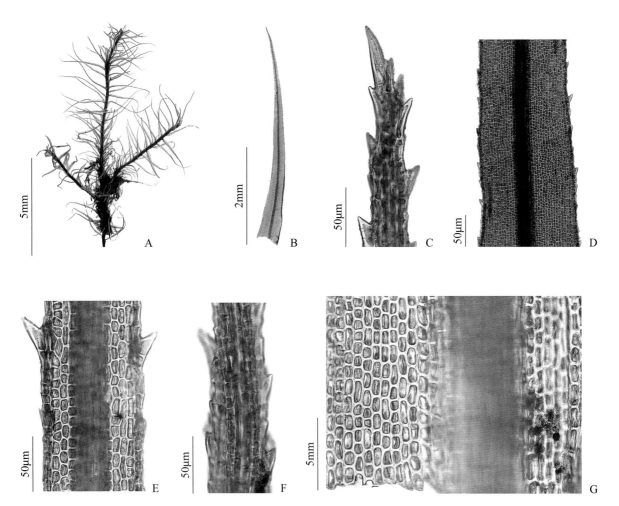

图 159 直叶珠藓 *Bartramia ithyphylla* **Brid. 形态结构图**

A. 植株；B. 叶片；C. 叶尖细胞；D. 叶中部细胞；E. 叶中部边缘细胞；F. 中肋细胞；G. 叶基部细胞

（凭证标本：吴林，X160822030）

142. 单齿珠藓 *Bartramia leptodonta* Wilson

植物体密集丛生。茎多单一直立,干时微卷曲。叶片狭披针形,先端直钻形,叶基部呈鞘状;叶边全缘,细胞长方形,透明,鞘部以上急尖,边缘有锐齿;叶中上部细胞不透明;中肋直立,消失于叶尖下部。孢蒴近直立,斜卵形,蒴口微偏,内蒴齿缺如。

生境:生于山地、林下岩石、土壤表面或树干上。

分布:产于湖北省通山九宫山等地;西藏自治区、云南省、四川省有分布;斯里兰卡、印度也有分布。

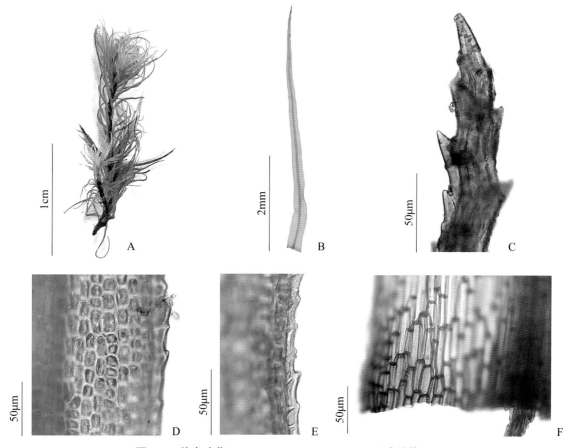

图160 单齿珠藓 *Bartramia leptodonta* Wilson 形态结构图

A. 植株;B. 叶片;C. 叶尖细胞;D. 叶中部近中肋细胞;E. 叶边缘细胞;F. 叶基部细胞

(凭证标本:李俊莉,3633)

(五十九) 热泽藓属 *Breutelia* (Bruch & Schimp.) Schimp.

该属植物体密集群生。茎较长大,生殖苞下常有多数丛集族生枝。叶散列,或背仰,基部常有纵长褶,叶缘单列齿,稀全缘;中肋细长,多突出叶尖。叶细胞多厚壁,常呈狭线形,常具疣,基部边缘多具1~2列疏松长方形细胞。雌雄苞盘形,苞叶较宽大,直立,常集成莲座状。雌苞叶较小,直立,细胞无疣。蒴柄粗短或较长,稀弯曲。孢蒴倾立或悬垂,稀近直立,球形或阔卵形,干燥时具纵褶。蒴齿双层。内齿层常较短,具疣,齿毛缺失。蒴盖具短喙。

　　本属全世界 87 种。中国 3 种;湖北 2 种。

143. 云南热泽藓 *Breutelia yunnanensis* Besch.

　　植物体较短小,柔韧。叶片直立,长卵状披针形,长狭尖,基部卵形、中部叶缘具齿。中肋粗壮,多数突出叶尖。

生境:生于高山带的灌丛和树枝上。

分布:产于湖北省浠水三角山等地;江西省、云南省有分布;尼泊尔、印度也有分布。

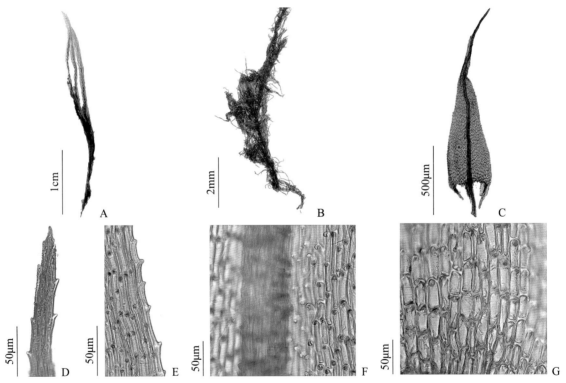

图 161　云南热泽藓 *Breutelia yunnanensis* Besch. 形态结构图

A. 植株;B. 茎下部假根;C. 叶片;D. 叶尖细胞;E. 叶中部边缘细胞;F. 叶中部近中肋细胞;G. 叶基部细胞

(凭证标本:郑桂灵,2848)

(六十)泽藓属 *Philonotis* Brid.

　　植物体密集丛生。茎多红色,假根密集,茎有明显分化的中轴及疏松单细胞层的皮部;常叉状分枝,在生殖苞下生出多数苗生芽条。叶片干时紧贴茎上,倾立或一侧偏斜。

叶片长卵形,渐尖,稀圆钝,叶缘具粗或细锯齿,单层细胞层,稀基部有纵褶;叶基部细胞较大型,且疏松。蒴柄长,直立;孢蒴倾立或平列,近于球形,不对称;台部短,有纵褶纹;蒴齿双层,有斜纵纹或具疣;蒴盖具短喙。蒴帽兜形。

本属全世界 142 种。中国 19 种;湖北 8 种。

144. 偏叶泽藓 *Philonotis falcata*（Hook.）Mitt.

植物体较纤细,高 2～5cm,黄绿色、绿色,密集丛生,基部被红褐色假根。叶片呈卵状三角形,长达 2.5mm,呈镰刀状,或钩状弯曲,基部阔,龙骨状内凹,叶边向背部反卷,先端渐尖,边缘具微齿。中肋粗壮,到顶,背部突出。叶细胞长方形,疣突位于细胞上端。叶片上部细胞较长,中部近方形、近圆多角形,基部细胞短而宽阔,透明。

生境:多生于沼泽地。

分布:产于湖北省清江流域各县;内蒙古自治区、河南省、陕西省、甘肃省、山东省、江苏省、浙江省、福建省、台湾地区、广东省、四川省、贵州省、云南省、西藏自治区、海南省、宁夏回族自治区有分布;朝鲜、日本、菲律宾、尼泊尔、印度、非洲、美国夏威夷群岛、不丹、俄罗斯西伯利亚、越南、泰国等也有分布。

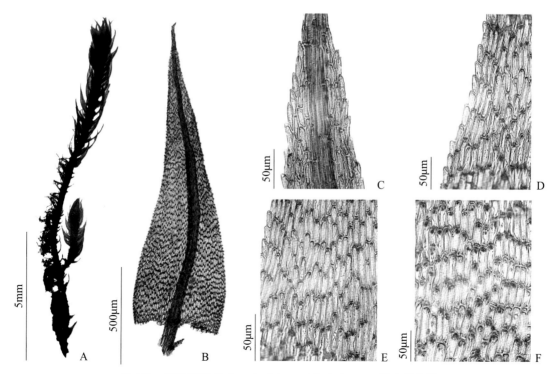

图 162　偏叶泽藓 *Philonotis falcata*（Hook.）Mitt. 形态结构图

A. 植株;B. 叶片;C. 叶上部细胞;D. 叶上部边缘细胞;E. 叶中部近中肋细胞;F. 叶基部细胞

（凭证标本:吴林,Q160813069）

145. **东亚泽藓** *Philonotis turneriana*（Schwagr.）Mitt.

本种与偏叶泽藓的区别：中肋突出叶尖；叶片三角披针形，平展，叶耳仅基部包，叶细胞的疣突仅在细胞上端。

生境：生于滴水或流水石面、岩面薄土、林下沙土、大型石壁、墙土表面等多种生境。

分布：产于湖北省通山九宫山等地；香港特别行政区、澳门特别行政区、广西壮族自治区、湖南省、江西省、福建省、台湾地区、浙江省、江苏省、安徽省、山东省、四川省、重庆市、贵州省、云南省、西藏自治区、新疆维吾尔自治区、吉林省、广东省、海南省均有分布；泰国、不丹、印度北部、喜马拉雅地区、马来西亚、缅甸、尼泊尔、斯里兰卡、日本、朝鲜、菲律宾、印度尼西亚、瓦鲁阿图、美国夏威夷群岛也有分布。

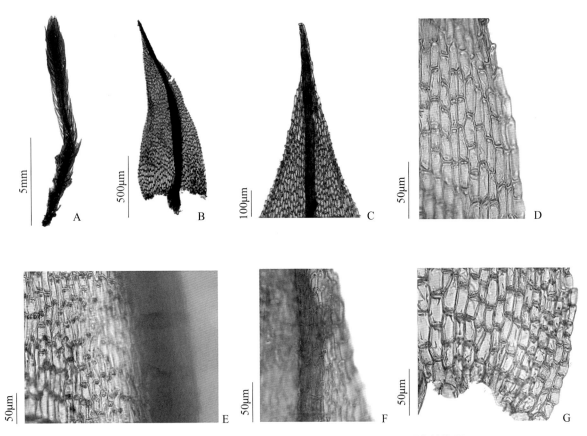

图 163 东亚泽藓 *Philonotis turneriana*（Schwagr.）Mitt. 形态结构图

A. 植株；B. 叶片；C. 叶上部细胞；D. 叶中部边缘细胞；E. 叶中部近中肋细胞；F. 中肋细胞；G. 叶基部细胞

（凭证标本：陈桂英，1816）

146. 齿缘泽藓 *Philonotis seriata* Mitt.

本种与偏叶泽藓的区别：中肋突出叶尖。叶片阔卵状或三角状披针形，叶片微放射展开，叶边具密集的锐齿。

生境：生于滴水或流水石面、岩面薄土、林下沙土、大型石壁、墙土表面等多种生境。

分布：产于湖北省通山九宫山等地；香港特别行政区、澳门特别行政区、广西壮族自治区、湖南省、江西省、福建省、台湾地区、浙江省、江苏省、安徽省、山东省、四川省、重庆市、贵州省、云南省、西藏自治区、新疆维吾尔自治区、吉林省、广东省、海南省；泰国、不丹、印度北部、喜马拉雅地区、马来西亚、缅甸、泰国、尼泊尔、不丹、斯里兰卡、日本、朝鲜、菲律宾、印度尼西亚、瓦鲁阿图、美国夏威夷群岛也有分布。

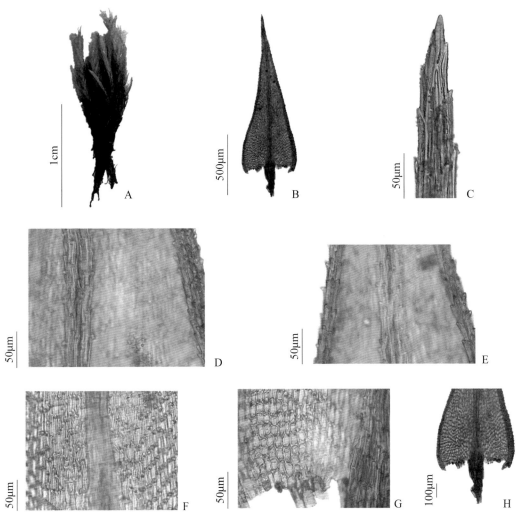

图 164　齿缘泽藓 *Philonotis seriata* Mitt. 形态结构图

A. 植株；B. 叶片；C. 叶尖细胞；D. 中肋细胞；E. 叶中部边缘细胞；

F. 叶中部近中肋细胞；G. 叶基部细胞；H. 叶基部

（凭证标本：陈妞，3057b）

147. 毛叶泽藓 *Philonotis lancifolia* Mitt.

本种与偏叶泽藓的区别：叶片卵状披针形，先端渐尖，基部半圆形。中肋粗壮，及顶并伸出。叶尖细胞长方形或狭菱形，中下部细胞成长方形、方形。

生境：多生于潮湿的土表、岩面薄土、石壁或石灰岩表面。

分布：产于湖北省通山九宫山、宣恩七姊妹山等地；广东省、广西壮族自治区、湖南省、福建省、台湾地区、浙江省、江苏省、安徽省、山东省、河南省、四川省、贵州省、云南省、海南省、内蒙古自治区、辽宁省、吉林省、黑龙江省有分布；日本、朝鲜、韩国、喜马拉雅地区、印度、印度尼西亚有分布。

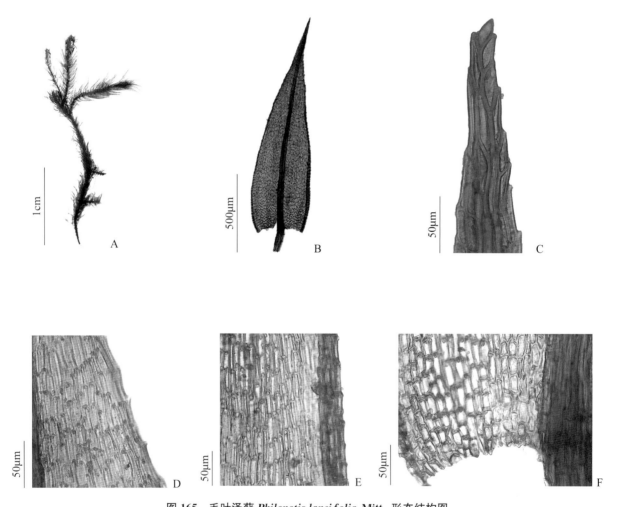

图 165　毛叶泽藓 *Philonotis lancifolia* Mitt. 形态结构图

A. 植株；B. 叶片；C. 叶尖细胞；D. 叶中部边缘细胞；E. 叶中部近中肋细胞；F. 叶基部细胞

（凭证标本：郑桂灵，2872b）

148. 柔叶泽藓 *Philonotis mollis* Mitt.

　　植物体疏松纤细,有丝质光泽。茎高约2cm,叶片排列紧密。叶片强烈压紧,呈狭卵圆形或线状披针形,长3mm,宽0.35mm,或长钻形,顶端具芒状长尖,有齿;叶边平展或微内卷;叶肋伸出叶尖。中上部细胞长菱形或长方形,长55~65μm,宽9~13μm,叶片腹面观,疣突位于细胞的上端;叶片背面观,疣突位于细胞的下端。叶基细胞大,透明,胞径长30~55μm,宽9~14μm。孢蒴圆球形、梨形,4~5mm。孢子直径25~35μm,壁粗糙。

　　生境:多生于潮湿的土壤上或积水的沼泽地。

　　分布:产于湖北省五峰后河等地;浙江省、福建省、台湾地区、广东省、贵州省、云南省有分布;日本、菲律宾、越南、印度、印度尼西亚也有分布。

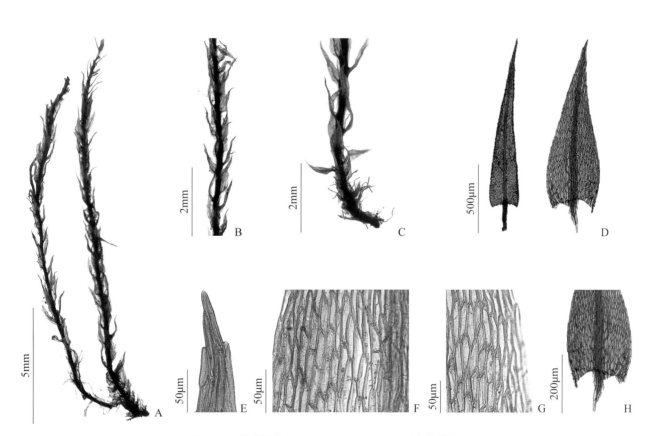

图166　柔叶泽藓 *Philonotis mollis* Mitt. 形态结构图

A. 植株;B. 植株中部;C. 植株根部;D. 叶片;E. 叶尖细胞;F. 叶中部近中肋细胞;G. 叶中部边缘细胞;H. 叶基部

(凭证标本:童善刚,329)

149. 细叶泽藓 *Philonotis thwaitesii* Mitt.

本种与偏叶泽藓的区别：植物体较小，基部分枝，下部密被假根。叶片压紧着生，湿时直立，披针形、长三角形，龙骨状后仰，叶边内卷，有齿。中肋粗壮，长达叶尖，突出呈长芒状。叶细胞腹面观疣突位于上端；叶细胞背面观无疣突。

生境：生于海拔100～900m的潮湿岩石上，或河边土坡和石壁上。

分布：产于湖北省西南部、团风大崎山、通山九宫山等地；贵州省、湖南省、吉林省、山东省、陕西省、安徽省、山西省、江苏省、福建省、浙江省、台湾地区、广东省、海南省、香港特别行政区、广西壮族自治区、海南省、四川省、云南省、西藏自治区有分布；日本、朝鲜、印度也有分布。

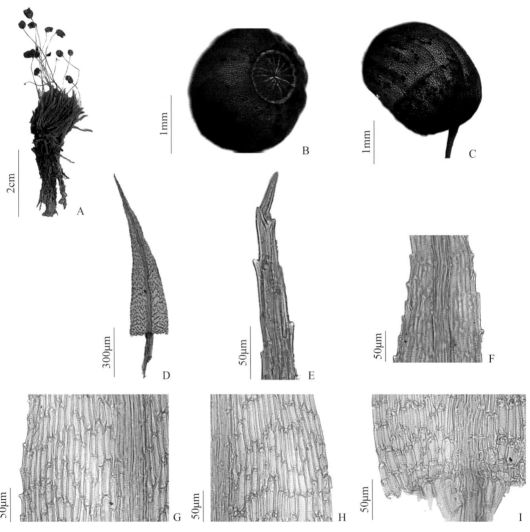

图167　细叶泽藓 *Philonotis thwaitesii* Mitt. 形态结构图

A. 植株；B、C. 孢蒴；D. 叶片；E. 叶尖细胞；F. 叶上部细胞；G. 叶中部近中肋细胞；H. 叶中部边缘细胞；I. 叶基部细胞

（凭证标本：陈妞，2762）

150. 斜叶泽藓 *Philonotis secunda*（Dozy & Molk.）Bosch & Sande Lac.

　　本种与偏叶泽藓的区别：叶片狭披针形、长三角形，先端狭长，渐尖，微向一侧偏斜，或向一侧弯曲，有长尖；叶细胞线形、长菱形，壁厚；中基部细胞宽大，呈长方形、方形。

　　生境：生于潮湿的岩石上，或河边。

　　分布：产于湖北省宣恩七姊妹山等地；台湾地区、四川省、云南省、西藏自治区有分布；印度尼西亚也有分布。

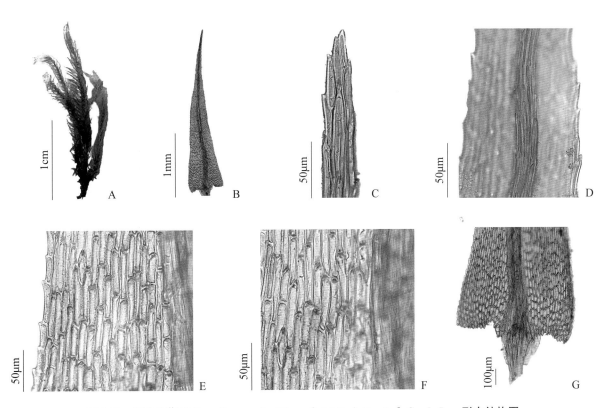

图 168 斜叶泽藓 *Philonotis secunda*（Dozy & Molk.）Bosch & Sande Lac. 形态结构图

A. 植株；B. 叶片；C. 叶尖细胞；D. 叶中部中肋细胞；E. 叶中部近中肋细胞；F. 叶基部近中肋细胞；G. 叶基部细胞

（凭证标本：吴林，Q160816009）

151. 珠状泽藓 *Philonotis bartramioides*（Griff.）D. G. Griffin & W. R. Buck

植物体直立，高 2～4cm，顶端丛生分枝，枝叶绿色、翠绿色，直立微背仰，排列密集。叶片阔披针形、阔三角形，枝端叶片较小，中下部叶片较大，叶片平展，叶边不全卷，上部微有齿，中下部全缘；中肋直立或微蛇形弯曲。叶顶端细胞长菱形，中部细胞方形、长方形，疣突在细胞顶端；叶基细胞方形或圆多角形，透明。雌雄同株。孢蒴圆形，直立，有纵条纹，红褐色，蒴柄长 1.5～2cm。

生境：生于有滴水的岩石上、潮湿土壤上。

分布：产于湖北省宜昌大老岭、宣恩七姊妹山等地；山东省、福建省、贵州省、湖南省、云南省、台湾地区、四川省、山西省有分布；印度、欧洲等也有分布。

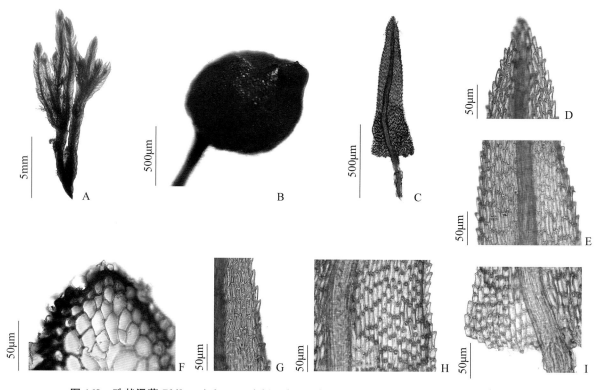

图 169　珠状泽藓 *Philonotis bartramioides*（Griff.）D. G. Griffin & W. R. Buck 形态结构图
A. 植株；B. 孢蒴；C. 叶片；D. 叶尖细胞；E. 叶中部细胞；F. 茎横切；G. 叶上部细胞；H. 疣；I. 叶基部细胞
［凭证标本：陈妞，3163（a）］

（六十一）平珠藓属 *Plagiopus* Brid.

植物体密集丛生。茎直立或倾立，基部单一，上部叉形分枝或成丛分枝；中下部密被假根；横切面呈三角形，中轴不明显，外皮细胞无色。叶密生，倾立微背仰，阔或狭披针形，渐尖，下端内卷；叶片单层细胞，仅叶基及部分边缘具 2 层细胞，叶片多有条纹；基部不呈鞘状,狭披针形或细长披针形,具长尖,尖部明显内折;叶边为单列齿;中肋细长,不粗壮,平滑,仅基部呈黄褐色,色较深。叶细胞厚壁,无壁孔,方形或长方形,平滑,无乳头状突起;基部细胞较长,基部近中肋处细胞特长且胞壁特薄,近边缘细胞渐短近于方形。雌雄同株或异株。蒴柄高出,紫红色。孢蒴直立,球形略背凸,棕色,具纵皱纹。蒴齿两层,外齿层齿片平滑,内齿层淡黄色,较短,齿条无穿孔;齿毛有时不发育。蒴盖小,短圆锥体形。

　　本属全世界2种;中国1种;湖北有分布。

152. 平珠藓 *Plagiopus oederianus*（Sw.）H. A. Crum & L. E. Anderson

种的特征同属。

生境:生于高山潮湿的岩石上、近水湿处。

分布:产于湖北省五峰后河等地;贵州省、辽宁省、吉林省、陕西省、新疆维吾尔自治区、四川省、云南省、西藏自治区有分布;加拿大、格陵兰、美国、日本及欧洲也有分布。

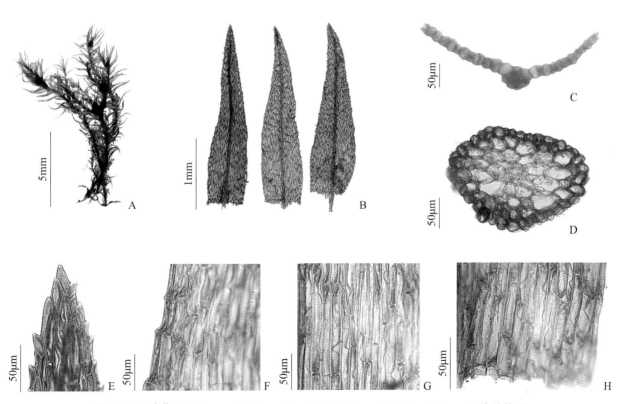

图 170　平珠藓 *Plagiopus oederianus*（Sw.）H. A. Crum & L. E. Anderson 形态结构图

A. 植株;B. 叶片;C. 叶横切;D. 茎横切;E. 叶尖细胞;F. 叶中部边缘细胞;G. 叶中部近中肋细胞;H. 叶基部细胞

（凭证标本:吴林,X160822006）

植物体绿色、黄绿色、灰白色、白色或微红色,常不止一种颜色。茎高 0.1～10cm,有时柔荑花序状,分枝至不分枝,稀有匍匐枝;假根稀疏至大量,颜色多变,表面光滑至有疣。叶干时覆瓦状、弯曲至扭曲,湿时直立至伸展,阔披针形、卵形、卵状披针形、倒卵形或匙形,叶基下延或不下延,叶缘平直或背卷,叶尖圆钝至渐尖或急尖,有时有细齿;中肋达尖或突出,有时长芒状;叶细胞均一或分化,叶基细胞方形、长方形,叶中部细胞与叶尖部相似,六边形至长菱形,有时蠕虫形。常有无性繁殖。雌雄异株或同株。孢蒴直立、倾立至下垂,卵形、圆柱形或梨形,偶见两侧对称。环带常存,卷曲;蒴盖圆锥形,有时有喙;互生双齿,稀退化为一层,外齿层齿片三角形至披针形,内齿层透明,齿条狭或宽,常有穿孔,基膜低至高,齿毛存在,1～3 条一组,常有不同程度的退化。孢子直径 8～40μm。

本科全世界 18 属。中国 5 属;湖北 5 属。

（六十二）银藓属 *Anomobryum* Schimp.

植株小,集群生长,灰绿色至黄绿色。稍微至强烈柔荑花序状,外观常似绳子,长而柔软,不分枝或稀分枝,无匍匐枝。叶干时覆瓦状,湿时直立,阔卵形至卵状披针形,平直至内凹,基部不下延;叶缘上部平直,基部背卷或全部平直,叶缘全缘,叶尖阔圆钝至急尖;中肋不及顶或有短尖;叶中上部细胞长六边形至蠕虫形,基部细胞常方形或短长方形。叶腋处常有无性芽胞。孢蒴直立至下垂,长梨形、卵形或短圆柱形;蒴齿双层,外齿层灰黄色或棕褐色,齿片狭披针形,有横脊;内齿层基膜低至高,齿毛常存。

本属全世界 44 种。中国目前有 4 种;湖北 3 种。

153. 金黄银藓 *Anomobryum auratum* A. Jaeger

植株纤细,棕黄色,柔荑花序。叶紧密覆瓦状排列,阔卵状,内凹,钝尖;叶缘平直,无分化边;中肋细弱,为叶长的 1/2～2/3;中部细胞长蠕虫形,基部细胞排列疏松,方形至短长方形。无无性芽胞。

生境:海拔 1480～1980m 的岩面土生,树干基部生,土生。

分布:产于湖北省宣恩七姊妹山;广西壮族自治区、陕西省、西藏自治区、新疆维吾尔自治区、内蒙古自治区、广东省、云南省、台湾地区、安徽省、河北省有分布;菲律宾、南亚、非洲、澳大利亚也有分布。

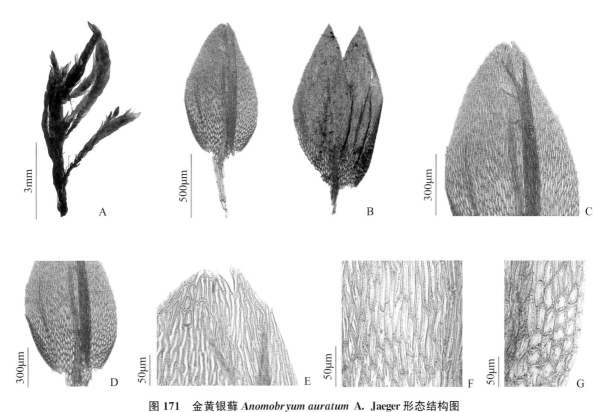

图 171 金黄银藓 *Anomobryum auratum* A. Jaeger 形态结构图

A. 植株;B. 叶片;C. 叶上部;D. 叶下部;E. 叶尖部细胞;F. 叶中部细胞;G. 叶基部细胞

(凭证标本:吴林,Q160813070)

154. 芽胞银藓 *Anomobryum gemmigerum* Broth.

植物体近同于银藓 *A. julaceum*，不育枝叶腋常具众多红褐色无性芽胞，数十个至成百个群居或丛集着生，叶原基发育不全或不发育，芽胞顶部常具有淡绿色、透明、较小的叶原基，基部圆锥形，而后者在每个叶腋处仅单生或有少数芽胞，叶原基发育良好，叶片状。

生境：生于土表或岩面薄土上。

分布：产于湖北省黄石、宣恩七姊妹山、五峰后河等地；广西壮族自治区、西藏自治区、贵州省、江西省、重庆市、湖南省、云南省、安徽省、四川省、甘肃省、山东省、陕西省、辽宁省、吉林省、河北省、河南省有分布；尼泊尔、菲律宾也有分布。

图 172 芽胞银藓 *Anomobryum gemmigerum* Broth. 居群

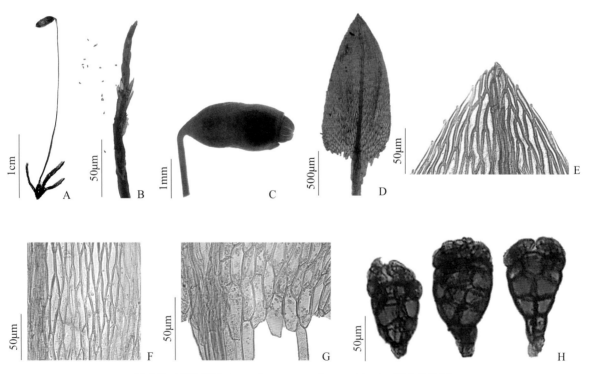

图 173 芽胞银藓 *Anomobryum gemmigerum* Broth. 形态结构图

A. 植株；B. 植株（示芽胞）；C. 孢蒴；D. 叶片；E. 叶尖细胞；F. 叶中部边缘细胞；G. 叶基部细胞；H. 芽胞

（凭证标本：童善刚，HH177）

155. 银藓 *Anomobryum julaceum* Schimp.

　　植物体细长，黄绿色至灰绿色，具弱光泽。叶紧密覆瓦状排列，卵状或长卵状至长圆形，强烈内凹，叶尖部钝，基部不下延；叶缘全缘或尖部有微齿，平直；中肋终止于叶尖下，偶尔达叶尖处；叶中部细胞从狭六边形或狭长菱形至线状蠕虫形多变，叶基部细胞长方形或长菱形，常透明或微红色。芽胞倒圆锥形，绿色，在每个叶腋处单生或少数，叶原基发育良好，叶片状。孢蒴长梨形，蒴齿发育完全，内齿层发育完全，基膜约占长度的 1/3。

　　生境：生于阴湿的溪流边、堤岸边，岩面土生、树干下部生、土生。

　　分布：产于湖北省神农架等地；海南省、贵州省、重庆市、广东省、云南省、四川省、陕西省、新疆维吾尔自治区、内蒙古自治区、辽宁省、吉林省、台湾地区、宁夏回族自治区、山西省、江西省、河南省、河北省、湖南省有分布；世界广布种。

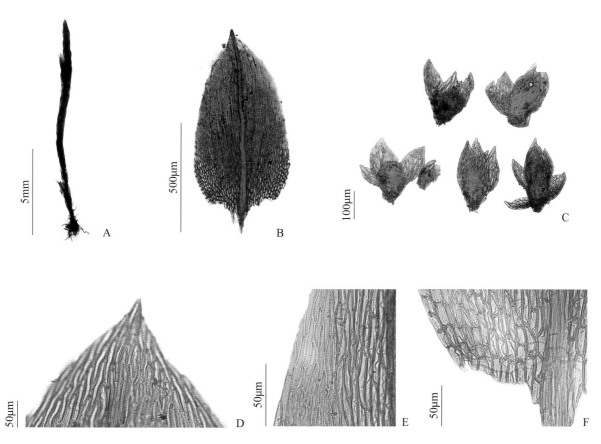

图 174　银藓 *Anomobryum julaceum* Schimp. 形态结构图

A. 植株；B. 叶；C. 芽胞；D. 叶尖部细胞；E. 叶中部细胞；F. 叶基部细胞

（凭证标本：刘胜祥，477a）

（六十三）短月藓属 *Brachymenium* Schwagr.

　　植株形成密集的垫状，绿色至红绿色。茎直立，高 0.3～1.5cm，具红色假根。叶常在茎顶聚成莲座状，干时不规则扭曲至绕茎螺旋状扭曲，湿时直立伸展，阔卵状、卵状披针形至舌状，叶先端具锯齿至细齿，急尖至圆钝，基部狭；叶缘平直或基部背卷；中肋短至长出；叶细胞多变，尖部与中部细胞相似，六边形、菱形或狭菱形，叶基部细胞常方形。常有无性生殖芽胞。雌雄异株。孢蒴直立至倾立，卵状至圆柱状，蒴齿双层，外齿层齿片线状披针形，内齿层基膜低，齿条缺失或短而钝，齿毛缺失或残存。

　　本属全世界 82 种。中国目前有 15 种；湖北 4 种。

156. 宽叶短月藓 *Brachymenium capitulatum* Kindb

　　植物体中等大小，约 1cm 高，上部绿色，下部褐色。茎直立，叶密生，下部具红色假根，具 2 个以上的新生枝，顶部似花状，下部叶较少，干时扭曲贴茎。叶卵圆状匙形，2.5～4mm 长，约 1mm 宽，渐尖，由基部向上 2/3 边缘外卷，上部平滑或具小齿；中肋强壮，贯顶长出呈芒状，基部微红色，上部黄绿色。叶细胞壁薄，斜长方形，基部细胞长方形；边缘细胞分化，呈 1～3 列狭的细胞。雌苞叶狭，稍短。蒴柄直立，长 2～2.5cm。孢蒴直立，卵圆形，长 2.5～4mm，蒴口狭小。

　　生境：生于腐木、树干上及岩面薄土上。

　　分布：产于湖北省宜昌大老岭、神农架等地；西藏自治区、贵州省、陕西省、重庆市、广东省、云南省、台湾地区、宁夏回族自治区有分布；不丹、尼泊尔、印度、非洲也有分布。

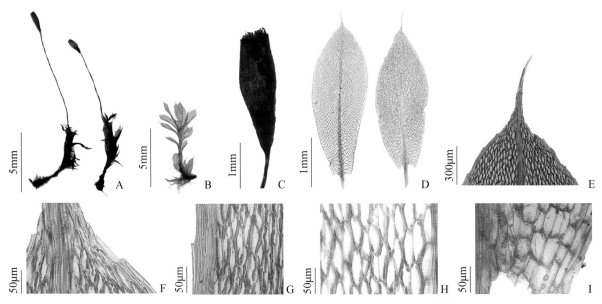

图 175　宽叶短月藓 *Brachymenium capitulatum* Kindb 形态结构图

A. 植株干湿对照；B. 植株；C. 孢蒴；D. 叶片；E. 叶尖；F. 叶尖部细胞；G、H. 叶中部细胞；I. 叶基部细胞

（凭证标本：刘胜祥，10496-1）

157. 纤枝短月藓 *Brachymenium exile* Bosch & Sande Lac.

植株矮小,密集丛生,黄绿色,茎单一。叶在茎上紧密覆瓦状排列,卵状披针形至卵状,内凹,中下部边缘背卷,全缘;中肋粗壮,突出成长芒尖,叶中上部细胞斜方形至长六边形,基部细胞长方形,薄壁至稍厚壁,叶腋处着生大量红棕色的无性芽胞。孢蒴短棒状,直立,台部细;外齿层发育完好,内齿层基膜约为外齿层的 1/2 高,齿条及齿毛败育。

生境:滴水岩壁生,墙根、路边土生或岩面薄土生,潮湿崖壁生,树基生。

分布:产于湖北省西南部;广西壮族自治区、福建省、西藏自治区、海南省、贵州省、上海市、广东省、云南省、澳门特别行政区、香港特别行政区、安徽省、四川省、山东省、新疆维吾尔自治区、江苏省、台湾地区、河北省有分布;韩国、日本、印度、中南美洲、太平洋岛屿、南亚至东南亚、南非也有分布。

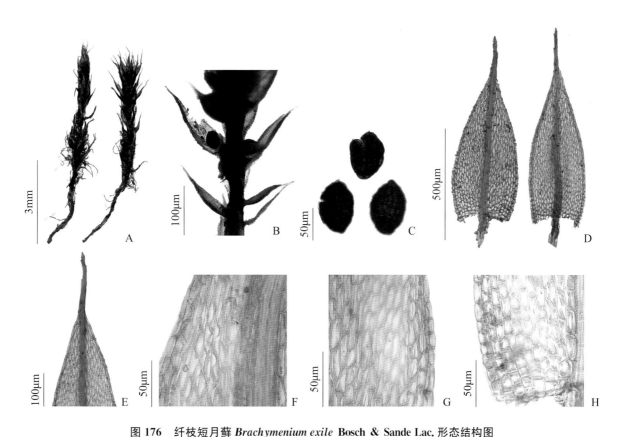

图 176　纤枝短月藓 *Brachymenium exile* Bosch & Sande Lac. 形态结构图

A. 植株干湿对照;B. 植株上部(示芽胞);C. 芽胞;D. 叶片;E、F. 叶尖部细胞;G. 叶中部细胞;H. 叶基部细胞

(凭证标本:彭丹,285)

158. 短月藓 *Brachymenium nepalense* Hook.

植物体多强壮，中等大小，群集丛生，无或略具光泽，黄绿色至深绿色。茎直立，新生枝数多，高可达2cm。基部具红褐色假根，叶多丛集生于枝的顶端，呈莲座状。下部叶稀而小。干时皱缩，紧密旋扭于茎上。叶长圆状舌形、长圆状匙形或卵状长圆形，渐尖，除上部边缘扁平具齿外，叶多全缘背卷；中肋粗壮，贯顶呈长芒状，下部及叶基部呈红褐色。上部叶缘分化为1~3列狭长的细胞，叶中部细胞多少壁薄，菱形至六角形，至基部渐呈长方形或近方形。雌雄同株异序。雌苞叶较短而狭，雄苞叶小，短圆形。蒴柄直立或稍曲。孢蒴直立，梨形至近棒状，台部粗。

生境：多生于树干上，腐木或岩面薄土生。

分布：产于湖北省黄石、神农架等地；广西壮族自治区、福建省、西藏自治区、贵州省、重庆市、上海市、广东省、云南省、安徽省、四川省、甘肃省、山东省、陕西省、浙江省、江苏省、内蒙古自治区、辽宁省、吉林省、台湾地区、黑龙江省、河北省、河南省也有分布；菲律宾、泰国、日本、非洲也有分布。

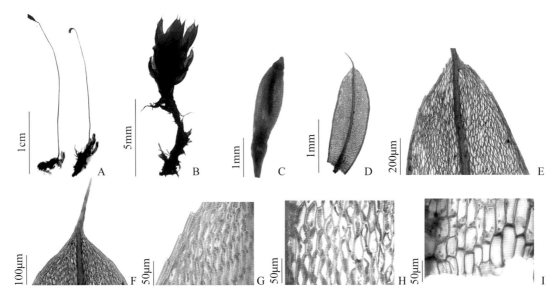

图177 短月藓 *Brachymenium nepalense* Hook. 形态结构图

A. 植株干湿对照；B. 植株；C. 孢蒴；D. 叶片；E. 叶上部；F、G. 叶尖部细胞；H. 叶中部细胞；I. 叶基部细胞

（凭证标本：刘胜祥，10225-1）

（六十四）真藓属 *Bryum* Hedw.

植物体单一或简单分枝。叶卵形、椭圆形或披针形，急尖、渐尖或具锐尖头，稀钝尖；上部边缘具细齿至全缘，下部或全部背卷，常具明显的分化边缘；中肋强劲，及顶或贯顶突出短尖、长芒状，偶见在叶尖下消失；叶细胞多数菱状六棱形，薄壁，下部方形至长方形。雌雄异株，雌雄同株异序或雌雄同株混生。孢蒴下垂或俯垂，常梨形、圆柱形，蒴台常明显，至蒴柄渐细或钝,气孔常存;环带宽,外卷。蒴盖凸形,圆锥状或圆顶状。蒴齿双层;外齿层齿片披针形;内齿层基膜较高,齿条通常与外齿层等高,龙骨状折叠,常具穿孔,齿毛1~3条,常具附片。蒴帽兜形。

本属全世界258种。中国50种;湖北30种。

159. 真藓(银叶真藓)*Bryum argenteum* Hedw.

植物体银白色至淡绿色,疏松丛状或成团状簇生,多少具光泽,茎短或较长。叶干湿均覆瓦状排列于茎上,宽卵圆形或近圆形,兜状,具长的细尖或短的渐尖乃至钝尖,上部无色透明,下部呈淡绿色或黄绿色,边缘不明显分化,具1~2列狭长方形细胞,全缘;中肋近绿色,在叶尖下部消失或达尖部。叶中部细胞长圆形或长圆状六角形,常延伸至顶部,上部细胞较大,无色透明,多薄壁,下部细胞六角形或长方形,薄壁或厚壁。孢蒴俯垂或下垂,卵圆形或长圆形,成熟后呈红褐色,台部不明显;外齿层上部透明,下部橙色,内齿层基膜达外齿层的 1/2 处,齿条具大的穿孔,齿毛通常 2~3 条,短于齿条,具小疣。孢子直径 10~15μm。

生境:生于阳光充裕的岩面、土坡、沟谷、林地焚烧后的树桩、城镇老房屋顶及阴沟边缘等处。

分布:产于湖北省武汉、黄石、黄冈、咸宁、宜昌、恩施等地;福建省、西藏自治区、贵州省、上海市、湖南省、广东省、澳门特别行政区、香港特别行政区、安徽省、四川省、新疆维吾尔自治区、江苏省、吉林省、宁夏回族自治区、河北省、河南省、广西壮族自治区、海南省、江西省、重庆市、云南省、北京市、甘肃省、山东省、陕西省、浙江省、内蒙古自治区、青海省、辽宁省、天津市、台湾地区、黑龙江省、山西省有分布;世界广布。

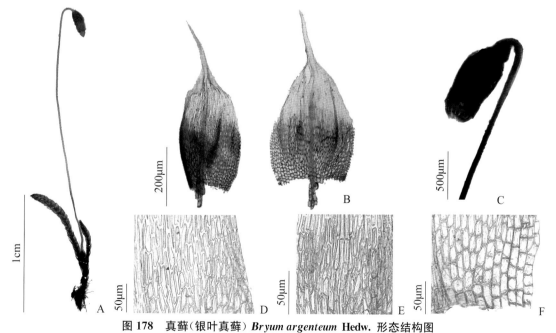

图 178　真藓(银叶真藓)*Bryum argenteum* Hedw. 形态结构图

A. 植株;B. 叶片;C. 孢蒴;D. 叶边缘细胞;E. 叶中部细胞;F. 叶基部细胞

(凭证标本:刘胜祥,10227-1)

160. 极地真藓 *Bryum arcticum*（Brown）Bruch et Schimp.

植物体长约 5cm,稀分枝,丛生。茎叶卵圆形至长披针形,长达 1.7mm,急尖,基部红色;叶边多全缘,背曲;中肋贯顶,下部红色。枝叶覆瓦状排列,卵圆形,内凹,叶中上部细胞六角形,薄壁,近边缘细胞狭,不明显分化 1～2 列线形细胞,下部细胞长方形。雌雄同序混生。蒴柄长 7～10mm,红褐色;孢蒴下垂,棒槌形至长梨形,长 1.5～2.2mm,台部稍短于壶部,具气孔;外齿层齿片黄褐色,内齿层基膜高约为外齿层的 1/2,齿条狭或发育不全,齿毛短或缺失。

生境:生于林下、山坡草地,土生或岩面薄土生。

分布:产于湖北省五峰后河、咸宁九宫山等地;山东省、西藏自治区、新疆维吾尔自治区、贵州省、内蒙古自治区、辽宁省、吉林省、黑龙江省、安徽省、四川省、河北省、山西省有分布;日本、欧洲、北美洲也有分布。

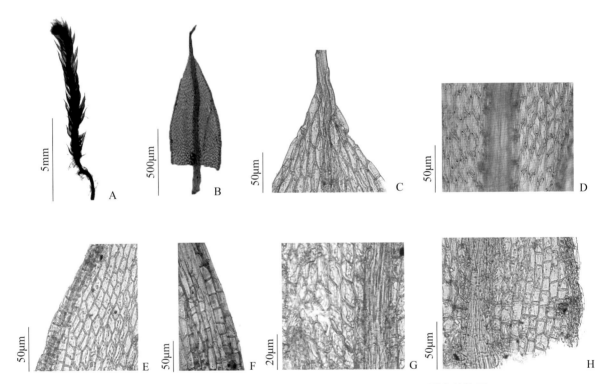

图 179　极地真藓 *Bryum arcticum*（Brown）Bruch et Schimp. 形态结构图

A. 植株;B. 叶片;C. 叶上部细胞;D. 叶中部细胞;E、F. 叶边缘细胞;G、H. 叶基部细胞

（凭证标本:郑桂灵,2925b）

161. 红蒴真藓 *Bryum atrovirens* Vill. ex Brid.

　　植物体稀疏丛生，绿色或黄绿色；植株小型，柔弱。茎直立，高 5～14mm，较少分枝，茎中上部具假根，基部密生假根。叶在茎上均匀排列，叶干时贴茎，不扭曲，叶湿时直立或倾展；卵圆形至长卵形，先端渐尖，叶面至强烈内凹，叶下部边缘背卷，叶缘全缘或上部具齿突，叶边缘 2～3 列分化细胞；中肋贯顶或突出呈短尖，基部红色；叶中部细胞菱形或六边形，薄壁或稍厚壁，叶基部细胞长方形，长于中部细胞，绿色或略显红色。雌雄异株。蒴柄红褐色，高 22～31mm；孢蒴平列或下垂，圆柱状或棒状，红褐色，具光泽。

　　生境：土生或岩面薄土生。

　　分布：产于湖北省武汉、神农架等地；山东省、浙江省、西藏自治区、新疆维吾尔自治区、贵州省、江苏省、江西省、台湾地区、澳门特别行政区、香港特别行政区、甘肃省、河北省、四川省有分布；日本、欧洲、北美洲也有分布。

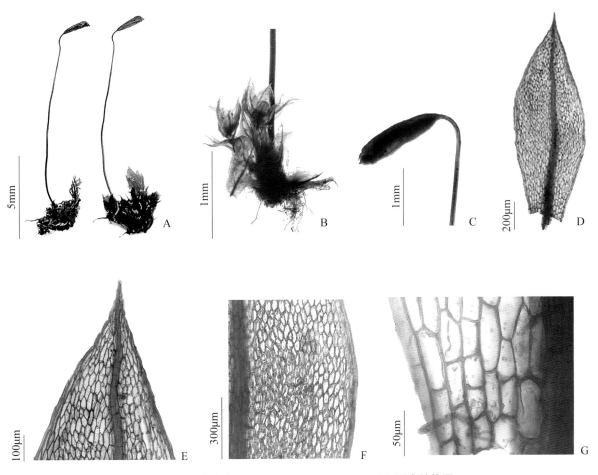

图 180　红蒴真藓 *Bryum atrovirens* Vill. ex Brid. 形态结构图

A. 植株干湿对照；B. 潮湿时植株；C. 孢蒴；D. 叶片；E. 叶尖细胞；F. 叶中部细胞；G. 叶基部细胞

（凭证标本：刘胜祥，10248-1）

162. **比拉真藓** *Bryum billarderi* Schwägr.

　　植物体多型大，茎高可达 20mm 或更高。叶在茎上均匀排列或下部叶较稀疏，茎下部叶较上部小，叶在茎端聚集呈莲座状。干时旋转贴茎或不规则皱缩。上部叶长可达 4.5mm，宽 2mm，广椭圆形、长圆形至倒卵圆形，急尖至短的渐尖，叶边缘由下至上 2/3 明显外卷，全缘，上部平，明显具钝齿；中肋长达叶尖或贯顶并突出呈短的芒状。叶中部细胞长六角形，边缘明显分化为 3～4 列，下部 5～6 列线形细胞。

　　生境：生于岩面薄土河岸、腐木及腐殖质上。

　　分布：产于湖北省恩施星斗山、五峰后河、神农架等地；广西壮族自治区、福建省、西藏自治区、贵州省、江西省、重庆市、湖南省、云南省、香港特别行政区、安徽省、四川省、陕西省、山东省、浙江省、新疆维吾尔自治区、江苏省、台湾地区、海南省有分布；日本、北美洲、非洲、新西兰、澳大利亚也有分布。

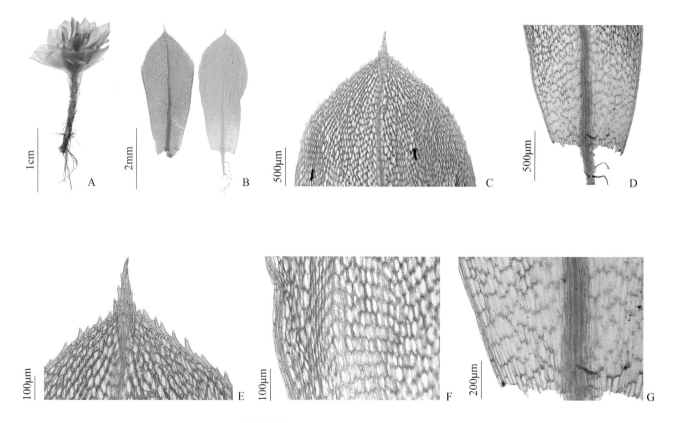

图 181　比拉真藓 *Bryum billarderi* Schwägr. 形态结构图

A. 植株；B. 叶片；C. 叶上部；D. 叶下部；E. 叶尖部细胞；F. 叶中部细胞；G. 叶基部细胞

（凭证标本：刘胜祥，10080-3）

163. 卵藓真藓 *Bryum blindii* Bruch & Schimp.

植物体稀疏丛生,绿色或黄绿色;植株小型。茎直立,高 3～8mm,较少分枝,基部密生假根。叶在茎上呈紧密覆瓦状排列;叶干时贴茎,不扭曲,叶湿时直立或倾展;卵状披针形至披针形,叶面内凹至强烈内凹,边缘背卷,叶缘全缘,叶边缘 1～2 列狭窄细胞,分化不明显;中肋细弱,中肋到顶或在叶尖下消失;叶尖渐尖,叶中部细胞短的蠕虫形,厚壁。植物体具腋生芽胞,具叶原基分化。雌雄异株。孢蒴平列或下垂,短梨形或球形,黄褐色;蒴台不显著,短于壶部;蒴口小,盖圆锥状顶端具短尖。

生境:土生,岩面薄土生,或低洼湿地生。

分布:产于湖北省武汉市;山东省、新疆维吾尔自治区、贵州省、云南省、宁夏回族自治区、河南省、四川省、西藏自治区、安徽省有分布;日本、欧洲、北美洲也有分布。

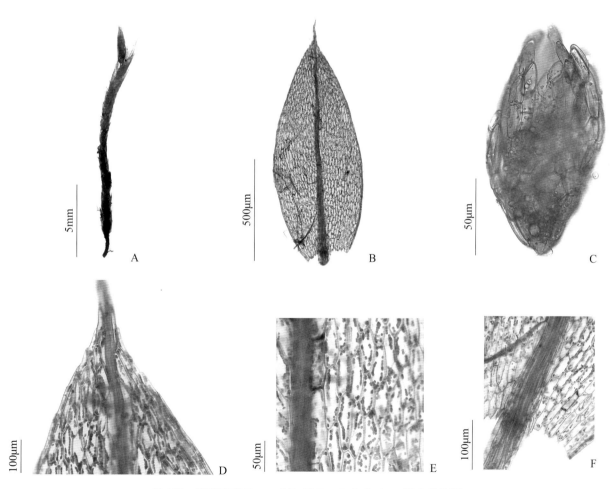

图 182　卵藓真藓 *Bryum blindii* Bruch & Schimp. 形态结构图

A. 植株;B. 叶片;C. 芽胞;D. 叶尖部细胞;E. 叶中部细胞;F. 叶基部细胞

(凭证标本:刘胜祥,008)

164. 细叶真藓 *Bryum capillare* Hedw.

植物体密集丛生或簇生,绿色或黄绿色。茎直立,高 7~20mm,基部多分枝,基部密生假根。叶在茎端聚集呈莲座状,叶干时不贴茎,强烈扭曲,叶湿时向外伸展;叶卵圆形至长卵形,边缘背卷,叶缘上部明显具齿,叶边缘 1~2 列狭窄细胞;中肋粗壮,中肋贯顶或突出成短尖;叶尖渐尖,叶中部细胞菱形或六边形,叶基部细胞长方形,绿色或略显红色;植物体具假根生芽胞。蒴柄红褐色,孢蒴平列或下垂,圆柱状或棒状,黄褐色。蒴盖具喙状突起。

生境:生于土面、岩面薄土及高山流石滩上。

分布:产于湖北省武汉、来凤、宣恩七姊妹山、五峰后河、宜昌大老岭等地;福建省、西藏自治区、贵州省、上海市、广东省、澳门特别行政区、香港特别行政区、安徽省、四川省、江苏省、吉林省、宁夏回族自治区、河北省、广西壮族自治区、重庆市、云南省、山东省、陕西省、浙江省、新疆维吾尔自治区、内蒙古自治区、天津市、辽宁省、台湾地区、山西省、甘肃省、河南省、江西省有分布;世界广布。

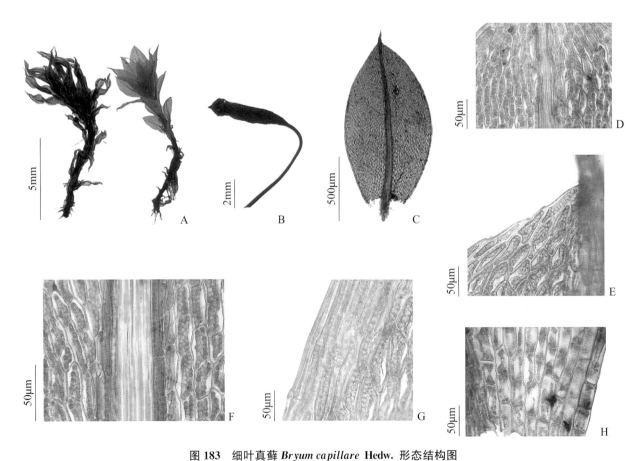

图 183　细叶真藓 *Bryum capillare* Hedw. 形态结构图

A. 植株干湿对照;B. 孢蒴;C. 叶片;D. 叶尖部细胞;E. 叶尖部边缘细胞;

F. 叶中部细胞;G. 叶中部边缘细胞;H. 叶基部细胞

(凭证标本:刘胜祥,8177-1)

165. 柔叶真藓 *Bryum cellulare* Hook.

植物体黄绿色至红色,茎短,圆柱状,下部叶略小而稀,上部叶稍大而密。叶卵圆形或长圆状披针形,长 0.8～1.5mm,兜状,钝尖或顶部具小急尖头。边缘平展,全缘;中肋在叶尖下部消失或达顶。叶中部细胞稀疏,菱形或伸长的六角形,达叶尖,薄壁。边缘有 1～2 列较宽的不明显薄壁线状菱形细胞构成的分化边缘;下部细胞长方形。雌雄异株。孢蒴倾斜至平列,平时皱缩,梨形,大小不定,红褐色。蒴台明显短于蒴壶,基部锥形。蒴盖圆锥形,顶部具短尖头。外齿片具不明显的疣,上部透明。内齿层基膜低,齿条线形,稍短于外齿层。齿条狭的割裂。齿毛缺。

生境:湿润林下土生或生于岩面薄土上。

分布:产于湖北省武汉、宜昌、恩施等地;福建省、西藏自治区、贵州省、江西省、重庆市、上海市、广东省、云南省、澳门特别行政区、香港特别行政区、安徽省、山东省、陕西省、浙江省、新疆维吾尔自治区、江苏省、台湾地区有分布;南北半球的热带高海拔地区、温带地区、菲律宾、尼泊尔、日本、欧洲、北美洲、非洲、澳大利亚也有分布。

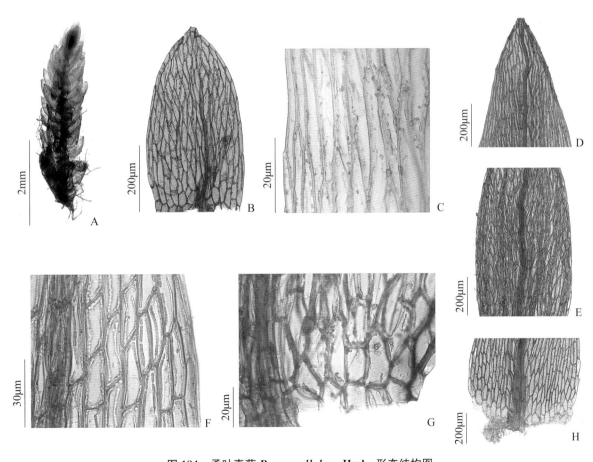

图 184 柔叶真藓 *Bryum cellulare* Hook. 形态结构图

A. 植株;B. 叶片;C. 叶上部边缘细胞;D. 叶上部细胞;E. 叶中部细胞;F. 叶边缘细胞;G、H. 叶基部细胞

(凭证标本:吴林,20160910001)

166. **圆叶真藓** *Bryum cyclophyllum*（Schwägr.）Bruch & Schimp.

　　植物体柔弱，稀疏丛生，高 2～4cm，绿色或黄绿色。茎直立，基部多分枝，茎中上部具假根，基部密生假根。叶柔软，不密集，干时强烈皱缩，湿时直展，长 2～2.2mm，长圆状卵圆形至椭圆形，顶部圆形，基部较狭，不明显的下延。边缘平直，全缘；中肋达叶尖下部。上部细胞长圆状菱形，边缘具数列狭长细胞，形成不明显的边缘分化。雌雄异株。孢蒴下垂，长倒卵形。

　　生境：生于林下或岩面薄土上。

　　分布：产于湖北省五峰后河、孝感等地；广西壮族自治区、西藏自治区、贵州省、云南省、安徽省、四川省、山东省、陕西省、新疆维吾尔自治区、江苏省、内蒙古自治区、辽宁省、吉林省、河南省、山西省、黑龙江省有分布；广布于北半球。

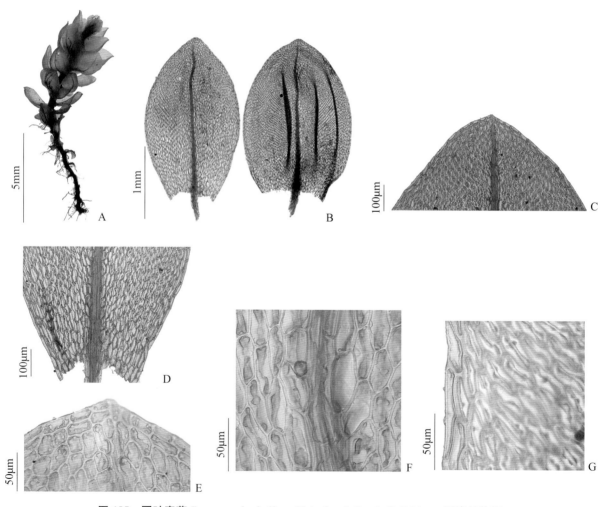

图 185　圆叶真藓 *Bryum cyclophyllum*（Schwägr.）Bruch & Schimp. 形态结构图

A. 植株；B. 叶片；C. 叶上部；D. 叶下部；E. 叶尖部细胞；F. 叶中部细胞；G. 叶边缘细胞

（凭证标本：田春元，孝感 076）

167. 宽叶真藓 *Bryum funkii* Schwägr.

　　植物体密集丛生或簇生,绿色或黄绿色;植株小型,柔弱。茎直立,高 8～23mm,基部多分枝,茎中上部具假根,基部密生假根。茎下部叶较上部小,叶在茎上均匀排列,在茎端较密集;叶卵圆形至长卵形,叶面内凹至强烈内凹,叶边缘平直,全缘,不分化;中肋粗壮,中肋到顶或在叶尖下消失,基部红色,中肋基部宽;叶尖急尖或具钝尖头,叶中部细胞菱形或六边形,叶基部细胞长方形,常短于中部细胞,绿色或略显红色。孢蒴平列或下垂,梨形或短梨形,黄褐色。

　　生境:林下倒木生、土生或生于岩面薄土上。

　　分布:产于湖北省武汉涨渡湖等地;西藏自治区、新疆维吾尔自治区、贵州省、河北省、北京市有分布;欧洲、加纳利亚群岛、非洲北部也有分布。

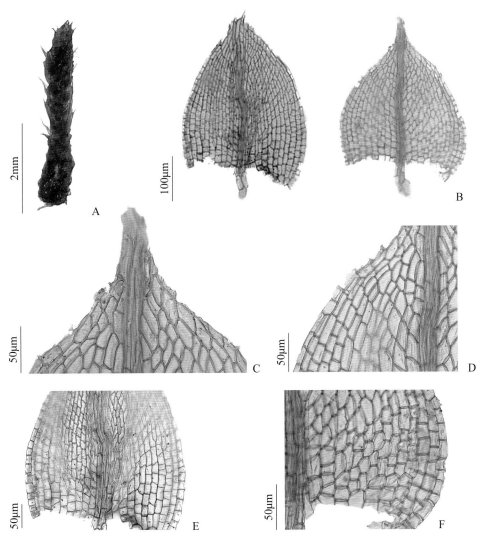

图 186　宽叶真藓 *Bryum funkii* Schwägr. 形态结构图

A. 植株;B. 叶片;C、D. 叶尖部细胞;E. 叶中下部细胞;F. 叶基部细胞

(凭证标本:童善刚,20210926)

168. 韩氏真藓 *Bryum handelii* Borth.

植物体密集丛生或簇生,黄绿色,植株中等大小,常具光泽。茎直立,基部多分枝,茎中上部具假根,基部密生假根。茎上部与下部叶大小无明显变化,叶在茎上呈不明显两列;叶卵圆形至长舌形,叶明显呈龙骨状,边缘背卷,叶缘全缘,叶边缘1～2列狭窄细胞,分化不明显;中肋细弱,中肋到顶至短出,基部红色,中肋基部宽,叶尖急尖或具钝尖头,叶中部细胞长蠕虫形,叶基部细胞长方形,红色或红褐色。

生境:生于高山溪水边、沼泽突起的石面上、常年流水的岩壁石隙等处。

分布:产于湖北省神农架等地;广西壮族自治区、陕西省、西藏自治区、贵州省、重庆市、湖南省、云南省、台湾地区、四川省、河北省有分布;喜马拉雅地区及日本也有分布。

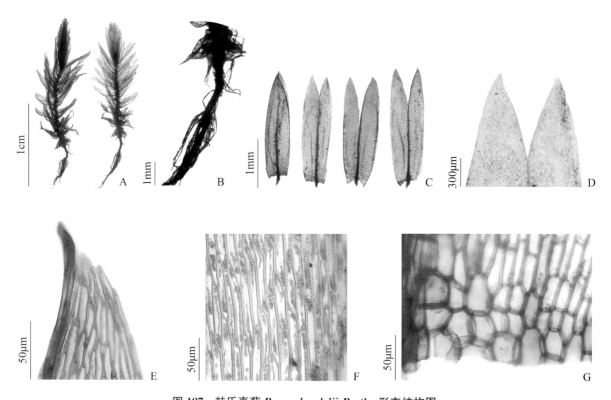

图 187　韩氏真藓 *Bryum handelii* Borth. 形态结构图

A. 植株干湿对照;B. 茎上假根;C. 叶片;D、E. 叶尖部细胞;F. 叶中部细胞;G. 叶基部细胞

(凭证标本:童善刚,HH1051)

169. 刺叶真藓 *Bryum lonchocaulon* Müll. Hal.

植物体黄绿色，上部略具光泽，下部褐色。茎高约 5mm。叶干时略扭曲紧贴，椭圆形披针形，顶部渐尖，兜状，长约 2.5mm，边缘由上至下外卷；中肋贯顶长出呈芒状。叶中部细胞长菱形，长 28～47μm，宽 10～18μm，长宽比例大于 1：2，略厚壁，边缘明显分化，下部细胞长方形，略大。雌雄同序。蒴柄长 10～18μm；孢蒴俯垂，长梨形至棒槌形，红褐色；台部略短于壶部；蒴盖圆锥状，顶部乳头状突起；蒴齿双层，内齿层略短于外齿层，齿条具大的穿孔，齿毛 2～3 条，明显具横节。孢子直径 16～22μm，具不明显的纹状疣。

生境：生于林下、路旁、潮湿的高山草丛，土生或岩生薄土。

分布：产于湖北省通山九宫山、大冶等地；西藏自治区、贵州省、江西省、云南省、北京市、四川省、山东省、陕西省、浙江省、新疆维吾尔自治区、江苏省、内蒙古自治区、辽宁省、吉林省、黑龙江省、宁夏回族自治区、河北省、山西省、河南省有分布；日本、亚洲中北部、北美洲、南美洲、非洲北部、新西兰也有分布。

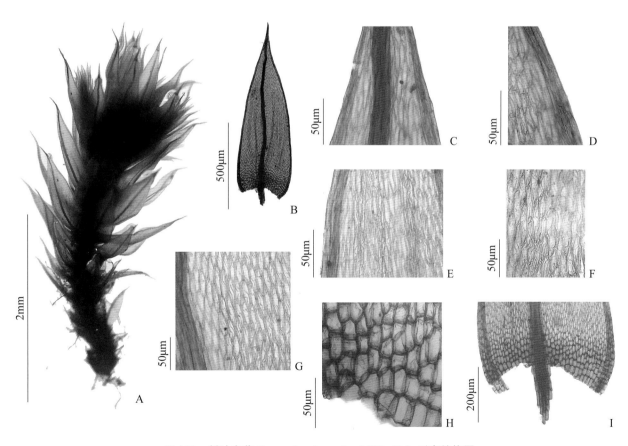

图 188　刺叶真藓 *Bryum lonchocaulon* Müll. Hal. 形态结构图

A. 植株；B. 叶片；C. 叶上部细胞；D. 叶上部边缘细胞；E、F、G. 叶中部细胞；H、I. 叶基部细胞

（凭证标本：陈桂英，3210）

170. 喀什真藓 *Bryum kashmirense* Broth.

植物体型小，密集簇生，高约 4mm。上部黄绿色，下部红褐色。新生枝由基部产生，细弱，茎微红色，顶部叶密集。叶近覆瓦状排列，长圆状卵圆形，兜状、渐尖，长 0.8～1.5mm，边缘平或具狭的外弯，全缘；中肋下部略带红色，上部淡黄褐色，粗壮，贯顶呈短的突出。叶细胞长菱形，向边缘逐渐变狭，但不形成明显的分化边缘。叶细胞壁适中或呈厚壁，雌苞叶无明显区别，蒴柄近直立，长 0.8～1.5cm，红褐色。孢蒴红褐色，平列或下垂，梨形或卵圆形，具短的台部，长 2～2.4mm，宽 0.8～0.9mm，蒴口大，蒴盖圆锥状。蒴齿健全，齿条具狭的穿孔，齿条 2 条；孢子圆球形，直径 9～14μm。

生境：生于林缘、林下，土生或岩面薄土生。

分布：产于湖北省神农架等地；西藏自治区、贵州省、湖南省、云南省、新疆维吾尔自治区有分布；克什米尔地区及印度也有分布。

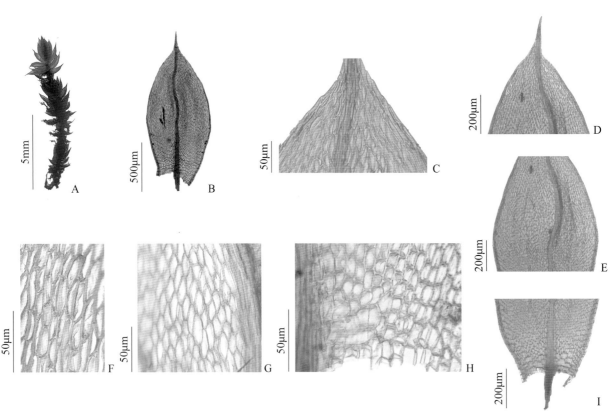

图 189 喀什真藓 *Bryum kashmirense* Broth. 形态结构图

A. 植株；B. 叶片；C. 叶尖细胞；D. 叶上部细胞；E. 叶中部细胞；F、G. 叶中部细胞；H、I. 叶基部细胞

（凭证标本：刘胜祥，10510-5）

171. 黄色真藓 *Bryum pallescens* Schleich. ex Schwägr.

植物体紧密丛集，黄绿色，上部微具光泽，下部褐色。茎长达 10mm，偶见更长，微红色。叶密集，干时紧贴于茎，无明显扭曲。下部叶卵状披针形，上部叶椭圆状披针形，渐尖，长达 2.5mm，边缘由上至下向外弯曲或卷曲；中肋贯顶具长芒状尖，基部稍具红色。叶中部细胞长六边形；边缘细胞线形，分化不明显或较明显；下部细胞长方形至长六角形。雌雄同株异序。蒴柄长 25～30mm，扭曲，微红褐色。孢蒴俯垂或倾斜至平列，棒状至椭圆状梨形，长约 3.5mm，深褐色。台部短于壶部，干时明显收缩；蒴盖圆锥形，渐尖。外齿层下部橙色，具疣。内齿层基膜高达外齿层1/2 处。齿条具大的穿孔。齿毛 2～3，稍短于齿条，具小节瘤或横节。孢子直径 15～20μm。

生境：生于高山草甸、林缘或路旁，土生或岩面薄土生。

分布：产于湖北省神农架等地；福建省、西藏自治区、贵州省、江西省、重庆市、上海市、广东省、云南省、安徽省、四川省、山东省、陕西省、浙江省、新疆维吾尔自治区、内蒙古自治区、辽宁省、吉林省、台湾地区、黑龙江省、河北省、山西省、河南省有分布；北半球温带地区、南美洲、非洲中部和北部、新西兰也有分布。

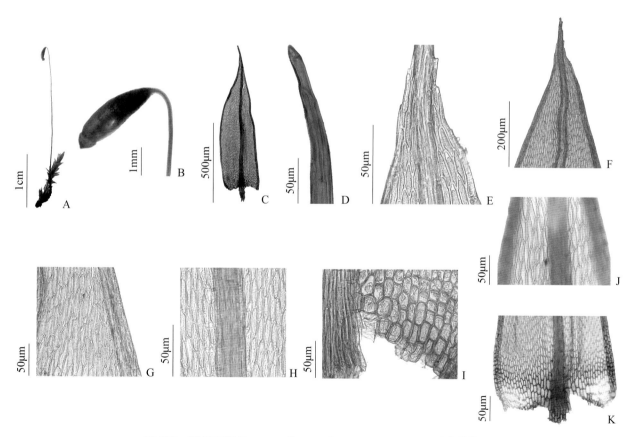

图 190 黄色真藓 *Bryum pallescens* Schleich. ex Schwägr. 形态结构图

A. 植株；B. 孢蒴；C. 叶片；D. 叶尖细胞；E、F. 叶上部细胞；G、H、J. 叶中部细胞；I、K. 叶基部细胞

（凭证标本：刘胜祥，10242-1）

172. **近高山真藓** *Bryum paradoxum* Schwägr.

植物体密集丛生,植株小型,绿色或黄绿色,常具光泽。茎直立,较少分枝,基部密生假根。叶在茎上均匀排列,在茎端较密集;叶干时贴茎,不扭曲,叶湿时直立或倾展;叶卵状披针形至披针形,叶面内凹至强烈内凹,边缘背卷,叶全缘或上部具齿突,叶边缘渐尖,叶尖部细胞厚壁,叶中部细胞长菱形或狭六边形,厚壁,叶基部细胞长方形,红色或红褐色。孢蒴平列或下垂,长梨形,红褐色。

生境:生于林下、林缘、山地路边,土生或岩面薄土生。

分布:产于湖北省宣恩七姊妹山、神农架等地;广西壮族自治区、西藏自治区、贵州省、湖南省、广东省、云南省、安徽省、甘肃省、山东省、陕西省、辽宁省、台湾地区、河南省、海南省、河北省、新疆维吾尔自治区有分布;朝鲜、韩国、日本、南美洲、太平洋岛屿也有分布。

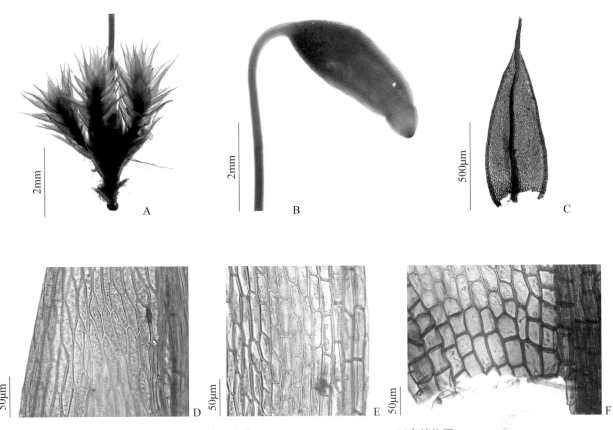

图 191　近高山真藓 *Bryum paradoxum* Schwägr. 形态结构图

A. 植株;B. 孢蒴;C. 叶片;D. 叶尖部细胞;E. 叶中部细胞;F. 叶基部细胞

(凭证标本:刘胜祥,10222-1)

173. 球蒴真藓 *Bryum turbinatum*（Hedw.）Turner

植物体黄绿色或黄褐色，下部褐色，茎达 15～40mm 高或更高，无光泽。叶干时紧贴，湿时倾展，明显宽的长圆状披针形至卵圆状三角形，略呈兜状，达 3mm 长，顶部渐尖，具或不明显下延，边缘平展或略背弯；中肋极顶或贯顶。叶中部细胞长宽比例大于 1∶2，除基部边缘外，叶边缘明显分化成 2～4 列狭长线形细胞，基部细胞明显膨大，红褐色，与上部细胞常具明显的界限。雌雄异株。蒴柄长 25～50mm。孢蒴垂倾，棒状至长梨形，长约 4mm，深褐色。内外齿 2 层，发育完全，齿毛 3～4 条。孢子直径 18～24µm。

生境：生于林下、土坡、山地溪水边，土生或岩面薄土生。

分布：产于湖北省通山九宫山等地；西藏自治区、贵州省、湖南省、云南省、陕西省、浙江省、新疆维吾尔自治区、江苏省、内蒙古自治区、天津市、河北省、山西省、河南省有分布；日本、欧洲、北美洲、非洲南部也有分布。

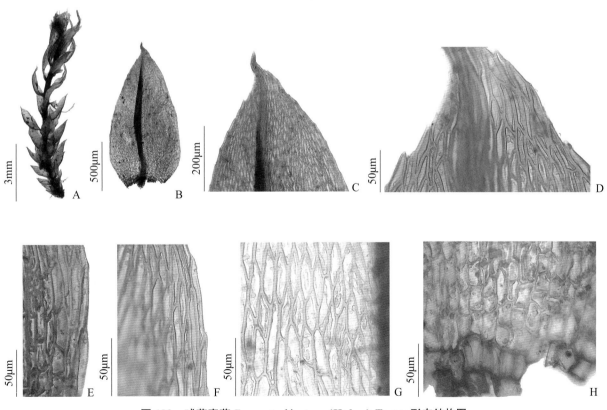

图 192　球蒴真藓 *Bryum turbinatum*（Hedw.）Turner 形态结构图

A. 植株；B. 叶片；C. 叶上部细胞；D. 叶尖细胞；E、F、G. 叶中部细胞；H. 叶基部细胞

（凭证标本：郑桂灵，2887）

174. **狭网真藓** *Bryum algovicum* Sendtn. ex Müll. Hal.

植物体密集丛生或簇生。上部黄绿色，下部褐色。茎长约10mm。叶干时不明显旋转贴茎，湿时略贴茎或斜展，长圆形至卵圆形，急尖或渐尖，长达2～3mm，全缘或上部具细圆齿，除顶部外稍外弯。中肋贯顶呈长芒状，平滑或具小齿，下部红褐色。叶中部细胞长圆状六角形或长椭圆形，下部细胞呈长方形，多为近红色，边缘分化不明显或呈2～4列线形分化细胞。蒴柄长10～30mm；孢蒴干时垂倾，湿时下垂呈鹅颈状，长梨形至长卵圆形，长2～3.5mm，深褐色；蒴口明显小于壶部；外蒴齿内侧有泡状纹饰，内蒴齿基膜贴附于外蒴齿。

生境：生于高山草甸、灌丛、路边，钙化土土生或岩面薄土生。

分布：产于湖北省大冶、宣恩七姊妹山等地；山东省、陕西省、新疆维吾尔自治区、贵州省、内蒙古自治区、青海省、宁夏回族自治区、安徽省、四川省、甘肃省、河北省、云南省、北京市有分布；日本、欧洲、北美洲、北极及环北极地区、非洲、南美洲的高纬度或高海拔地区，澳大利亚也有分布。

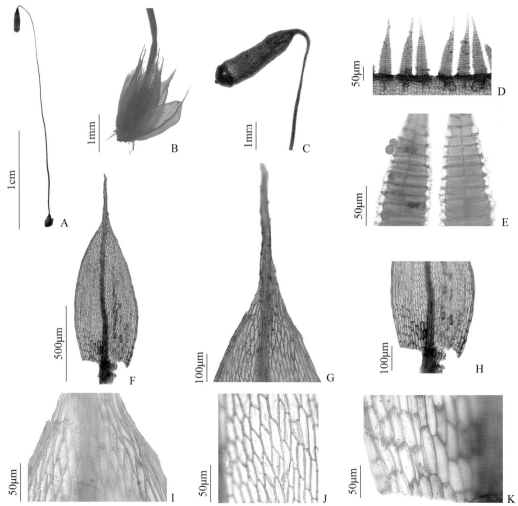

图193 **狭网真藓** *Bryum algovicum* Sendtn. ex Müll. Hal. 形态结构图

A、B 植株；C. 孢蒴；D、E 蒴齿；F. 叶片；G. 叶上部；H. 叶中下部；I. 叶尖部细胞；J. 叶中部细胞；K. 叶基部细胞

（凭证标本：刘胜祥，037）

175. 卵叶真藓 *Bryum calophyllum* R. Br.

植物体高达 1.5cm。叶干时皱缩呈松散的覆瓦状,湿时伸直开展,顶部叶较密集,形大,多呈莲座状,内凹,卵圆形至宽卵圆形,上部边缘具钝齿,下部边缘平直,上部叶边缘具狭的外弯,具不明显的细齿;中肋近黄色至褐色,达尖或在叶尖下部消失。叶中部细胞为六棱形;下部细胞长方形,边缘不明显分化,呈 1~2 列狭的较厚壁的细胞。雌雄同株异序。孢蒴下垂,椭圆形至狭倒卵形。齿毛不育。

生境:生于潮湿的岩面、沙丘、松散的地表、沼泽草甸。

分布:产于湖北省宜昌大老岭、神农架等地;陕西省、西藏自治区、新疆维吾尔自治区、上海市、内蒙古自治区、辽宁省、宁夏回族自治区、山西省、福建省、河南省、吉林省、山东省有分布;欧洲、美洲、非洲也有分布。

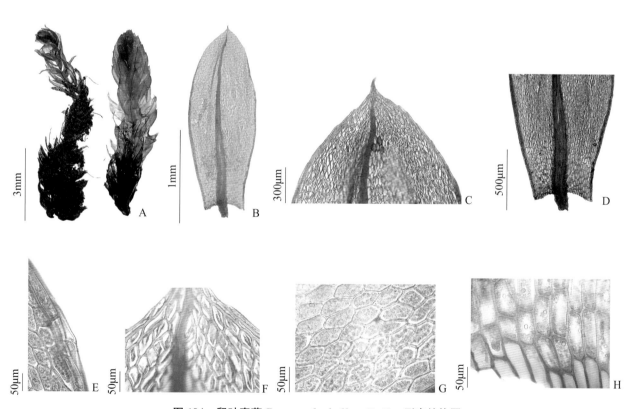

图 194 卵叶真藓 *Bryum calophyllum* R. Br. 形态结构图

A. 植株干湿对照;B. 叶片;C. 叶上部细胞;D. 叶中下部细胞;E. 叶边缘细胞;

F. 叶尖部细胞;G. 叶中部细胞;H. 叶基部细胞

(凭证标本:陈桂英,3124)

176. 蕊形真藓 *Bryum coronatum* Schwägr.

植物体密集丛生,黄绿色,无光泽,下部暗褐色。茎叶覆瓦状,披针形至卵状披针形,长达1.7mm,边缘由上至下背卷,全缘;中肋粗壮,褐色,贯顶具长芒状尖。枝叶三角状披针形。叶中部细胞菱状至伸长的六角形,边缘细胞狭长方形,下部细胞长方形。蒴柄长10~35mm,红褐色,孢蒴干时或湿时均俯垂至下垂,长圆形,长1.2~2mm,红褐色,稍具光泽。蒴台膨大,明显或微粗于壶部,基部圆钝。

生境:多生于喜光的沙质土及岩面薄土。

分布:产于湖北省武汉、五峰后河、恩施星斗山等地;山东省、陕西省、西藏自治区、贵州省、江苏省、湖南省、广东省、云南省、台湾地区、宁夏回族自治区、新疆维吾尔自治区、河北省、河南省、福建省、四川省、海南省、山东省、澳门特别行政区、香港特别行政区有分布;世界范围内的热带、亚热带和暖温带地区也有分布。

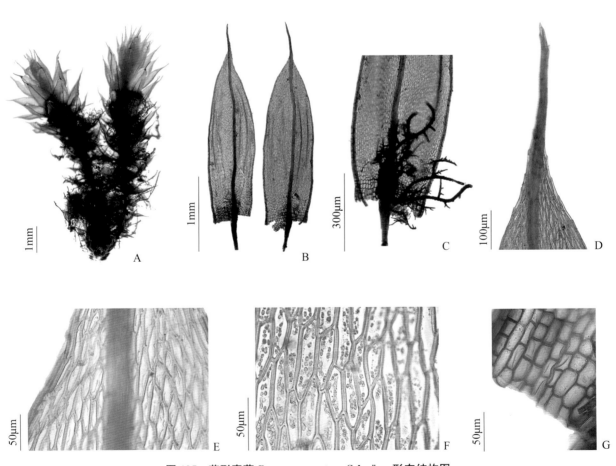

图 195 蕊形真藓 *Bryum coronatum* Schwägr. 形态结构图

A. 植株;B. 叶;C. 叶片(示假根);D、E. 叶尖部细胞;F. 叶中部细胞;G. 叶基部细胞

(凭证标本:刘胜祥,061-b)

177. 沼生真藓 *Bryum knowltonii* Barnes.

　　植物体密集丛生，黄绿色至褐色，具稍密集的假根，高 5～10mm，常具叉状分枝的新生枝。上部叶较大且较密集，干时直立或不明显的扭曲，湿时展开，长 2～2.5mm。叶片椭圆形至卵圆形，急尖或短的渐尖，基部不下延；叶边全缘，基部背卷或稍外弯；中肋粗壮，近顶至极顶，下部红色。中上部细胞长圆状棱形，厚壁，渐向边缘呈长而狭的细胞，但不形成明显的分化。雌雄同序混生。蒴柄长 12～25mm；孢蒴下垂，长 1.5～2.5mm，宽梨形，具短而明显的台部。

　　生境：草地土生。

　　分布：产于湖北省武汉、五峰后河等地；山东省、陕西省、浙江省、西藏自治区、新疆维吾尔自治区、贵州省、黑龙江省、云南省有分布；欧洲、北美洲也有分布。

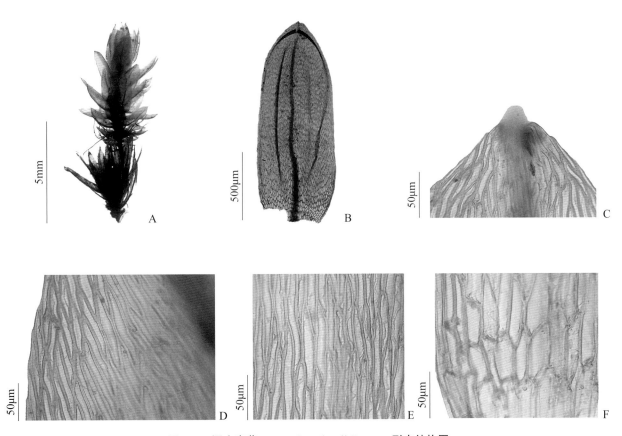

图 196　沼生真藓 *Bryum knowltonii* Barnes. 形态结构图

A. 植株；B. 叶片；C、D. 叶尖部细胞；E. 叶中部细胞；F. 叶基部细胞

（凭证标本：刘胜祥，5378）

178. 拟纤枝真藓 *Bryum petelotii* Thér. & R. Henry

　　植物体密集或稀疏丛生，银白色或白色，具光泽。茎直立，基部具叉状分枝。叶呈紧密覆瓦状排列，卵圆形或宽卵形，内凹，先端渐尖，叶缘平展，全缘，上部 1/2～2/3 无色透明，下部绿色，边缘无明显分化；中肋细弱，达叶片长度的 2/3～3/4 处。叶上部细胞狭菱形，无色透明，中部细胞菱形或长圆形，基部细胞方形，绿色。孢蒴直立或倾立，长梨形。

　　生境：生于路边，或建筑物周围土生。

　　分布：产于湖北省神农架等地；贵州省、云南省、新疆维吾尔自治区有分布；日本、中美洲热带地区也有分布。

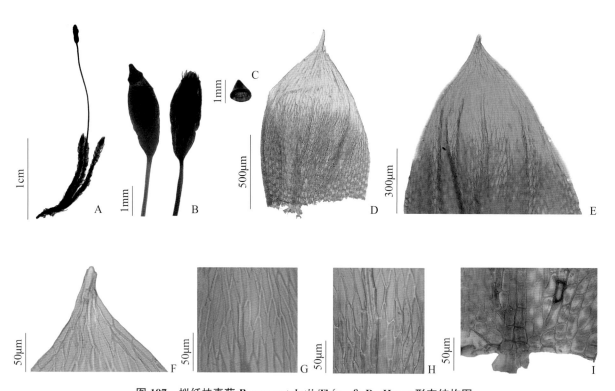

图 197　拟纤枝真藓 *Bryum petelotii* Thér. & R. Henry 形态结构图

A. 植株；B. 孢蒴；C. 蒴盖；D. 叶片；E. 叶上部；F、G. 叶尖部细胞；H. 叶中部细胞；I. 叶基部细胞

（凭证标本：刘胜祥，10070-1）

179. 紫色真藓 *Bryum purpurascens*（R. Br.）Bruch & Schimp.

雌雄同序混生。植物体高达 2cm。叶干时直立展开，卵圆形，渐尖，边缘狭的外弯。近尖部具细齿；中肋绿色至褐色，在叶尖下部消失至短的贯顶。细胞薄壁，多少狭六棱形。叶边缘分化呈 2～3 列狭长形黄色厚壁细胞。蒴柄长，弯曲。孢蒴长梨形，颈部与壶部近等长。蒴盖具乳头状尖头。外齿层齿片不透明，节间具平列的小疣。齿毛残缺。

生境： 生于岩石的缝隙中。

分布： 产于湖北省神农架、黄冈等地；山东省、陕西省、西藏自治区、新疆维吾尔自治区、辽宁省、吉林省、安徽省、河北省有分布；欧洲北部、北美洲也有分布。

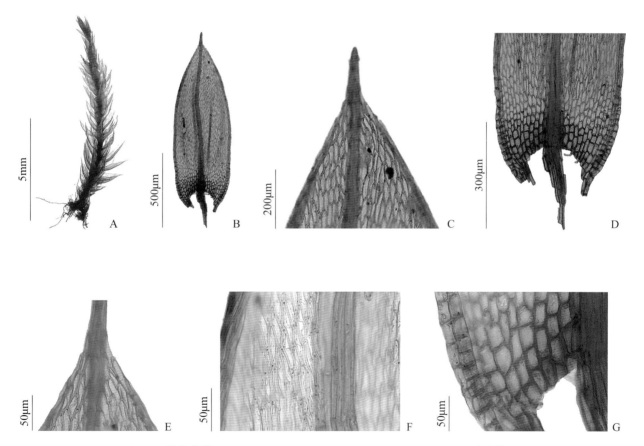

图 198 紫色真藓 *Bryum purpurascens*（R. Br.）Bruch & Schimp. 形态结构图

A. 植株；B. 叶片；C. 叶上部；D. 叶下部；E. 叶尖部细胞；F. 叶中部细胞；G. 叶基部细胞

（凭证标本：刘胜祥，606）

180. 弯叶真藓 *Bryum recurvulum* Mitt.

植物体密集丛生或簇生，绿色或黄绿色，植株小型，柔弱。茎直立，较少分枝，茎中上部具假根，基部密生假根。茎下部叶较上部小，叶在茎上均匀排列，叶干时贴茎，不扭曲，叶湿时直立或倾展，叶长圆形到椭圆形，兜状，短的渐尖，叶面内凹至强烈内凹，边缘背卷，叶缘全缘，叶边缘明细分化 3～5 列层细长细胞；中肋贯顶或突出呈短尖；叶中部细胞菱形或线状菱形，厚壁，叶基部细胞长方形。孢蒴平列或下垂，梨形，红褐色；具短的蒴台。

生境：生于石灰质林地，林下土生。

分布：产于湖北省大冶、宣恩县七姊妹山、通山九宫山等地；西藏自治区、贵州省、湖南省、云南省、安徽省、四川省、甘肃省、山东省、陕西省、新疆维吾尔自治区、吉林省、台湾地区、山西省有分布；不丹、泰国、印度尼西亚、日本也有分布。

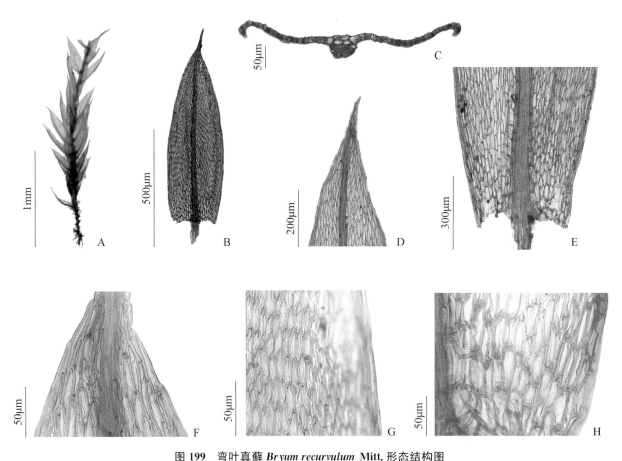

图 199 弯叶真藓 *Bryum recurvulum* Mitt. 形态结构图

A. 植株；B. 叶片；C. 叶横切；D. 叶上部；E. 叶下部；F. 叶尖部细胞；G. 叶中部细胞；H. 叶基部细胞

（凭证标本：郑桂灵，2527d）

181. 拟大叶真藓 *Bryum salakense* Cardot

植物体稀疏丛生,绿色或黄绿色;植株大型,粗壮。茎直立,基部多分枝,茎中上部具假根,基部密生假根。茎下部叶较上部小,叶在茎端聚集呈莲座状;叶干时贴茎,扭曲,叶湿时向外伸展;叶硬挺;倒卵形或匙形,边缘背卷,叶缘上部明显具齿,叶边缘明显分化 3～5 列层细长细胞;中肋贯顶或突出呈短尖,基部黄绿色,中肋基部宽;叶尖急尖或具钝尖头,叶尖部细胞明显长于中部细胞,叶中部细胞菱形或六边形,叶基部细胞长方形,绿色或略显红色;植物体具丝状芽胞。

生境:生于林下腐殖质中。

分布:产于湖北省宣恩七姊妹山、恩施、神农架林区等地;贵州省、江西省、云南省、台湾地区、安徽省、河南省、福建省、广西壮族自治区有分布;亚洲多地、欧洲也有分布。

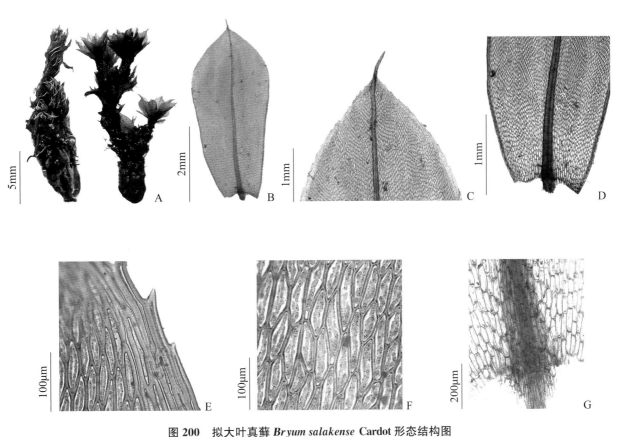

图 200 拟大叶真藓 *Bryum salakense* Cardot 形态结构图

A. 植株干湿对照;B. 叶片;C. 叶上部;D. 叶中下部;E. 叶尖部细胞;F. 叶中部细胞;G. 叶基部细胞

(凭证标本:彭丹,4467)

182. **布兰德真藓** *Bryum blandum* Hook. f. & Wilson

植物体密集丛生或簇生,黄绿色或多少具红色;植株小型,常具光泽或多少具光泽。茎直立,基部多分枝,茎中上部具假根,基部密生假根。茎上部与下部叶大小无明显变化,叶在茎上均匀排列;叶干时贴茎,不扭曲,叶湿时直立或倾展;叶薄而柔软,易破碎;卵圆形至长卵形或舌状,尖部圆钝,叶明显呈龙骨状,边缘背卷,叶缘全缘,叶边缘1~2列狭窄细胞,分化不明显;中肋细弱,中肋到顶或在叶尖下消失,基部红色,中肋基部宽;叶尖圆钝,叶中部细胞长菱形或狭六边形,叶基部细胞长方形,红色或红褐色。

生境:生于林下、山坡草地,土生或岩面薄土生。

分布:产于湖北省五峰后河等地;陕西省有分布;新西兰、澳大利亚、法属新喀里多尼亚群岛也有分布。

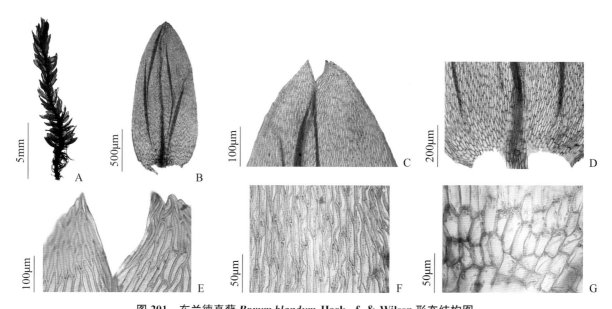

图 201 布兰德真藓 *Bryum blandum* Hook. f. & Wilson 形态结构图

A. 植株;B. 叶片;C. 叶上部;D. 叶下部;E. 叶尖部细胞;F. 叶中部细胞;G. 叶基部细胞

(凭证标本:彭丹,5430)

(六十五)平蒴藓属 *Plagiobryum* Lindb.

该属藓类植物体小型丛生,叶多覆瓦状排列,卵圆形至卵状长圆形,边缘直,全缘。中肋及顶或达近尖部,叶中部细胞疏松,常薄壁,六角形,近边缘狭,但不形成分化边缘,近叶基部稀疏。雌雄异株。蒴柄短,直或曲,孢蒴鹅颈状、棒状至梨形,弯曲,平列,通常不对称,具长的台部,蒴口常斜。具气孔及环带。蒴齿双层,外齿层短于内齿层,外齿片线状披针形,具疣;内齿层基膜高,齿条线形至披针形,具穿孔;齿毛缺失。

本属全世界10属。中国4种;湖北已知有2种。

183. **尖叶平藓藓** *Plagiobryum demissum*（Hook.）Lindb.

植株高 0.3～1.2cm，绿色至微红色。茎直立，柔弱，常有分枝。叶在茎覆瓦状排列，卵状披针形至长卵形，稍内凹，渐尖；叶缘背卷；中肋达叶尖至短出；中上部的细胞壁厚，狭六边形或菱形至长方形，基部细胞壁厚。孢蒴不对称，弓形弯曲，平列至下垂；外齿层黄色至棕色，近乎光滑至有纵纹。

生境：土生或岩面薄土生。

分布：产于湖北省神农架等地；山东省、陕西省、西藏自治区、新疆维吾尔自治区、贵州省、内蒙古自治区、辽宁省、云南省、河北省、青海省、四川省有分布；北半球广布种。

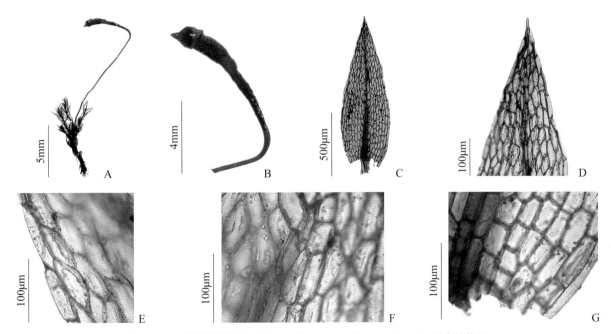

图 202 尖叶平藓藓 *Plagiobryum demissum*（Hook.）Lindb. 形态结构图
A. 植株；B. 孢蒴；C. 叶片；D. 叶尖部细胞；E、F. 叶中部细胞；G. 叶基部细胞
（凭证标本：刘胜祥，400）

（六十六）大叶藓属 *Rhodobryum*（Schimp.）Limpr.

植物体稀疏丛生，中到大型，具横走茎或者地下茎，地上茎直立或者斜生。叶大型，在茎顶端密集着生，呈莲座状。茎生叶与顶生叶异形。雌雄异株，蒴柄着生在顶部，孢蒴水平或下垂，长棒状，一个生殖苞常可出生 2 至多个孢蒴。

植物体中到大型，粗壮；具横走茎或地下茎，着生叶的茎常直立或斜生；茎叶倒卵形，在茎端密集排列成莲座形，茎下部叶退化或极小；中上部叶缘具单齿或双齿；中肋贯顶或短出；叶中上部细胞菱形或六边形；叶缘细胞多分化为 2～5 列狭长的厚壁细胞。一个生殖苞常可生出 2 至多个孢蒴；孢蒴长棒状，蒴台长。

本属全世界 19 种。中国 4 种；湖北 3 种。

184. 暖地大叶藓 *Rhodobryum giganteum* Paris

植物体超大型，鲜绿色，略具光泽，成片散生。茎横生，匍匐伸展，直立茎中上部具假根，下部叶片小而呈鳞片状、覆瓦状贴茎，顶部叶簇生呈大型莲座状，叶长倒卵形或长舌形，锐尖，基部明显狭小；叶边分化，上部具双列锐齿，下部略背卷；中肋单一，下部明显粗壮，长达叶尖；叶细胞薄壁，六角形，基部细胞长方形。雌雄异株。蒴柄着生直立茎顶端，单个或多个簇生。孢蒴圆柱形，平列或重倾。

生境：生于长江流域以南中山林地，小溪边或滴水岩边亦可生长。

分布：产于湖北省海拔 1000m 以上的山区，五峰后河、神农架红坪、竹山、宜昌大老岭、利川星斗山、宣恩七姊妹山分布比较集

图 203 暖地大叶藓 *Rhodobryum giganteum* Paris 居群

中；广西壮族自治区、福建省、西藏自治区、贵州省、江西省、重庆市、湖南省、广东省、云南省、香港特别行政区、安徽省、四川省、甘肃省、陕西省、浙江省、台湾地区、宁夏回族自治区有分布；日本、朝鲜、尼泊尔、北美洲、美国夏威夷群岛、非洲南部也有分布。

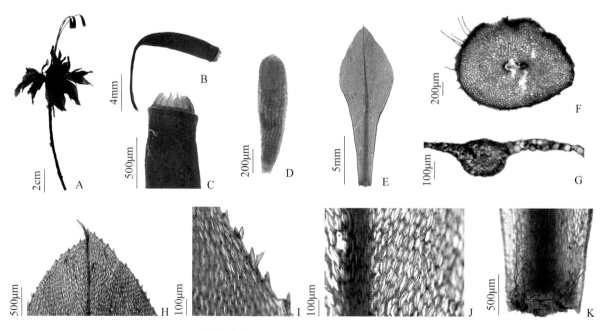

图 204 暖地大叶藓 *Rhodobryum giganteum* Paris 形态结构图

A. 植株；B、C. 孢蒴；D. 精子器；E. 叶片；F. 茎横切；G. 叶横切；H、I. 叶尖部细胞；J. 叶中部细胞；K. 叶基部细胞

（凭证标本：彭丹，5216）

植物体小型。茎常分枝。叶披针形至长椭圆形；叶中上部细胞狭长，线状菱形或蠕虫形。生殖苞多生于新生枝顶。蒴齿为互生双齿层，常有不同程度的退化或1层齿缺失；稀双层蒴齿缺失。

中国缺齿藓科共包括5属35种；湖北1属。

（六十七）丝瓜藓属 *Pohlia* Hedw.

植物体小型，茎常分枝，叶形和叶细胞为丝瓜藓型（Pohlia-type），披针形至长椭圆形，中上部细胞狭长，线状菱形或蠕虫形；生殖苞多生于新生枝顶；蒴齿为互生双齿层常有不同程度的退化或1层齿缺失，稀双层蒴齿缺失。丝瓜藓属在《中国生物物种名录2023版》上被归入提灯藓科，此处为方便读者阅读仍作为缺齿藓科。

本属全世界115种，分布于北美洲、南美洲、欧洲、非洲、太平洋岛屿（新西兰）、澳大利亚和亚洲。中国30种；湖北11种。

185. 丝瓜藓 *Pohlia elongata* Hedw.

植物体丛生，绿色无光泽。茎直立，常在基部生有新生枝条，基部具假根。下部叶披针形，上部叶线状披针形至线形，孢子壁表面具细点疣，边缘中下部常背卷，上部具细齿；中肋粗壮，伸至叶尖，叶中部细胞近线形，薄壁至稍厚壁，上部细胞长六边形至长菱形，基部细胞长方形。雌雄有序同苞。蒴柄长 1～4cm；孢蒴倾立或平列，形态多变，棒槌状或长梨形；台部比壶部细，等长或长于壶部，近蒴口处蒴壁细胞狭长方形，厚壁；蒴盖锥状见细尖头；蒴齿双层，外齿层黄褐色，具疣，外齿层基膜达外齿层的 1/2 至 1/4，齿条几无穿孔，齿毛 1～2 发育好或缺。孢子具细点状疣。

生境：生于林下路边，石生或者土生。

分布：产于湖北省神农架、五峰后河等地；黑龙江省、吉林省、新疆维吾尔自治区、陕西省、内蒙古自治区、河北省、上海市、安徽省、西藏自治区、四川省、云南省、江西省、湖南省、贵州省、福建省、广东省、广西壮族自治区、台湾地区、香港特别行政区有分布；为世界广布种。

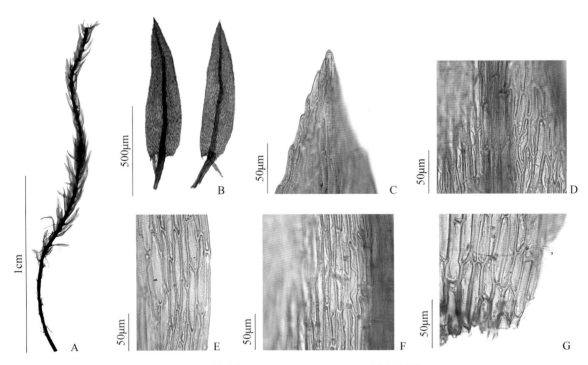

图 205 丝瓜藓 *Pohlia elongata* Hedw. 形态结构图

A. 植株；B. 叶片；C. 叶尖细胞；D. 叶上部细胞；E. 叶中部边缘细胞；F. 叶中部近中肋细胞；G. 叶基部细胞

（凭证标本：彭丹，319）

186. 泛生丝瓜藓 *Pohlia cruda*（Hedw.）Lindb.

植物体丛生，绿色、淡黄绿色至淡白绿色，明显具光泽，茎高 0.6～3cm 或略高，直立，近红色，下部叶阔卵状披针形至卵状长圆形，急尖或渐尖。中部叶狭长圆状披针形，长 2～2.5mm，宽 0.7mm；上部叶（雌苞叶）长披针形或近线形，长 3～3.5mm，宽 0.4mm，叶缘平展，上部边缘具细圆齿；中肋明显在叶尖部以下消失，下部红色。叶中部细胞狭线形或至近蠕虫形，长 65～120μm，宽 0.7μm，薄壁，叶上部和较下部细胞较短于叶中部细胞。雌雄异株，稀见雌雄有序同苞。蒴柄长 10～20mm，曲折。孢蒴多倾立至平列或下垂，长圆状梨形或棒状，台部不明显，内齿层基膜约为外齿层的 1/3。齿条明显穿孔，齿毛 2～3 条。孢子直径 16～26μm。

生境：生于山区林下及高山灌丛中、腐木上、腐殖质上，或湿地岩面薄土生或土生。

分布：产于湖北省西南部、团风大崎山、浠水三角山等地；西藏自治区、贵州省、广东省、云南省、北京市、安徽省、四川省、甘肃省、山东省、陕西省、浙江省、新疆维吾尔自治区、江苏省、内蒙古自治区、辽宁省、吉林省、台湾地区、黑龙江省、河北省、山西省有分布；东亚、北美洲、南极洲、南亚地区均有分布。本种为世界广布种。

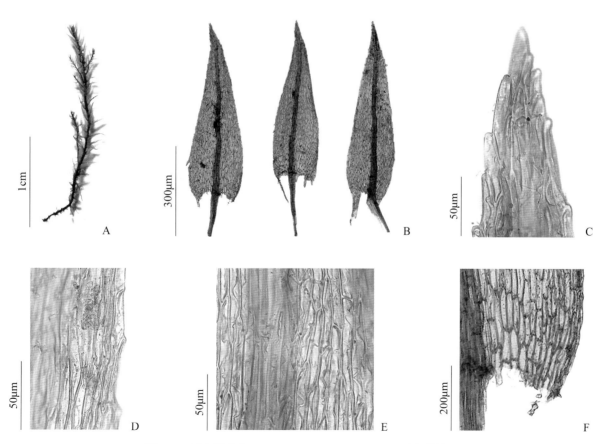

图 206　泛生丝瓜藓 *Pohlia cruda*（Hedw.）Lindb. 形态结构图

A. 植株；B. 叶片；C. 叶尖细胞；D. 叶中部边缘细胞；E. 叶中部近中肋细胞；F. 叶基部细胞

（凭证标本：彭丹，321）

187. 黄丝瓜藓 *Pohlia nutans*（Hedw.）Lindb

植物体稀疏或丛集生，深绿色至黄褐色，无光泽，茎约高5mm，通常单一，或在基部分枝，湿时外观叶多少扭曲。下部叶卵状披针形，渐上变大，上部叶长披针形，长1.5～3mm，宽0.5～0.8mm，叶尖部或多或少旋转，边缘多少向背面弯曲，中上部边缘见细齿；中肋粗壮，上部稍曲，背部明显呈龙骨状，达近尖部或不明显的贯顶。叶中部细胞线状菱形，长55～90μm，宽9～12μm，多少厚壁。雌雄有序同苞，蒴柄长1.5～2.5cm，黄橙色，孢蒴干时多下垂，湿时俯垂，短棒状，台部短于壶部，干时皱缩。内齿层基膜达外齿层的1/2。齿条具强的穿孔或裂开，齿毛2～3条，与齿条等长，具节疣或附片。孢子直径16～20μm。具粗疣。

生境：生于海拔3000～4000m的林下腐殖质上，常见于岩面薄土藓丛中。

分布：产于湖北省神农架等地；西藏自治区、贵州省、上海市、广东省、云南省、四川省、甘肃省、陕西省、浙江省、新疆维吾尔自治区、内蒙古自治区、辽宁省、吉林省、台湾地区有分布；东亚、非洲南部、北美洲、南极洲南亚地区也有分布。

图207 黄丝瓜藓 *Pohlia nutans*（Hedw.）Lindb 形态结构图

A. 植株；B. 叶片；C. 叶尖细胞；D. 叶中部近中肋细胞；E. 叶中部边缘细胞；F. 叶基部细胞

（凭证标本：彭丹，322）

188. 天命丝瓜藓 *Pohlia annotina* Lindb.

植株细长，绿色，无光泽。茎单一，稀分枝，0.5～2cm，绿色至橘色。叶干时略紧贴，上部稍扭曲，湿时直立伸展，披针形；叶基明显下延；叶边平直，基部稍背卷，上部 1/3 有锯齿；中肋及顶或在叶尖下消失；中上部细胞菱形至菱状长方形；基部细胞狭长方形。不育枝上常具腋生无性芽胞，芽胞多聚生，稀在老茎上单生，倒圆锥形、卵形至长蠕虫形，绿色至黄色或红色，顶端着生 2～5 个透明钉状叶原基，老的芽胞上叶原基为叶片状。孢子体未见。

生境：土生或石生。

分布：产于湖北省通城、五峰后河等地；西藏自治区、贵州省、上海市、辽宁省、吉林省、黑龙江省有分布；日本、土耳其、欧洲、北美洲、澳大利亚也有分布。

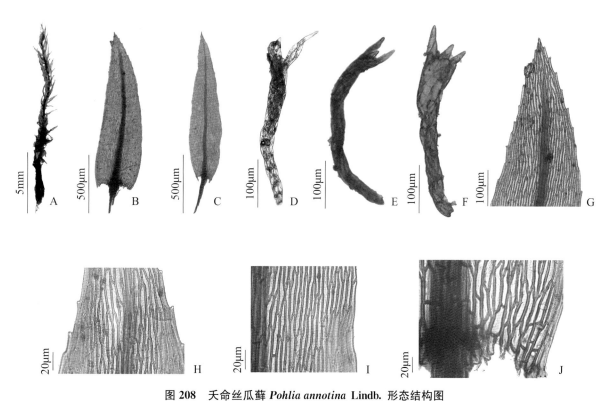

图 208　天命丝瓜藓 *Pohlia annotina* Lindb. 形态结构图

A. 植株；B、C. 叶片；D、E、F. 芽胞；G. 叶尖细胞；H. 叶上部细胞；I. 叶中部细胞；J. 叶基部细胞

（凭证标本：彭丹，4363）

二十七、提灯藓科 Mniaceae

植物体疏松丛生,多生于林地、林缘或沟边土坡上,呈鲜绿或暗绿色,茎直立或匍匐,基部被假根,不育枝多呈弓形弯曲或匍匐,生殖枝直立,少数种类茎顶具鞭状枝。叶多疏生,湿时伸展,干时皱缩或螺旋状扭卷,叶片多呈椭圆形或倒卵圆形,先端渐尖、急尖或圆钝,叶缘多具分化狭边,叶边具单列或双列锯齿,稀全缘,叶基狭缩或下延;中肋单一,粗壮,长达叶尖或在叶尖稍下处消失,背面先端具刺状齿或

平滑,叶细胞多呈五至六边形、矩形或近圆形,稀呈菱形,细胞壁多平滑,稀具疣或乳头状突起。雌雄异株或同株。蒴柄多细长,直立;孢蒴多垂倾,平展或倾立,稀直立,呈卵状圆柱形,稀球形;蒴盖拱圆盘形或圆锥形,多具直立或倾斜喙状小尖头;蒴帽呈兜形或勺形。

本科全世界 18 属。中国 14 属;湖北 5 属。

(六十八)提灯藓属 *Mnium* (Dill) L.

植物体纤细,直立丛生,呈淡绿色或深绿带红色,多生于阴湿林地及沟边土坡上。茎直立单生,稀分枝,基部着生假根。叶片一般呈卵圆形或卵状披针形,干时皱缩或卷曲,湿时平展,倾立;叶缘常由 1 列或多列厚壁而狭长的细胞构成分化边缘,叶边多具尖锐的双列或单列锯齿,齿由单细胞构成。中肋单一,长达叶尖或在叶尖稍下处消失,叶细胞多五至六边形,稀矩形或菱形。雌雄异株,稀同株。蒴柄粗壮,橙色;孢蒴倾立或下垂,呈长卵形,有时弯曲;蒴盖圆锥形,先端呈喙状。

本属全世界 12 种,广布于温带地区。中国 10 种;湖北 7 种。

189. 异叶提灯藓 *Mnium heterophyllum*（Hook.）Schwagr.

植株体纤细，常呈亮绿色，少呈深绿色。茎红色，直立或倾立，少有分枝。植株干燥时不皱缩。叶片异形，茎下部的叶片呈卵圆形，先端渐尖，叶边无明显分化，叶片全缘。茎中上部的叶片呈长卵圆形或椭圆形，先端渐尖，叶边缘具1～3列呈斜长方状线形分化细胞，叶边具双列锯齿，少部分具单列锯齿，叶基部稍下延；中肋红色，不及顶，消失于叶尖稍下位置，叶细胞呈不规则多边形，细胞壁角部有时稍加厚。雌雄异株。孢蒴垂倾或平展，呈卵状圆柱形。

生境：生于林下树基、荫蔽岩面、腐木上。

分布：产于湖北省团风大崎山、襄阳、宣恩七姊妹山、神农架、五峰后河等地；西藏自治区、贵州省、江西省、四川省、甘肃省、陕西省、浙江省、江苏省、内蒙古自治区、吉林省、台湾地区、黑龙江省、宁夏回族自治区、河北省有分布；日本、朝鲜、印度、尼泊尔、巴基斯坦、俄罗斯远东地区、欧洲及北美洲也有分布。

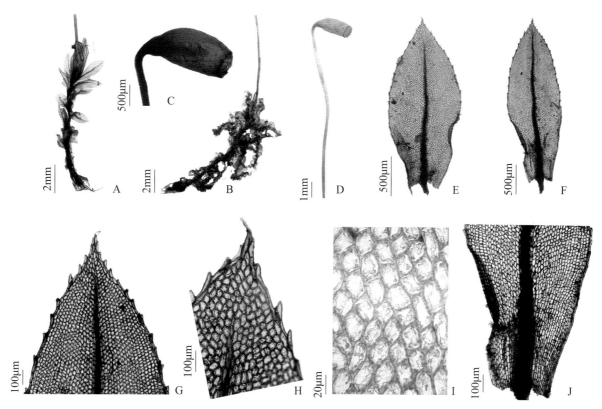

图 209　异叶提灯藓 *Mnium heterophyllum*（Hook.）Schwagr. 形态结构图

A、B. 植株干湿对照；C、D. 孢蒴；E、F. 叶片；G、H. 叶上部细胞；I. 叶中部细胞；J. 叶基部细胞

（凭证标本：彭丹，5255）

190. 长叶提灯藓 *Mnium lycopodioiode* Schwagr.

植株体纤细，呈深绿色，高 2～5cm。茎直立，呈红色，少部分具有分枝。叶片干燥时卷曲，湿润时平展，先端渐尖，叶基部较为狭窄，下延，呈长卵状披针形；叶边缘有明显的分化边，呈红色，叶边具有双列锯齿，中肋呈红色，长达叶尖，中肋背面中上部具齿或缺，叶片细胞多呈不规则角形，少部分呈圆形，细胞壁角部有增厚。雌雄异株。孢蒴倾立，呈卵状圆柱形。

生境：生于林地、腐木、荫蔽岩石、林缘沟边的阴湿土地上。

分布：产于湖北省利川星斗山、神农架、五峰后河、襄阳等地；广西壮族自治区、福建省、西藏自治区、贵州省、江西省、重庆市、云南省、安徽省、四川省、甘肃省、山东省、陕西省、新疆维吾尔自治区、内蒙古自治区、辽宁省、吉林省、台湾地区、黑龙江省、河北省、山西省、河南省有分布；日本、阿富汗、尼泊尔、越南、欧洲及北美洲也有分布。

图 210　长叶提灯藓 *Mnium lycopodioiode* Schwagr. 形态结构图

A. 植株；B. 孢蒴；C. 叶片；D. 叶上部细胞；E. 叶背面齿；F. 叶边双锯齿；G. 叶中部边缘细胞；H. 叶中部细胞

（凭证标本：彭丹，5035）

191. 具缘提灯藓 *Mnium marginatum*（With.）P. Beauv.

植株体密集丛生，呈暗绿色稍带红棕色，高 1.5～2cm，少部分会到 3cm。茎直立，呈红色，少部分具有分枝,基部密被红棕色假根。茎上部叶片密生,稍大,下部叶片疏生,稍小,叶片干燥时卷曲,湿润时舒展,叶片呈卵圆形,先端渐尖,基部狭缩,稍微下延,叶片边缘中上部具双列锯齿,叶缘有 2~3 列的长方形或线形分化细胞;中肋红色,达叶尖,中背面平滑,没有锯齿,叶片细胞呈不规则圆形,细胞壁厚,角部有加厚。雌雄同株。孢蒴平列或垂倾,卵状圆柱形;蒴柄呈黄色。

生境:生于荫蔽岩石上、腐殖土上、沟边。

分布:产于湖北省神农架、五峰后河、浠水三角山、浠水斗方山、襄阳、团风大崎山、黄冈龙王山、罗田天堂寨、通山九宫山等地;西藏自治区、贵州省、江西省、安徽省、四川省、甘肃省、山东省、陕西省、浙江省、新疆维吾尔自治区、内蒙古自治区、青海省、台湾地区、宁夏回族自治区、河北省、山西省有分布;蒙古国、阿富汗、印度、巴基斯坦、中亚地区、俄罗斯(远东地区)、欧洲、北美洲、中美洲及大洋洲也有分布。

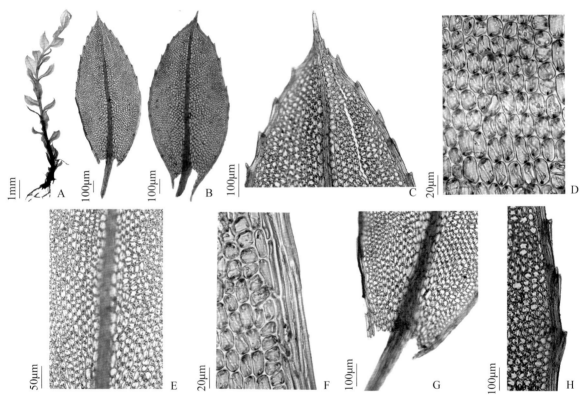

图 211　具缘提灯藓 Mnium marginatum（With.）P. Beauv. 形态结构图

A. 植株;B. 叶片;C. 叶上部细胞;D. 叶中部细胞;E. 叶中部近中肋细胞;

F. 叶基部边缘细胞;G. 叶基部细胞;H. 叶边缘双锯齿

（凭证标本:刘胜祥,044）

192. 偏叶提灯藓 Mnium thomsonii Schimp.

植株体较为粗壮,密集丛生,呈深绿色,高 3~5cm。茎直立,呈红色,没有分枝。叶干燥时卷曲,湿润时平展。叶片呈长卵圆形,通常会向一侧偏卷,叶尖渐尖,具有长尖头,基部稍下延。叶片边缘有明显增厚的分化边,由 3~4 列呈线形的细胞构成,叶边具有双列锯齿。叶片细胞常呈多边形、方形或是接近于圆形,细胞壁较薄,角部几不加厚。中肋突出叶尖,背部上面共几个齿或光滑。雌雄异株。孢蒴直立或垂倾，呈卵状椭圆形，蒴柄粗壮。

生境：生于腐木上、荫蔽岩石上。

分布：产于湖北省五峰后河、神农架、孝感等地；广西壮族自治区、福建省、西藏自治区、贵州省、江西省、湖南省、云南省、安徽省、四川省、甘肃省、山东省、陕西省、浙江省、新疆维吾尔自治区、内蒙古自治区、青海省、辽宁省、吉林省、台湾地区、黑龙江省、宁夏回族自治区、河北省、河南省有分布；日本、朝鲜、蒙古国、尼泊尔、印度北部、不丹、俄罗斯、中亚、北非及北美洲也有分布。

图 212　偏叶提灯藓 *Mnium thomsonii* Schimp. 形态结构图

A. 植株；B. 叶片；C. 叶尖部；D. 叶中部细胞；E. 叶中部边缘细胞；F. 叶基部；G. 叶边缘锯齿；H. 叶中部

（凭证标本：刘胜祥，0029）

193. 平肋提灯藓 *Mnium laevinerve* Cardot

植株体纤细，密集丛生，呈暗绿色带红棕色，高 1～1.7cm。茎直立，呈红色，少数具分枝，基部密被红棕色假根。叶片卵形或长卵形，叶边缘具 2～3 列呈斜长方形或线性的分化细胞，整个叶片边缘都具有双列锯齿。中肋呈红色，及顶，达叶尖，中肋背面平滑无刺状齿。叶片细胞小，呈不规则多边形，细胞壁角部有增厚，细胞腔圆。雌雄异株。孢蒴平展或垂倾，呈长椭圆形。蒴柄黄红色。

生境：生于海拔 1500～2500m 地带的林地上、土坡上或岩石上及树干上。

分布：产于湖北省浠水斗方山、神农架、襄阳、利川星斗山、咸丰坪坝营、宣恩七姊妹山等地；福建省、西藏自治区、贵州省、上海市、湖南省、广东省、澳门特别行政区、香港特别行政区、安徽省、四川省、江苏省、吉林省、宁夏回族自治区、河北省、河南省、广西壮族自治区、海南省、江西省、重庆市、云南省、北京市、甘肃省、山东省、陕西省、浙江省、新疆维吾尔自治区、内蒙古自治区、青海省、辽宁省、天津市、台湾地区、黑龙江省、山西省等有分布；巴基斯坦、印度、不丹、菲律宾、朝鲜、日本、俄罗斯(远东)也有分布。

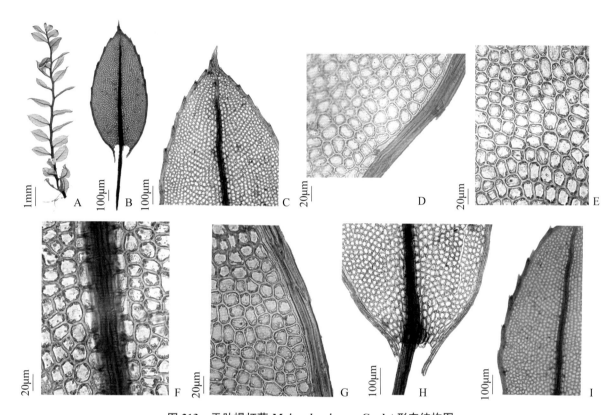

图 213　平肋提灯藓 *Mnium laevinerve* Cardot 形态结构图

A. 植株；B. 叶片；C. 叶尖；D. 叶上部边缘细胞；E. 叶中部细胞；F. 叶中肋附近细胞；

G. 叶下部边缘细胞；H. 叶下部；I. 叶边缘锯齿

（凭证标本：李晓艳, 8171-2）

（六十九）立灯藓属 *Orthomnion* Wils.

　　植物体小型到中型，疏生丛生，呈深绿色，老时红棕色。茎通常匍匐或倾展，密被红棕色假根。枝条直立，单一，下部疏生假根，上部密被叶片。茎叶干时皱缩卷曲，湿时平展，呈卵圆形、倒卵圆形或阔剑头形，基部狭缩，先端圆钝或急尖，具小尖头；叶边全缘，具明显或不明显分化的狭边；中肋基部粗壮，向上渐细，多至叶尖稍下处即消失，稀达叶尖或突出，叶细胞排列疏松，多呈椭圆状六边形，叶缘分化边由狭长方形的一至数列细胞组成。雌苞叶大，匙形。雌雄同株或异株。蒴柄黄色，直立；孢蒴直立，椭圆状球形；蒴台部短；蒴盖呈圆锥形，先端具短而直的喙状尖头；蒴帽呈长圆筒状兜形。

　　本属全世界 8 种。中国 7 种；湖北已知 3 种。

194. 柔叶立灯藓 *Orthomnion dilatatum*（Mitt.）Chen

植物体粗壮，密被黄棕色假根。营养枝匍匐，生殖枝直立，叶多集生于上段。叶呈阔卵圆形或近于圆形，顶部圆钝，基部狭缩；叶边全缘，具分化的狭边；中肋长达叶片中上部，在叶尖以下消失。叶细胞呈五至六角形，胞壁往往不规则增厚，有清晰的壁孔。叶缘具 2 列长方形细胞分化的叶边。雌雄同株或异株。蒴柄长 1～1.2cm；孢蒴直立；蒴帽无毛。

生境：生于海拔 600～2500m 地区的林地上、岩石上或树干基部及枯树枝上。

分布：产于湖北省五峰后河、宣恩七姊妹山等地；西藏自治区、湖南省、云南省、四川省、陕西省、安徽省、浙江省、重庆市、福建省、台湾地区、广东省、海南省等有分布；菲律宾、印度尼西亚、马来西亚、越南、缅甸、斯里兰卡、尼泊尔、日本、印度东部及东南部也有分布。

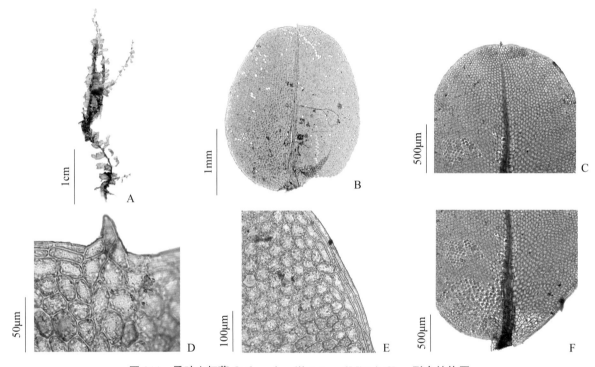

图 214　柔叶立灯藓 *Orthomnion dilatatum*（Mitt.）Chen 形态结构图

A. 植株；B. 叶片；C. 叶上部细胞；D. 叶尖细胞；E. 叶上部边缘细胞；F. 叶基部细胞

（凭证标本：刘胜祥，062）

（七十）匐灯藓属 *Plagiomnium* T. Kop.

常形成大片纯群落。植物体多粗大，呈淡绿色。茎平展，由基部簇生匍匐枝，匍匐枝呈弓形弯曲，随处生假根；生殖枝直立。基叶较小而呈鳞片状，顶叶较大而往往丛集成莲座形，叶呈卵圆形、倒卵圆形、长椭圆形或带状舌形，干时多皱缩或卷曲，湿时平展，倾立或背仰，叶基较狭而下延，先端渐尖或圆钝，叶缘多具分化边，叶边具单列齿，有的种类全缘；中肋单一,长达叶尖,或在叶尖稍下部即消失,叶细胞短轴形,多呈五至六边形、圆形六边形或不规则,稀长方形或菱形。多雌雄异株。

本属全世界 33 种。中国 19 种;湖北 17 种。

195. 尖叶匐灯藓 *Plagiomnium acutum*（Lindb.）T. Kop.

植物体疏松丛生,多呈鲜绿色,有光泽。茎匍匐,营养枝匍匐或呈弓形弯曲,疏生叶,着地部位密生黄棕色假根;生殖枝直立,叶多集生于上段,下部疏生小分枝。叶干时皱缩,湿时伸展,呈卵状阔披针形、椭圆形或卵圆形,叶基狭缩,先端渐尖;叶缘具明显分化边,中上部具单列锯齿;中肋平滑,达叶尖。叶细胞呈不规则的多边形,细胞壁薄。雌雄异株。蒴柄长,红黄色。孢蒴下垂,卵状圆筒形。

生境: 多生于海拔 600～2000m 以下的低山沟谷地,常见于溪边或路旁土坡上,林缘或林下潮湿而较透光之地。

分布: 产于湖北省武汉、浠水斗方山、利川星斗山、宣恩七姊妹山、神农架、五峰后河等地;中国南北各区有分布;缅甸、印度北部、尼泊尔、不丹、越南、朝鲜、日本、蒙古国、俄罗斯(伯力及萨哈林岛)及中亚等地也有分布。

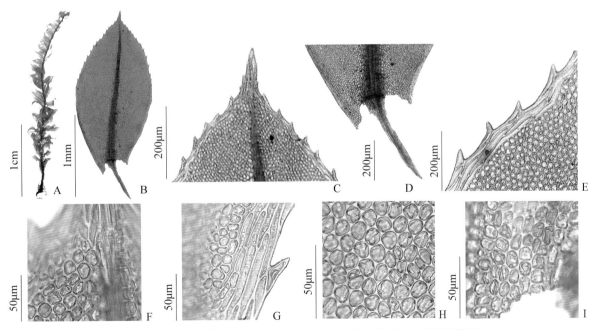

图 215 尖叶匐灯藓 *Plagiomnium acutum*（Lindb.）T. Kop. 形态结构图

A. 植株;B. 叶片;C. 叶上部细胞;D. 叶下部细胞;E. 叶上部边缘细胞;F. 叶上部近中肋细胞;

G. 叶中部边缘细胞;H. 叶中部细胞;I. 叶基部细胞

（凭证标本:童善刚,10448-1）

196. 日本匐灯藓 *Plagiomnium japonicum*（Lindb.）T. Kop.

植物体较粗壮,暗绿色。茎匍匐,密被红棕色假根,生殖枝直立,下段被红棕色假根,上段生叶;不孕枝呈弓形弯曲,其上疏被叶。茎叶干时皱缩,潮湿时伸展,多呈阔倒卵圆状菱形,基部下延,先端急尖,顶端具略弯斜的长尖头;叶缘具分化的狭边,边缘 1/3 或中部以上具 1～2 个(有时甚至多个)细胞构成长尖锯齿,齿常呈钩状弯曲;中肋粗壮,到顶或不及顶在叶尖稍下处消失,叶中部细胞较大,排列疏松,呈不规则五至六角形,有分化叶边,中下部由 2～5 列呈斜长方形细胞分化而成,上部边缘有分化,中部仅 1～2 列细胞,或近于同形。雌雄异株。蒴柄长 3～4cm;孢蒴悬垂,长卵形。

生境:多生于海拔 2000～3000m 的暗针叶林下,在阴湿林下、林缘沟边及土坡上常见。低海拔地阔叶林下也常见生长。

分布:产于湖北省五峰后河、利川星斗山、咸丰坪坝营、神农架、宣恩七姊妹山等地;福建省、西藏自治区、贵州省、江西省、重庆市、上海市、湖南省、云南省、安徽省、四川省、甘肃省、山东省、陕西省、浙江省、辽宁省、吉林省、台湾地区、黑龙江省、河北省有分布;印度东北部、尼泊尔、朝鲜、日本及俄罗斯远东地区也有分布。

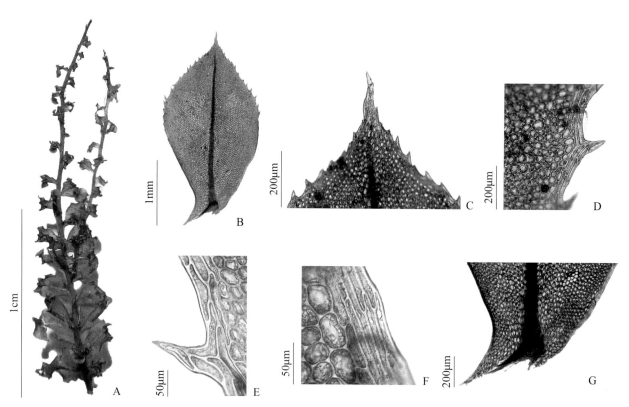

图 216 日本匐灯藓 *Plagiomnium japonicum*（Lindb.）T. Kop. 形态结构图

A. 植株;B. 叶片;C. 叶上部细胞;D、E. 叶中部边缘细胞;F. 叶基部边缘细胞;G. 叶下部

（凭证标本:彭丹,5277）

197. 侧枝匍灯藓 *Plagiomnium maximoviczii*（Lindb.）T. Kop.

　　植物体疏松丛生。主茎横卧，密被棕色假根，次生茎直立，基部密生根，先端簇生叶，呈莲座状；枝条纤细，自茎中下部侧出，常斜生或弯曲。茎叶干时皱缩，潮湿时伸展，呈长卵状或长椭圆状舌形，叶片具数条横波纹，叶基部狭缩，稍下延，先端急尖或圆钝，具小尖头，叶缘具明显的分化边，边密被细锯齿；中肋粗壮，长达叶尖，叶细胞较小，呈多角状不规则圆形，胞壁角部稍加厚，叶基部细胞呈长矩形，叶缘中下部 2～4 列细胞呈斜长方形，先端边缘细胞分化不明显，中肋两侧各具 1 列特大的整齐细胞，呈四边形或五角形，比一般叶细胞大 2～4 倍。雌雄异株。孢蒴平展或下垂，呈卵状长圆柱形，蒴盖呈圆锥形，先端具长喙状尖头。

　　生境：多生于海拔 1000～2000m 地带，生于沟边水草地、林地上或林缘阴湿地。

　　分布：产于湖北省宜昌大老岭、咸丰坪坝营、五峰后河、神农架等地；广西壮族自治区、福建省、西藏自治区、贵州省、江西省、重庆市、湖南省、广东省、云南省、北京市、安徽省、四川省、甘肃省、陕西省、浙江省、江苏省、内蒙古自治区、吉林省、台湾地区、黑龙江省、河北省、山西省、河南省有分布；印度北部、朝鲜、日本、俄罗斯（伯力地区）也有分布。

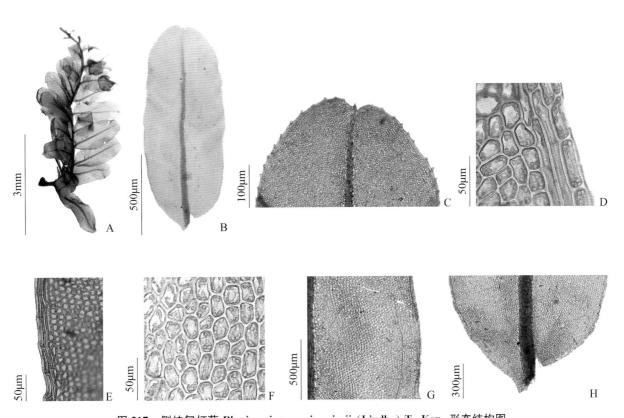

图 217　侧枝匍灯藓 *Plagiomnium maximoviczii*（Lindb.）T. Kop. 形态结构图

A. 植株；B. 叶片；C. 叶上部细胞；D. 叶上部边缘细胞；E. 叶中部边缘细胞；F、G. 叶中部细胞；H. 叶基部细胞

（凭证标本：刘胜祥，0089-2）

198. 具喙匍灯藓 *Plagiomnium rhynchophorum*（Hook.）T. Kop.

植物体较纤细,疏松丛生。茎及不孕枝均匍匐,或弓形弯曲,疏被假根,疏生叶。生殖枝直立,高 2～4cm,下段生假根,先端簇生叶。叶呈长方状椭圆形,或卵状舌形,多具横波纹,叶基急狭缩,先端圆钝,叶缘具分化的狭边,叶边中上部具细钝齿;中肋粗壮,长达叶尖,叶细胞较小,呈不规则的多角形,胞壁角部稍加厚,叶缘 2～4 列细胞分化呈狭长方形至线形。雌雄同株。孢子体单生或丛出。孢蒴垂倾,呈长卵状圆筒形。

生境:在海拔 600～3000m 各林带均可生长,多生于林地上及岩石上,林缘或沟边阴湿的土坡上常见。

分布:产于湖北省五峰后河、咸丰坪坝营、利川星斗山、神农架、宣恩七姊妹山等地;西藏自治区、海南省、江西省、重庆市、湖南省、广东省、云南省、四川省、山东省、陕西省、江苏省、天津市、台湾地区、河北省有分布;印度、不丹、尼泊尔、斯里兰卡、缅甸、越南、泰国、印度尼西亚、菲律宾和马来西亚(沙巴)、南北非洲、南北美洲及大洋洲也有分布。

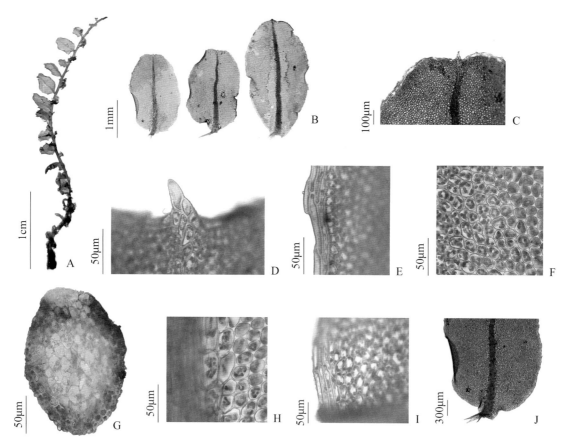

图 218 具喙匍灯藓 *Plagiomnium rhynchophorum*（Hook.）T. Kop. 形态结构图

A. 植株;B. 叶片;C. 叶上部;D. 叶尖细胞;E. 叶中部边缘细胞;F. 叶中部细胞;

G. 茎横切;H. 叶基部近中肋细胞;I. 叶基部边缘细胞;J. 叶下部

（凭证标本:童善刚,HH559）

199. 大叶匐灯藓 *Plagiomnium succulentum*（Mitt.）T. Kop.

　　植物体粗壮,疏松丛生,亮绿或褐绿色。茎匐匐,疏被叶,密生假根;不孕枝匐匐或倾立,疏被叶,下段常密被假根;生殖枝直立,基部着生假根,顶端簇生叶。叶干时卷缩,呈阔卵圆形或阔椭圆形,基部缩小,不下延,先端圆钝,具小尖头;叶缘具不明显分化的狭边,中上部疏具细钝齿,齿由 1~2 个小细胞构成,幼叶边近于全缘;中肋达先端,在叶尖以下消失。叶细胞较大,呈斜长五至六角形,或近于长方形,壁薄,排列整齐,往往从叶缘至中肋排成平行的斜列;近叶缘的 1~2 列细胞特宽大,呈不规则五边形;叶缘 1~3 列细胞分化呈狭长线形。雌雄同株。孢蒴平展或下垂。

　　生境:多生于海拔 500~2000m 地带的阔叶林下,在林地上、岩石面薄土上、林缘土坡上、路边及沟边湿地上均可生长。

　　分布:产于湖北省五峰后河、浠水三角山、利川星斗山、神农架、宣恩七姊妹山、通山九宫山等地;广西壮族自治区、福建省、西藏自治区、海南省、贵州省、江西省、重庆市、湖南省、广东省、云南省、香港特别行政区、安徽省、四川省、甘肃省、山东省、陕西省、浙江省、江苏省、台湾地区、山西省、河南省、海南省等有分布;印度南部及东北部、尼泊尔、不丹、缅甸、越南、泰国、朝鲜、日本、印度尼西亚、菲律宾、马来西亚、柬埔寨、新加坡、巴布亚新几内亚和瓦努阿图也有分布。

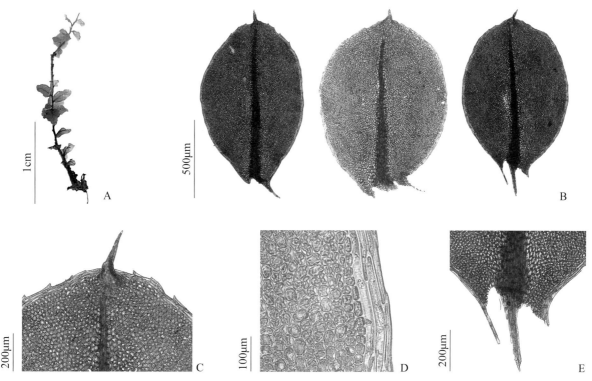

图 219　大叶匐灯藓 *Plagiomnium succulentum*（Mitt.）T. Kop. 形态结构图

A. 植株;B. 叶片;C. 叶上部细胞;D. 叶中部边缘细胞;E. 叶基部细胞

（凭证标本:彭丹,343）

200. 瘤柄匍灯藓 *Plagiomnium venustum*（Mitt.）T. Kop.

　　植物体疏松丛生，主茎匍匐，密被假根，稀具叶；分枝直立，基部被假根，上段密生叶。叶干时皱缩，潮湿时伸展，呈狭长倒卵状矩圆形，或狭椭圆形，叶基稍狭，基下延，先端急尖，具小尖头。叶缘具明显分化的狭边，边先端具由 1～2 个细胞构成的长尖锯齿；中肋粗壮、平滑，达叶尖，叶细胞分化呈斜长方形至线形。雌雄同苞。蒴柄密被粗瘤；孢蒴卵状圆筒形；蒴盖呈圆锥形，先端具喙状尖头。

　　生境：多生于针叶林地上或林缘潮湿的土坡上、岩面薄土上。

　　分布：产于湖北省五峰后河、神农架等地；西藏自治区、贵州省、江西省、上海市、湖南省、云南省、安徽省、四川省、甘肃省、陕西省、浙江省、新疆维吾尔自治区、内蒙古自治区、辽宁省、吉林省、黑龙江省、河南省、山西省有分布；北美洲也有分布。

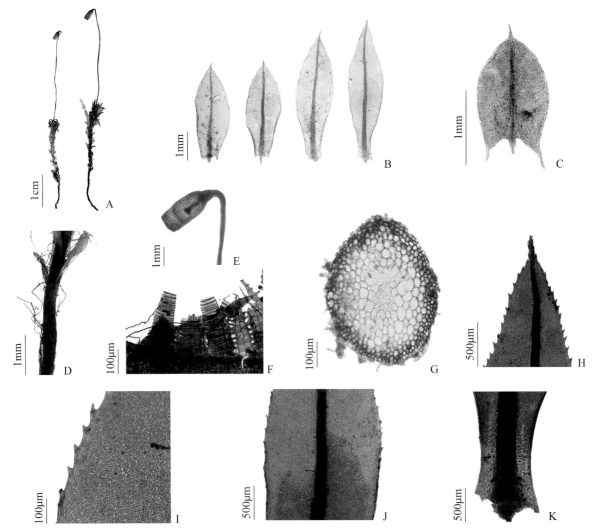

图 220　瘤柄匍灯藓 *Plagiomnium venustum*（Mitt.）T. Kop. 形态结构图

A. 植株；B. 茎上部叶片；C. 茎下部叶片；D. 假根；E. 孢蒴；F. 蒴齿；G. 茎横切；H. 叶上部；I. 叶中部边缘；J. 叶中部；K. 叶基部

（凭证标本：童善刚，HH149）

201. 圆叶匍灯藓 *Plagiomnium vesicatum*（Besch.）T. J. Kop.

植物体疏丛生，绿色或黄绿色，茎及分枝均匍匐，密被黄棕色假根，疏被叶。叶干时皱缩，呈阔卵状椭圆形或阔卵圆形，叶基紧缩，先端圆钝，具小尖头，叶缘由 3～4 列狭长细胞构成明显分化边；叶边先端具密而钝的微齿，中下部边全缘；中肋粗壮，长达叶尖。叶细胞较大，呈不规则多角形，胞壁薄。雌雄异株。

生境：生于海拔 600～2500m 林地、灌丛、沟边及林缘土坡上。

分布：产于湖北省恩施五峰、黄冈龙王山等地；福建省、贵州省、湖南省、广东省、澳门特别行政区、香港特别行政区、安徽省、四川省、江苏省、吉林省、河北省、河南省、江西省、重庆市、云南省、甘肃省、山东省、陕西省、浙江省、新疆维吾尔自治区、内蒙古自治区、辽宁省、台湾地区、黑龙江省、山西省有分布；俄罗斯、日本、朝鲜、欧洲等也有分布。

图 221 圆叶匍灯藓 *Plagiomnium vesicatum*（Besch.）T. J. Kop. 形态结构图

A. 植株中部；B. 植株基部；C. 叶片；D. 叶尖细胞；E. 叶上部细胞；F. 叶中部细胞；G. 叶基部细胞

（凭证标本：彭丹，346）

202. 阔边匐灯藓 *Plagiomnium ellipticum*（Brid.）T. J. Kop.

　　植物体疏松丛生，茎匍匐，疏生叶，密被棕色假根。生殖枝直立，高约 2cm，下段疏被假根，上段密被叶。叶片呈椭圆形，基部收缩，先端急尖或稍圆钝，具长尖头；叶缘具明显分化的阔边，由 4～8 列狭线形细胞构成，中上部疏具细齿，齿多由 1 个长细胞的尖部突出而形成；中肋粗壮，长达叶尖，先端较细。叶细胞呈五至六角形，胞壁较薄，排列整齐。雌雄异株。

　　生境：多生于林地上、林缘土坡及石壁上，也见于路旁及井边湿地。

　　分布：产于湖北省五峰后河等地；甘肃省、山东省、陕西省、新疆维吾尔自治区、贵州省、内蒙古自治区、辽宁省、云南省、吉林省、黑龙江省、四川省、河北省有分布；中亚、蒙古国、日本、俄罗斯（萨哈林岛及伯力地区）、北美洲、智利及南非也有分布。

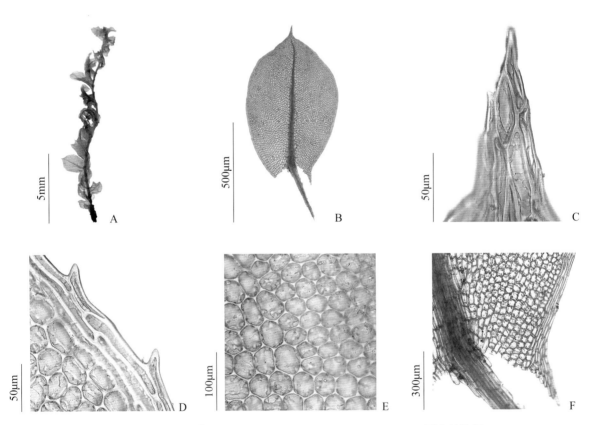

图 222　阔边匐灯藓 *Plagiomnium ellipticum*（Brid.）T. J. Kop. 形态结构图

A. 植株；B. 叶片；C. 叶尖细胞；D. 叶上部边缘细胞；E. 叶中部细胞；F. 叶基部细胞

（凭证标本：彭丹，353）

203. 皱叶匐灯藓 *Plagiomnium arbusculum*（Müll. Hal.）T. J. Kop.

植物体疏松丛生。主茎匍匐，密被褐色假根；次生茎直立，下段疏生假根，上段密被叶，生殖茎顶簇生叶，呈莲座状，茎先端多簇生小枝；不孕茎单生，先端多尾状弯曲，不分生小枝。叶干时皱缩，湿时伸展，呈狭长卵圆形，或带状舌形，叶片具明显的横波纹，基部狭缩，角部稍下延，先端急尖或渐尖，叶缘具明显的分化边，叶边具密而尖的锯齿，由 1～2 个细胞构成；中肋粗壮，达叶尖。叶细胞小，呈多角状不规则圆形，细胞壁角部均加厚；叶缘 2～3 列细胞分化呈斜长方形至线形。雌雄异株。孢蒴垂倾，呈长卵状圆柱形。

生境：多生于林地上、林缘或沟边的阴湿土坡上、岩壁上。

分布：产于湖北省恩施、神农架、五峰后河、宣恩七姊妹山等地；西藏自治区、海南省、贵州省、重庆市、云南省、四川省、甘肃省、山东省、陕西省、浙江省、青海省、辽宁省、吉林省、黑龙江省、宁夏回族自治区、河北省、山西省、河南省等有分布；尼泊尔、不丹、印度也有分布。

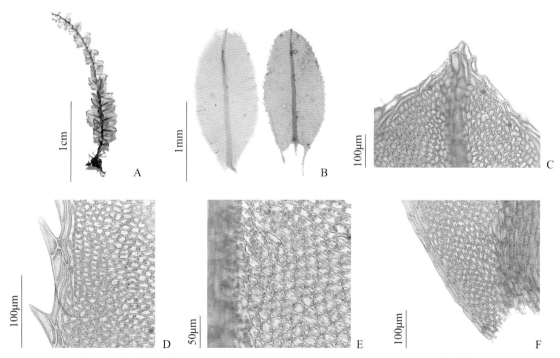

图 223 皱叶匐灯藓 *Plagiomnium arbusculum*（Müll. Hal.）T. J. Kop. 形态结构图

A. 植株；B. 叶片；C. 叶上部细胞；D. 叶中部边缘细胞；E. 叶中部近中肋细胞；F. 叶基部细胞

（凭证标本：郭磊，HH237）

（七十一）毛灯藓属 *Rhizomnium*（Broth.）T. Kop.

植物体密集丛生；茎直立，红色或红棕色，多不具分枝，全株均密被棕褐色假根，茎下部由绒毛状假根包被。叶片多呈阔卵圆形、倒卵形或近于圆形，先端圆钝，基部狭缩；叶边全缘，具明显或不明显的分化边，叶边有由 1 至数列呈方形或不规则的狭长菱形细胞分化的狭边，呈红棕色；中肋粗壮，长达叶尖或达叶片中上部消失，叶细胞多呈规则的五至六角形，稀呈矩形或近于圆形，胞壁均匀增厚，或角隅处加厚，多具明显壁孔。

本属全世界 16 种。中国 10 种；湖北 3 种。

204. 小毛灯藓 *Rhizomnium parvulum*（Mitt.）T. Kop.

植物体甚细小，疏松丛生，茎直立，无分枝，基部密被假根。叶疏生，干时稍皱缩，呈阔匙形或倒卵圆形，下半部渐狭缩，先端圆钝，具短钝尖头，叶边全缘，具分化的狭边，叶片边缘 2 层厚壁细胞；中肋粗壮，红色，长达叶尖。叶细胞较小，呈整齐长六角形至长方形，有时由长可达宽的 2 倍的细胞构成。雌雄异株。孢蒴平展或垂倾，呈卵圆形，干时具纵长的皱纹；蒴盖拱圆形，先端具细喙状尖头。

生境：多生于林地、腐殖土、林缘岩壁上或岩面薄土上。

分布：产于湖北省五峰后河、宜昌大老岭、神农架等地；陕西省、江苏省、重庆市、云南省、台湾地区有分布；印度西北部、日本及俄罗斯（伯力地区）也有分布。

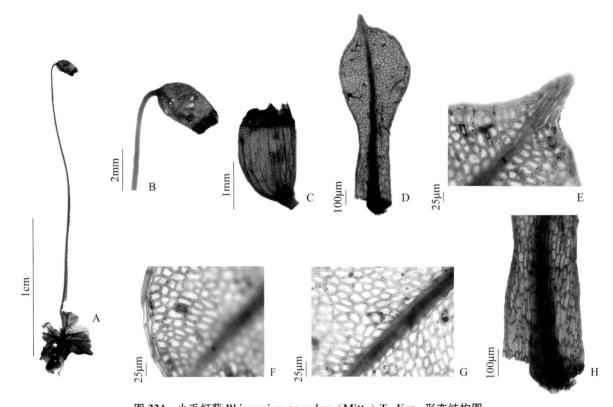

图 224 小毛灯藓 *Rhizomnium parvulum*（Mitt.）T. Kop. 形态结构图

A. 植株；B、C. 孢蒴；D. 叶片；E. 叶尖细胞；F. 叶上部细胞；G. 叶中部细胞；H. 叶基部细胞

（凭证标本：彭丹，5070a）

205. 具丝毛灯藓 *Rhizomnium tuomikoskii* T. Kop.

植物体较细小。茎直立，中下段密被假根，其上常着生由多细胞排成行而形成的丝状芽胞体。叶干时略呈波状，湿时伸展或背仰，中下部叶较小，长约 5mm，宽约 3.5mm，顶部叶较大，长约 6.5mm，宽约 4mm，叶片呈倒卵圆形或阔匙形，叶边全缘，具狭分化边；中肋基部粗，向上渐细，达先端以下消失，叶中部细胞呈规则六角形，胞壁薄，上部细胞较小，呈椭圆状六角形。雌雄异株。蒴柄细，呈黄棕色；孢蒴呈卵状圆柱形。孢子呈不规则圆形。

生境：生于林地下、岩面上、林缘土坡上。

分布：产于湖北省五峰后河、宜昌大老岭、神农架、咸宁通山等地；广西壮族自治区、甘肃省、浙江省、西藏自治区、重庆市、云南省、台湾地区、四川省有分布；日本也有分布。

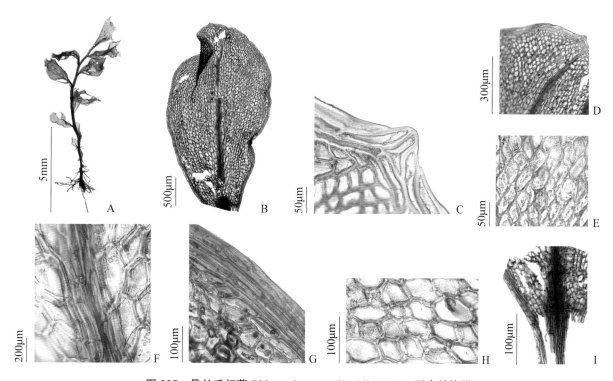

图 225 具丝毛灯藓 *Rhizomnium tuomikoskii* **T. Kop.** 形态结构图
A. 植株；B. 叶片；C. 叶尖细胞；D. 叶上部细胞；E. 叶中部细胞；F. 中肋细胞；
G. 叶中部边缘细胞；H. 叶基部细胞；I. 叶下部细胞
（凭证标本：郑桂灵，2407-2）

（七十二）疣灯藓属 *Trachycystis* Lindb.

植物体纤细，暗绿色，多数丛生。茎直立，顶部常丛生多数细枝或鞭状枝，干燥时枝叶多皱缩，且向一侧弯曲。茎下部叶形小，疏生，上部叶较大，密集。叶片呈卵状披针形或长椭圆形，先端渐尖，叶边明显或不明显分化，往往具多数刺状齿；中肋粗壮，长达叶尖，背面具单或双齿，先端常具多数刺状齿，叶细胞呈圆形至方形或多角形，胞壁上下两面均具疣或乳头突起，或平滑；叶缘细胞同型或稍狭长。雌雄异株。蒴盖圆盘状，先端具短尖头。

本属全世界6种。中国3种；湖北3种。

206. 鞭枝疣灯藓 *Trachycystis flagellaris*（Sull. et Lesq.）Lindb.

植物体矮小，丛生，茎直立，高约2cm，茎顶往往丛生出多数细而短的鞭状枝。茎叶呈卵圆形，或长卵状披针形，先端渐尖，叶缘具明显的分化边，叶边中上部具双列锯齿；中肋长达叶尖，先端背面具刺状齿，叶细胞较小，呈不规则的方形至多角形，胞壁两面均具细长疣；叶缘细胞为2层，呈长方形或斜长菱形，胞壁无疣，形成明显分化的狭边。直立的鞭状枝上疏生鳞片状叶，其叶边全缘；中肋不到顶。

生境：生于针阔混交林下、林地上、林缘土坡或石壁上，以及树根基部。

分布：产于湖北省五峰后河、神农架等地；贵州省、重庆市、辽宁省、吉林省、黑龙江省、四川省等有分布；朝鲜、日本、俄罗斯、美国也有分布。

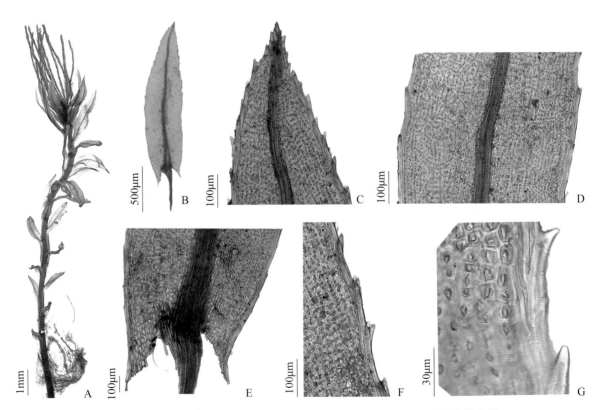

图 226　鞭枝疣灯藓 *Trachycystis flagellaris*（Sull. et Lesq.）Lindb. 形态结构图

A. 植株；B. 叶片；C. 叶上部细胞；D. 叶中部细胞；E. 叶基部细胞；F. 叶边缘双锯齿；G. 叶中部边缘细胞

（凭证标本：彭丹，5069）

207. 疣灯藓 *Trachycystis microphylla*（Dozy et Molk.）Lindb.

植物体纤细，茎高 1～1.5(3)cm，单生或自茎顶丛出多数细枝，干燥时往往向一侧弯曲。枝及茎上部的叶均呈长卵状披针形，先端渐尖，叶基宽大，叶缘分化边不明显；叶边细胞单层，上部具单列细齿，中肋长达叶尖，先端背面具数枚刺状齿，叶细胞较小，多呈角状圆形，胞壁薄，两面均具大而短的单或乳头状突起，叶缘细胞几同形或呈短矩形，平滑无疣。茎下部叶较小，疏生，往往异形，多呈卵状三角形，叶边多全缘。

生境：生于林地上、林缘土坡及岩面薄土上。

分布：产于湖北省五峰后河、浠水斗方山、黄冈龙王山、团风大崎山等地；广西壮族自治区、福建省、贵州省、江西省、重庆市、上海市、湖南省、广东省、云南省、香港特别行政区、安徽省、四川省、山东省、陕西省、浙江省、新疆维吾尔自治区、江苏省、辽宁省、吉林省、台湾地区、黑龙江省、河北省、河南省等有分布；朝鲜、日本及俄罗斯(伯力地区)也有分布。

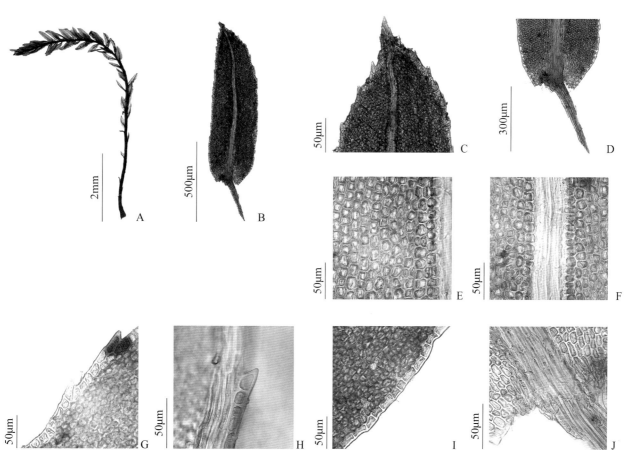

图 227 疣灯藓 *Trachycystis microphylla*（Dozy et Molk.）Lindb. 形态结构图

A. 植株；B. 叶片；C. 叶上部细胞；D. 叶基部细胞；E. 叶中部近中肋细胞；F. 中肋细胞；

G. 叶中部边缘细胞；H. 中肋背面刺状齿；I. 叶基部边缘细胞；J. 叶基部近中肋细胞

（凭证标本：彭丹，073）

208. 树形疣灯藓 *Trachycystis ussuriensis*（Maack et Regel）T. Kop.

植物体粗壮，暗绿至黄绿色，密集丛生，干燥时枝条多呈羊角状弯曲。生殖枝直立，先端往往丛生多数小分枝；营养枝呈弓形弯曲或斜伸。叶密生，干时卷曲，湿时伸展，呈长卵圆形或阔卵圆形，叶基阔，稍下延，先端渐尖，叶缘无明显分化边，叶边中上部具单列尖锯齿；中肋粗壮，达叶尖部，下段挺直，上段略呈波状弯曲，背面疏被刺状突齿，叶细胞较小，呈多角状圆形，壁厚，叶缘细胞呈方形或长方形。雌雄异株。蒴柄黄红色，呈卵状圆柱形。

生境：多见于林地上、岩石上，或林缘土坡上。

分布：产于湖北省五峰后河、利川星斗山、咸丰坪坝营、宣恩七姊妹山、咸宁通山、神农架、团风大崎山等地；西藏自治区、贵州省、重庆市、湖南省、广东省、云南省、北京市、安徽省、四川省、甘肃省、山东省、陕西省、新疆维吾尔自治区、内蒙古自治区、辽宁省、吉林省、台湾地区、黑龙江省、宁夏回族自治区、河北省、山西省、河南省等有分布；朝鲜、日本、蒙古国和俄罗斯（萨哈林岛，伯力地区及远东地区）也有分布。

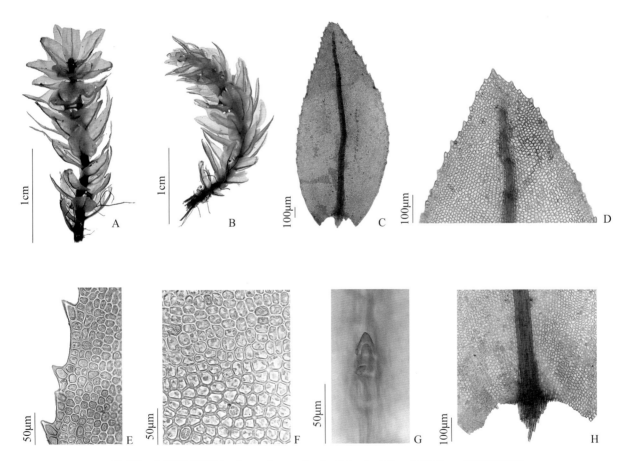

图 228　树形疣灯藓 *Trachycystis ussuriensis*（Maack et Regel）T. Kop. 形态结构图

A、B. 植株；C. 叶片；D. 叶上部细胞；E. 叶中部边缘细胞；F. 叶中部近中肋细胞；G. 中肋背面刺状突齿；H. 叶基部细胞

（凭证标本：郑桂灵，2626）

植物体常丛集群生,基部密生假根,外形似针叶树幼苗,为润湿砂地生藓类。茎具分化中轴,直立,通常不分枝,无匍匐枝或鞭状枝。叶散生茎上,基部叶较小,上部叶较大,呈长披针形,或狭披针形;边缘平展,具分化边缘,有单齿或双齿;中肋粗壮,在叶尖部消失,稀突出叶尖,背部常有刺状,横切面中肋上有主细胞及副细胞和 1~2 层厚壁层。

叶细胞小,呈圆形或六角形,稀疏松,长六边形,平滑,稀具乳头。雌雄异株,稀同株。生殖苞芽胞形,基生或侧生,有线形配丝。外苞叶小,内苞叶较大。蒴柄长,直立,稀较短。倾立或平列;有短台部,呈卵形或长圆柱形,有时凸背或弯曲,多数平滑。蒴齿双层,稀单层。蒴盖具斜喙。蒴帽兜形。孢子形小。

本科全世界 2 属,主要分布南半球暖热地带,多树生或土生。中国 1 属;湖北有分布。

(七十三) 桧藓属 *Pyrrhobryum Mitt.*

植物体常粗硬,绿色,稍带红棕色,基部密生假根,成密集群丛的山地砂土藓类。茎直立,或弯曲蔓生,枝叶成羽毛状排列,外形似小型松柏科植物的幼苗,单生或多枝丛集。叶细长披针形;边缘多加厚,具单列齿或双列齿;中肋粗壮,具中央主细胞及背腹厚壁层,背部常具齿;叶细胞全部同形,厚壁,圆方形或六边形。雌雄异株,稀同株。孢子体多数单生。蒴柄高出。孢蒴棕色,长卵形,有时隆背或呈圆柱形,具短台部,有时具纵长褶纹。环带相当发育,不易脱落。蒴齿双层。外齿层齿片基部常相连;上部披针形,渐尖;黄色或棕黄色;外面具回折中缝,及横纹,内面具横隔。内齿层无色或黄色,具细,基膜高约为齿片长的 1/2,齿条披针形,具裂缝或孔隙;齿毛较短,有节。蒴帽兜形。蒴盖具短喙状或长喙状尖头。孢子形小。

本属全世界 8 种。中国 3 种;湖北 3 种。

209. 刺叶桧藓 *Pyrrhobryum spiniforme* Mitt.

　　植株较纤长，挺硬，呈黄绿色，下部带褐色，基部密生红褐色假根。茎直立，叶呈羽毛状疏生。叶细长，线状披针形，或线形，先端渐尖，叶缘增厚（具 2～4 层细胞），具单列或双列锯齿；中肋粗壮，长达叶尖，背面具刺状齿。叶细胞全部同型，厚壁，呈圆方形或多边形。雌雄异株。孢子体单生，自茎基部长出，蒴柄细长。孢蒴斜伸，长卵状圆柱形，干时具纵长褶纹。蒴齿双层。蒴盖具喙状尖头。蒴帽兜形。孢子小，圆球形。

　　生境：生于树基、岩面或湿润土面上。

　　分布：产于湖北省宣恩七姊妹山、五峰后河等地；广西壮族自治区、福建省、浙江省、西藏自治区、海南省、江西省、湖南省、广东省、云南省、台湾地区、香港特别行政区；朝鲜、日本、印度、尼泊尔、斯里兰卡、缅甸、越南、泰国、柬埔寨、马来西亚、新加坡、菲律宾、印度尼西亚等也有分布。

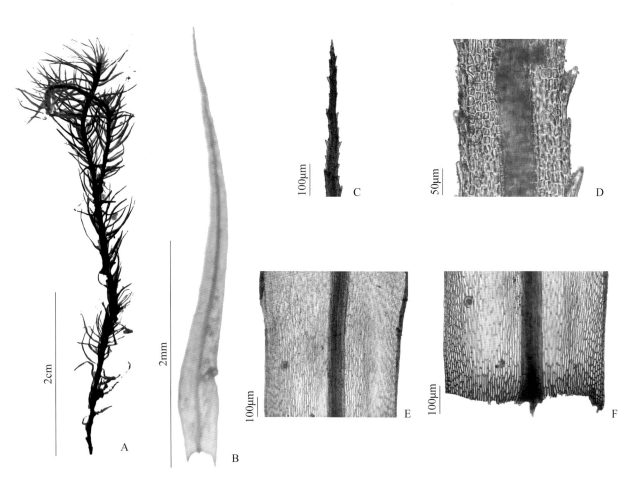

图 229　刺叶桧藓 *Pyrrhobryum spiniforme* Mitt. 形态结构图

A. 植株；B. 叶片；C. 叶尖；D. 叶上部细胞；E. 叶中部细胞；F. 叶基部细胞

（凭证标本：刘胜祥，7741）

210. 阔叶桧藓 *Pyrrhobryum latifolium*（Bosch & Sande Lac.）Mitt.

　　植物体较小,绿色或褐绿色,群生小垫状,茎直立或倾立,不分枝或从基部分枝,假根仅生于植株基部。叶密集着生,直立或倾立,披针形或线形,先端尖;叶边分化,3～4层细胞中上部具双列锐齿;中肋粗,长达叶尖终止。叶细胞多边状圆形;基部细胞2～3层,黄褐色。雌雄异株。蒴柄生于茎基部。孢蒴短柱形,台部细,平列或倾垂。雌苞叶狭披针形,边有锐齿。蒴齿双层,发育完善。

　　生境:多生于热带及亚热带林下,往往着生于树干或腐木上。

　　分布:产于湖北省西南部等地;福建省、西藏自治区、海南省、贵州省、江西省、重庆市、湖南省、广东省、云南省、四川省、浙江省、台湾地区有分布;越南、马来西亚、印度尼西亚、菲律宾、日本、坦桑尼亚也有分布。

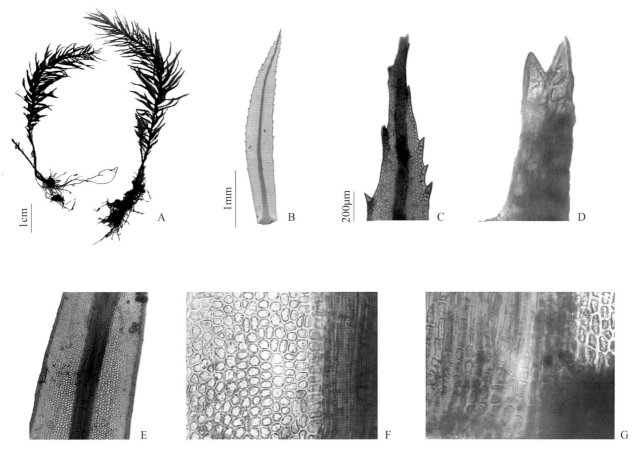

图 230　阔叶桧藓 *Pyrrhobryum latifolium*（Bosch & Sande Lac.）Mitt. 形态结构图

A. 植株;B. 叶片;C. 叶上部细胞;D. 叶尖细胞;E. 叶中部细胞;F. 叶中部近中肋细胞;G. 叶基部细胞

（凭证标本:吴林,Q160813003）

附　录

一、泥炭藓科 Sphagnaceae

1. 密叶泥炭藓 *Sphagnum compactum* DC. ,产于湖北省神农架大九湖(郑敏,2019)。
2. 白齿泥炭藓 *Sphagnum girgensohnii* Russow,产于湖北省神农架林区。

二、金发藓科

3. 仙鹤藓 *Atrichum undulatum*（Hedw.）P. Beauv. ,产于湖北省各地。
4. 狭叶仙鹤藓 *Atrichum angustatum*（Brid.）Bruch & Schimp. ,产于湖北省西南部(杨志平,2006)、宣恩七姊妹山(余夏君,2019)。
5. 东亚仙鹤藓 *Atrichum yakushimense*（Horik.）Mizush. ,产于湖北省西南部(杨志平,2006)、宣恩七姊妹山(余夏君,2019)等地。
6. 钝叶小赤藓 *Oligotrichum obtusatum* Broth. ,产于湖北省神农架(郑敏,2018)。
7. 小金发藓 *Pogonatum aloides*（Hedw.）P. Beauv. ,湖北省分布地点不详。
8. 扭叶小金发藓 *Pogonatum contortum*（Menzies ex Brid.）Lesq. ,产于湖北省西南部(杨志平,2006)。
9. 暖地小金发藓 *Pogonatum fastigiatum* Mitt. ,产于湖北省(彭春良,2000)。
10. 双珠小金发藓 *Pogonatum pergranulatum* P. C. Chen,产于湖北省浠水三角山(赵文浪,2002)、宜昌大老岭(李粉霞,2006)、湖北省西南部(杨志平,2006)。
11. 半栉小金发藓 *Pogonatum subfuscatum* Broth. ,产于湖北省浠水三角山(赵文浪,2002)。

三、美姿藓科 Timmiaceae

12. 美姿藓 *Timmia megapolitana* Hedw. ,湖北省分布地点不详。

四、大帽藓科 Encalyptaceae

13. 西藏大帽藓 *Encalypta tibetana* Mitt. ,产于湖北省神农架。
14. 扭蒴大帽藓 *Encalypta streptocarpa* Hedw. ,产于湖北省恩施大峡谷(衣艳君,2021)。

五、葫芦藓科 Funariaceae

15. 小口葫芦藓 *Funaria microstoma* Bruch ex Schimp. ,产于湖北省西南部(杨志平,2006)。
16. 钝叶梨蒴藓 *Entosthodon buseanus* Dozy & Molk. ,湖北省分布地点不详。

17. 狭叶葫芦藓 *Funaria attenuata*（Dicks.）Lindb.，湖北省分布地点不详。

18. 江岸立碗藓 *Physcomitrium courtoisii* Paris & Broth.，产于湖北省五峰后河等地。

19. 日本葫芦藓 *Funaria japonica* Broth.，产于湖北省武汉（刘双喜，2001）。

20. 立碗藓 *Physcomitrium sphaericum*（C. Ludw.）Brid.，产于湖北省五峰后河（彭丹，2002）。

六、缩叶藓科

21. 齿边缩叶藓 *Ptychomitrium dentatum*（Mitt.）Jaeg，产于湖北省五峰后河（彭丹，2002）、罗田天堂寨（叶雯，2002）、神农架木鱼坪（刘胜祥，1999）、通山县九宫山（郑桂灵，2002）等地。

七、紫萼藓科 Grimmiaceae

22. 短柄丛枝藓 *Dilutineuron brevisetum*（Lindb.）Bedn.-Ochyra，Sawicki，Ochyra，Szczecińska & Plášek，产于湖北省浠水三角山（赵文浪，2002）、宜昌大老岭（李粉霞，2006）、宣恩七姊妹山（余夏君，2019）等地。

23. 短无尖藓 *Codriophorus carinatus*（Cardot）Bedn.，产于湖北省浠水三角山（赵文浪，2002）。

24. 南欧紫萼藓 *Grimmia tergestina* Tomm. ex Bruch & Schimp.，产于湖北省五峰后河（彭丹，2002）、罗田天堂寨（叶雯，2002）、神农架木鱼坪（刘胜祥，1999）、通山县九宫山（郑桂灵，2002）等地。

25. 无齿紫萼藓 *Grimmia anodon* Bruch et Schimp.，产于湖北省浠水三角山（赵文浪，2002）。

26. 卵叶紫萼藓 *Grimmia ovalis*（Hedw.）Lindb.，产于湖北省团风大崎山（项俊，2006）。

27. 长枝紫萼藓 *Grimmia elongata* Kaulf.，产于湖北省（彭春良，2000）。

28. 圆蒴连轴藓 *Schistidium apocarpum*（Hedw.）Bruch & Schimp.，产于湖北省团风大崎山（项俊，2006）、湖北省西南部（杨志平，2006）等地。

29. 长齿藓 *Niphotrichum canescens*（Hedw.）Bedn.-Ochyra & Ochyra，产于湖北省宜昌大老岭（李粉霞，2006）、黄冈大崎山（项俊，2006）。

八、牛毛藓科 Ditrichaceae

30. 叉枝牛毛藓 *Ditrichum divaricatum* Mitt.，产于湖北省团风大崎山（项俊，2006）。

31. 细叶牛毛藓 *Ditrichum pusillum*（Hedw.）Hampe.产于湖北省利川星斗山（王小琴，2006）、黄冈龙王山（项俊，2006）、湖北省西南部（杨志平，2006）、浠水三角山（赵文浪，2002）。

32. 尖叶丛毛藓 *Pleuridium acuminatum* Lindb.，产于湖北省团风大崎山（项俊，2006）。

33. 丛毛藓 *Pleuridium subulatum*（Hedw.）Rabenh.，产于湖北省利川星斗山（王小琴，2006）、浠水三角山（赵文浪，2006）。

34. 云南毛齿藓 *Trichodon muricatus* Herzog，中国特有种，产于湖北省神农架（刘胜祥，1999）。

35. 拟牛毛藓 *Ditrichopsis gymnostoma* Broth.，产于湖北省五峰后河（彭丹，2002）。

九、扭茎藓科 Flexitrichaceae

36. 扭茎藓 *Flexitrichum flexicaule*（Schwägr.）Ignatov & Fedosov，产于湖北省五峰后河（彭丹，2002）。

十、小曲尾藓科 Dicranellaceae

37. 短颈小曲尾藓 *Dicranella cerviculata*（Hedw.）Schimp.，产于湖北省恩施（吴林，2017）。

38. 短柄小曲尾藓 *Dicranella gonoi* Cardot，产于湖北省黄冈龙王山（王小琴，2004）。

39. 陕西小曲尾藓 *Dicranella liliputana*（Müll. Hal.）Paris，中国特有种，产于湖北省宜昌大老岭（李粉霞，2006）。

40. 细叶小曲尾藓 *Dicranella microdivaricata*（Müll. Hal.）Paris，中国特有种，产于湖北省黄冈龙王山（王小琴，2004）。

41. 偏叶小曲尾藓 *Dicranella subulata*（Hedw.）Schimp.，产于湖北省西南部（杨志平，2006）、武汉（范苗等，2017）。

42. 变形小曲尾藓（红色异毛藓）*Dicranella varia*（Hedw.）Schimp.，产于湖北省团风大崎山（项俊，2006）、湖北省西南部（杨志平，2006）。

十一、粗石藓科 Rhabdoweisiaceae

43. 狗牙藓 *Cynodontium gracilescens*（F. Weber & D. Mohr）Schimp.，产于湖北省（彭春良，2000）。

44. 白氏凯氏藓 *Kiaeria blyttii*（Bruch & Schimp.）Broth.，产于湖北省浠水三角山（赵文浪，2002）。

45. 细叶卷毛藓 *Dicranoweisia cirrata*（Hedw.）Lindb. ex Milde，产于湖北省通山九宫山（郑桂灵等，2002）。

十二、树生藓科 Erpodiaceae

46. 东亚苔叶藓 *Aulacopilum japonicum* Broth. ex Cardot.，产于湖北省武汉（范苗等，2017）。

十三、曲尾藓科 Dicranaceae

47. 锦叶藓 *Dicranoloma dicarpum*（Nees）Paris，湖北省分布地点不详。

48. 卷叶曲尾藓 *Dicranum crispifolium* Müll. Hal.，产于湖北省五峰后河（彭丹，2002）。

49. 长叶曲尾藓 *Dicranum elongatum* Schleich. ex Schwägr.，湖北省分布地点不详。

50. 克什米尔曲尾藓 *Dicranum kashmirense* Broth.，产于湖北省团风大崎山（项俊，2006）、湖北省西南部（杨志平，2006）。

51. 多蒴曲尾藓 *Dicranum majus* Turner，产于湖北省团风大崎山（项俊，2006）、湖北省西南部（杨志平，2006）。

52. 细叶曲尾藓 *Dicranum muehlenbeckii* Bruch & Schimp.，产于湖北省神农架（刘胜祥，

1999）。

53. 拟孔网曲尾藓 *Dicranum subporodictyon*（Broth.）C. Gao，湖北省分布地点不详。

54. 绿色曲尾藓 *Dicranum viride*（Sull. & Lesq.）Lindb.，产于湖北省团风大崎山（项俊，2006）、湖北省西南部（杨志平，2006）、通山九宫山（郑桂灵，2002）等地。

55. 折叶直毛藓 *Dicranum fragilifolium* Lindb.，产于湖北省。

56. 钩叶曲尾藓 *Dicranum hamulosum* Mitt.，产于湖北省五峰后河（彭丹，2002）。

57. 马氏曲尾藓 *Dicranum mayrii* Broth.，产于湖北省利川星斗山（王小琴，2007），湖北省分布地点不详。

58. 波叶曲尾藓 *Dicranum polysetum* Sw.，产于湖北省神农架（刘胜祥，1999）。

59. 棕色曲尾藓 *Dicranum fuscescens* Turner，产于湖北省宜昌大老岭（李粉霞，2011）。

60. 大曲尾藓 *Dicranum drummondii* Müll. Hal.，产于湖北省宣恩七姊妹山（余夏君，2019）。

61. 毛叶曲尾藓 *Dicranum setifolium* Cardot，产于湖北省（3713）。

62. 柱鞘苞领藓 *Holomitrium cylindraceum*（P. Beauv.）Wijk & Marg.，产于湖北省团风大崎山（项俊，2006）、湖北省西南部（杨志平，2006）等地。

63. 无齿藓 *Pseudochorisodontium gymnostomum*（Mitt.）C. Gao，Vitt，X. Fu & T. Cao，湖北省分布地点不详。

十四、白发藓科 Leucobryaceae

64. 黄曲柄藓 *Campylopus schmidii*（Müll. Hal.）A. Jaeger，产于湖北省五峰后河等地。

65. 纤枝曲柄藓 *Campylopus gracilis*（Mitt.）A. Jaeger，产于湖北省西南部（杨志平，2006）。

66. 中华曲柄藓 *Campylopus sinensis*（Müll. Hal.）J.-P. Frahm，湖北省分布地点不详。

67. 梨蒴曲柄藓 *Campylopus pyriformis*（Schultz）Brid.，产于湖北省黄冈龙王山（王小琴，2004）、团风大崎山（项俊，2006）。

68. 弯叶白发藓 *Leucobryum aduncum* Dozy & Molk.，产于湖北省团风大崎山（项俊，2006）。

69. 南亚白发藓 *Leucobryum neilgherrense* C. Muell，产于湖北省五峰后河（彭丹，2002）、利川星斗山（王小琴，2006）、团风大崎山（项俊，2006）、通山九宫山（郑桂灵，2002）。

70. 疣叶白发藓 *Leucobryum scabrum* Sande Lac.，产于湖北省五峰后河（余夏君，2018）。

71. 粗叶白发藓 *Leucobryum boninense* Sull & Lesq.，中国特有种，产于湖北省宣恩七姊妹山（李作洲，2004）。

72. 粗叶青毛藓 *Dicranodontium asperulum*（Mitt.）Broth.，产于湖北省神农架（刘胜祥，1999）、宜昌大老岭森林公园（李粉霞，2006）、武汉、咸宁、恩施等地。

73. 瘤叶青毛藓 *Dicranodontium papillifolium* C. Gao，产于湖北省通山九宫山（郑桂灵，2002）。

74. 山地青毛藓 *Dicranodontium didictyon*（Mitt.）A. Jaeger，产于湖北省西南部（杨志平，2006）。

75. 孔网青毛藓 *Dicranodontium porodictyon* Cardot & Thér.，产于湖北省宣恩七姊妹山（余夏君，2019）。

十五、凤尾藓科 Fissidentaceae

76. 粗柄凤尾藓 *Fissidens crassipes* Wilson ex Bruch & Schimp.，产于湖北省五峰后河（彭丹，2002）。

77. 黄叶凤尾藓 *Fissidens crispulus* Brid.，产于湖北省利川星斗山（王小琴，2006）。

78. 二形凤尾藓 *Fissidens geminiflorus* Dozy & Molk.，产于湖北省五峰后河（彭丹，2002）、浠水三角山（赵文浪，2002）、通山九宫山（郑桂灵，2002）等地。

79. 黄边凤尾藓 *Fissidens geppii* M. Fleisch.，产于湖北省宣恩七姊妹山（余夏君，2019）。

80. 拟狭叶凤尾藓 *Fissidens kinabaluensis* Z. Iwats.，产于湖北省宜昌大老岭（李粉霞，2006）。

81. 粗肋凤尾藓 *Fissidens pellucidus* Hornsch.，产于湖北省利川星斗山（王小琴，2004）。

82. 狭叶凤尾藓 *Fissidens wichurae* Broth. & M. Fleisch.，产于湖北省宣恩七姊妹山（余夏君，2019）。

十六、丛藓科 Pottiaceae

83. 阔叶丛本藓 *Anoectangium clarum* Mitt.，产于湖北省西南部（彭涛，2006）。

84. 卷叶丛本藓 *Anoectangium thomsonii* Mitt.，中国特有种，产于湖北省（彭春良，2000）、浠水三角山（赵文浪，2002；黄绢，2003）、神农架（刘胜祥，1999）。

85. 小扭口藓 *Barbula indica* (Willd. ex Schrad.) Spreng.，产于湖北省（余夏君，2019）。

86. 钝头红叶藓 *Bryoerythrophyllum brachystegium* (Besch.) K. Saito，产于湖北省（彭春良，2000）。

87. 云南红叶藓 *Bryoerythrophyllum yunnanense* (Herzog) P. C. Chen，产于湖北省（彭春良，2000）。

88. 红对齿藓 *Didymodon asperifolius* (Mitt.) Crum.，产于湖北省五峰后河（彭丹，2002）。

89. 尖叶对齿藓 *Didymodon constrictus* (Mitt.) K. Saito，产于湖北省西南部（彭涛，2007）。

90. 锯齿藓 *Didymodon erosodenticulatus* (Müll. Hal.) K. Saito，产于湖北省西南部（杨志平，2006）。

91. 北地对齿藓 *Didymodon fallax* (Hedw.) R. H. Zander，产于湖北省西南部（彭涛，2007）。

92. 溪边对齿藓 *Didymodon rivicola* (Broth.) R. H. Zander，中国特有种，产于湖北省神农架（刘胜祥，1999）。

93. 剑叶对齿藓 *Didymodon rufidulus* (Müll. Hal.) Broth.，中国特有种，产于湖北省（彭春良，2000）、五峰后河（彭丹，2002）、神农架（郑敏，2018）。

94. 土生对齿藓 *Didymodon vinealis* (Brid.) Zand. 产于湖北省（彭春良，2000）、湖北省西南部（杨志平，2006）。

95. 钩喙净口藓 *Gymnostomum curvirostre* Hedw. ex Brid. ，产于湖北省神农架（刘胜祥，1999）、宜昌（彭丹，2002）、咸宁。

96. 云南圆口藓 *Gyroweisia yunnanensis* Broth. ，产于湖北省神农架（刘胜祥等，1999）

97. 立膜藓 *Hymenostylium recurvirostrum* （Hedw.）Dixon，产于湖北省（彭春良，2000）、团风大崎山（项俊，2006）、湖北省西南部（杨志平，2006）等地。

98. 厚壁薄齿藓 *Leptodontium flexifolium* （Dicks.）Hampe ex Lindb. ，产于湖北省西南部（杨志平，2006）。

99. 薄齿藓 *Leptodontium viticulosoides* （P. Beauv.）Wijk & Margad. ，产于湖北省五峰后河（彭丹，2002）。

100. 高山大丛藓 *Molendoa sendtneriana* （Bruch & Schimp.）Limpr. ，产于湖北省神农架（刘胜祥，1999）。

101. 侧立藓 *Molendoa schliephackei* （Limpr.）R. H. Zander，产于湖北省五峰后河（彭丹，2002）、神农架（郑敏，2018）。

102. 小反纽藓 *Timmiella diminuta* （Müll. Hal.）P. C. Chen，产于湖北省宣恩七姊妹山（余夏君，2019）。

103. 折叶纽藓 *Tortella fragilis* （Drumm.）Limpr. ，产于湖北省神农架（刘胜祥，1999）、湖北省（彭春良，2000）。

104. 纽藓 *Tortella humilis* （Hedw.）Jenn. ，产于湖北省神农架（刘胜祥，1999）、五峰后河（彭丹，2002）、浠水三角山（赵文浪，2002）。

105. 长叶纽藓 *Tortula subulata* Hedw. ，产于湖北省武汉（范苗等，2017）、湖北省西南部（彭涛，2006）、黄石（姚发兴，2003）等地。

106. 丛藓 *Tortula truncata* （Hedw.）Mitt. ，产于湖北省神农架（刘胜祥，1999）、黄石（姚发兴，2003）。

107. 短齿丛藓 *Tortula modica* Zand，产于湖北省神农架（刘胜祥，1999）、湖北省西南部（彭涛，2006）、黄石（姚发兴，2003）等地。

108. 卷叶毛口藓 *Trichostomum hattorianum* B. C. Tan & Z. Iwats. ，产于湖北省团风大崎山（项俊，2006）、湖北省西南部（杨志平，2006）等地。

109. 阔叶毛口藓 *Trichostomum platyphyllum* （Broth. ex Ihsiba）P. C. Chen，产于湖北省五峰后河（彭丹，2002）、团风大崎山（项俊，2006）、湖北省西南部（杨志平，2006）。

110. 舌叶毛口藓 *Trichostomum sinochenii* Redf. & B. C. Tan，中国特有种，产于湖北省西南部（彭涛，2006）。

111. 芒尖毛口藓 *Trichostomum zanderi* Redf. & B. C. Tan，中国特有种，产于湖北省（彭春良，2000）。

112. 芽胞赤藓 *Syntrichia gemmascens* （P. C. Chen）R. H. Zander，产于湖北省团风大崎山（项俊，2006）、湖北省西南部（杨志平，2006）。

113. 膜口藓 *Weissia brachycarpa* （Nees & Hornsch.）Jur. ，产于湖北省武汉（范苗等，2017）、五峰后河（彭丹，2002）。

114. 东亚小石藓 *Weissia exserta*（Broth.）P. C. Chen，产于湖北省通山九宫山（郑桂灵等，2002）、湖北省西南部（杨志平，2006）、武汉（范苗等，2017）、宣恩七姊妹山（余夏君，2019）等地。

115. 闭口藓 *Weissia longifolia* Mitt.，产于湖北省通山九宫山（郑桂灵，2002）、宜昌大老岭（李粉霞，2006）。

116. 褶叶小墙藓 *Weisiopsis anomala*（Broth. et Par.）Broth.，产于湖北省五峰后河（彭丹，2002）、通山九宫山（郑桂灵等，2002）、湖北省西南部（彭涛，2006）等地。

117. 小墙藓 *Weisiopsis plicata*（Mitt.）Broth.，产于湖北省神农架（郑敏，2018）。

十七、珠藓科 Bartramiaceae

118. 泽藓 *Philonotis fontana* Brid.，产于湖北省宣恩七姊妹山（余夏君，2019）。

119. 仰叶热泽藓 *Breutelia dicranacea*（Müll. Hal.），产于湖北省宣恩七姊妹山。

120. 梨蒴珠藓 *Bartramia pomiformis* Hedw.，产于湖北省西南部（彭涛，2006）、神农架（刘胜祥，1999）等地。

121. 长柄藓 *Fleischerobryum longicolle*（Hampe.）Loeske，产于湖北省团风大崎山（项俊，2006）、湖北省西南部（彭涛，2006）。

十八、真藓科 Bryaceae

122. 皱蒴短月藓 *Brachymenium ptychothecium*（Besch.）Ochi.，产于湖北省西南部（彭涛，2006）、黄石（姚发兴，2003）等地。

123. 高山真藓 *Bryum alpinum* Huds. ex With.，产于湖北省黄冈浠水三角山（黄娟等，2003；王小琴等，2004；赵文浪等，2002）、宣恩县七姊妹山（余夏君，2019）等地。

124. 拟三列真藓 *Bryum pseudotriquetrum*（Hedw.）Gaertn.，产于湖北省五峰后河（彭丹，2002）、大冶（彭涛等，2006）、恩施星斗山（王小琴等，2010）、宣恩县七姊妹山（余夏君，2019）等地。

125. 毛状真藓 *Bryum apiculatum* Schwägr.，产于湖北省武汉（范苗等，2017）、宣恩七姊妹山（余夏君，2019）、咸宁九宫山（郑桂灵等，2002）等地。

126. 丛生真藓 *Bryum caespiticium* Hedw.，产于湖北省武汉（范苗等，2017）、宜昌大老岭（李粉霞等，2011）、神农架林区（刘胜祥，1999）、黄石大冶铜山口（彭涛等，2006）、咸宁九宫山（郑桂灵等，2002）等地。

127. 垂蒴真藓 *Bryum uliginosum*（Brid.）Bruch & Schimp.，产于湖北省黄冈龙王山（王小琴等，2004）、宣恩七姊妹山（余夏君，2019）等地。

128. 双色真藓 *Bryum dichotomum* Hedw.，产于湖北省武汉（范苗等，2017）、黄石大冶铜山口（彭涛，2006 & 2007）等地。

129. 平蒴藓 *Plagiobryum zieri*（Dicks. ex Hedw.）Lindb.，产于湖北省神农架（刘胜祥，1999）、团风大崎山（项俊，2006）、湖北省西南部（杨志平，2006）等地。

130. 大叶藓 *Rhodobryum roseum*（Hedw.）Limpr.，产于湖北省通山九宫山（郑桂灵等，2002）、大别山（项俊等，2007；2008）等地。

131. 狭边大叶藓 *Rhodobryum ontariense*（Kindb.）Paris，产于湖北省神农架（刘胜祥，1999）、黄冈大别山（项俊，2008）和通山九宫山（郑桂灵，2002）、神农架大九湖（郑敏等，2018）等地。

十九、缺齿藓科 Mielichhoferiaceae

132. 异芽丝瓜藓 *Pohlia leucostoma*（Bosch & Sande Lac.）M. Fleisch.，产于湖北省神农架（刘胜祥，1999）、湖北省西南部（彭涛，2006）和宜昌大老岭（李粉霞，2006）等地。

133. 卵蒴丝瓜藓 *Pohlia proligera*（Kindb. ex Breidl.）Lindb. ex Arnell，产于湖北省西南部（彭涛，2006）。

134. 南亚丝瓜藓 *Pohlia gedeana*（Bosch & Sande Lac.）Gangulee，产于湖北省宜昌大老岭（李粉霞，2006）。

135. 美广口藓 *Pohlia lescuriana*（Sull.）Ihsiba，产于湖北省浠水三角山（赵文浪，2002；黄绢，2003）等地。

136. 疣齿丝瓜藓 *Pohlia flexuosa* Harv.，产于湖北省西南部（杨志平，2006）、宜昌大老岭（李粉霞，2006）等地。

137. 白色广口藓 *Pohlia wahlenbergii*（F. Weber & D. Mohr）A. L. Andrews，产于湖北省通山九宫山（郑桂灵，2002）。

138. 多态丝瓜藓 *Pohlia minor* Schleich. ex Schwägr.，产于湖北省浠水三角山（赵文浪，2002）等地。

二十、提灯藓科 Mniaceae

139. 提灯藓 *Mnium hornum* Hedw.，产于湖北省宣恩七姊妹山。

140. 硬叶提灯藓 *Mnium stellare* Hedw.，产于湖北省恩施（彭涛，2006）、团风大崎山（项俊，2006）、宣恩七姊妹山（余夏君，2018）、宜昌市大老岭（李粉霞，2006）等地。

141. 密集匐灯藓 *Plagiomnium confertidens*（Lindb. et Arn.）T. Kop.，产于湖北省五峰后河（彭丹，2002）、神农架（刘胜祥，1999）等地。依据专家意见该种可能是在不同生态环境中的皱叶匐灯藓 *Plagiomnium arbusculum*（Müll. Hal.）T. J. Kop. 的变形。

142. 匐灯藓 *Plagiomnium cuspidatum*（Hedw.）T. Kop.，产于湖北省五峰后河（彭丹，2002）等地。

143. 全缘匐灯藓 *Plagiomnium integrum*（Bosch et S. Lac.）T. Kop.，产于湖北省武汉（范苗，2017）、五峰后河（彭丹，2002）、神农架（刘胜祥，1999）、宣恩七姊妹山（余夏君，2019）等地。

144. 钝叶匐灯藓 *Plagiomnium rostratum*（Schrad.）T. J. Kop.，产于湖北省五峰后河、神农架、黄石、通山九宫山等地。

145. 多蒴匐灯藓 *Plagiomnium medium*（Bruch & Schimp.）T. J. Kop.，产于湖北省西部（杨志平，2006）等。

146. 粗齿匐灯藓 *Plagiomnium drummondii*（Bruch & Schimp.）T. J. Kop.，产于湖北省神农架（刘胜祥，1999）等地。

147. 毛齿匐灯藓 *Plagiomnium tezukae*（Sakurai）T. J. Kop.，产于湖北省神农架（刘胜祥，

1999)等地。

148. 吴氏匐灯藓 *Plagiomnium wui*（T. J. Kop.）Y. J. Yi & S. He，中国特有种，产于湖北省神农架宋洛山（衣艳君，2014）。

149. 毛灯藓 *Rhizomnium punctatum*（Hedw.）T. J. Kop.，产于湖北省五峰后河（彭丹，2002)等地。

二十一、壶藓科 Splachnaceae

150. 德氏小壶藓 *Taloria rudolphiana*（Garov.）Bruch & Schimp. 产于湖北省恩施大峡谷（衣艳君，2020）。

二十二、桧藓科 Rhizogoniaceae

151. 大桧藓 *Pyrrhobryum dozyanum*（Sande Lac.）Manuel，产于湖北省西南部等地（洪柳，2019）。

参 考 文 献

[1] 陈邦杰.中国藓类植物属志上册[M].北京:科学出版社,1963.

[2] 陈邦杰.中国藓类植物属志下册[M].北京:科学出版社,1978.

[3] 吴鹏程.苔藓植物生物学[M].北京:科学出版社,1998.

[4] 胡人亮.苔藓植物学[M].北京:高等教育出版社,1987.

[5] 高谦.中国苔藓志第一卷[M].北京:科学出版社,1994.

[6] 高谦.中国苔藓志第二卷[M].北京:科学出版社,1996.

[7] 黎兴江.中国苔藓志第三卷[M].北京:科学出版社,2000.

[8] 黎兴江.中国苔藓志第四卷[M].北京:科学出版社,2006.

[9] 吴鹏程,贾渝.中国苔藓志第五卷[M].北京:科学出版社,2011.

[10] 吴鹏程.中国苔藓志第六卷[M].北京:科学出版社,2002.

[11] 胡人亮,王幼芳.中国苔藓志第七卷[M].北京:科学出版社,2005.

[12] 高谦.中国苔藓志第八卷[M].北京:科学出版社,2004.

[13] 高谦.中国苔藓志第九卷[M].北京:科学出版社,2003.

[14] 高谦,吴玉环.中国苔藓志第十卷[M].北京:科学出版社,2008.

[15] 高谦,吴玉环.中国苔纲和角苔纲植物属志[M].北京:科学出版社,2010.

[16] 吴鹏程.中国苔藓图鉴[M].北京:中国林业出版社,2017.

[17] 赵遵田,曹同.山东苔藓植物志[M].济南:山东科学技术出版社,1998.

[18] 白学良.内蒙古苔藓植物志[M].呼和浩特:内蒙古大学出版社,1997.

[19] 熊源新.贵州苔藓植物志第一卷[M].贵阳:贵州科技出版社,2014.

[20] 熊源新.贵州苔藓植物志第二卷[M].贵阳:贵州科技出版社,2014.

[21] 熊源新,曹威.贵州苔藓植物志第三卷[M].贵阳:贵州科技出版社,2018.

[22] 吴德邻,张力.广东苔藓志[M].广州:广东科技出版社,2018.

[23] 张力,贾渝,毛俐慧.中国苔藓植物野外识别手册[M].北京:商务印书馆,2016.

[24] 赵建成,刘永英.中国广义真藓科分类学研究[M].石家庄:河北科学技术出版社,2021.

[25] 马文章,喻智勇.云南金平分水岭苔藓植物野外识别手册[M].昆明:云南美术出版社,2020.

[26] XIANG J, FANG YP, LIU SX, et al. The study on the bryophytes of the dabie mountains in Luotian county, Hubei province,China[C]. 中国苔藓植物学奠基人陈邦杰先生百年诞辰国际学术研讨会论文集. 2005:81.

[27] 王小琴,项俊,王巧燕,等.黄冈龙王山藓类植物区系初步研究[J].黄冈师范学院学报,2004(3):65-69.

[28] 姚发兴,洪文.黄石地区苔藓植物资源的初步调查和研究[J].湖北师范学院学报(自然科学版),2003(4):61-64.

［29］ 黄娟,刘胜祥,喻融,等.湖北苔藓植物资源研究:浠水三角山地区苔藓植物区系研究[J].江西科学,
　　　 2003(1).41-45.

［30］ 彭丹,刘胜祥,吴鹏程.中国叶附生苔类植物的研究(八):湖北后河自然保护区的叶附生苔类[J].武
　　　 汉植物学研究,2002(3):199-201.

［31］ 刘胜祥,彭丹,王克华,等.湖北苔藓植物资源研究:湖北发现叶附生苔[J].华中师范大学学报(自然
　　　 科学版),2001(3):330,337.

［32］ 刘双喜,彭丹,秦伟,等.湖北苔藓植物资源研究:武汉苔藓植物区系[J].华中师范大学学报(自然科
　　　 学版),2001(3):326-329.

［33］ 洪柳,余夏君,吴林,等.鄂西南国家级自然保护区群:苔藓植物多样性保护的重要场所[J].广西植
　　　 物,2021,41(03):438-446.

［34］ 洪柳.清江流域苔藓植物多样性及区系地理研究[D].湖北民族大学,2020.

［35］ 余夏君.湖北七姊妹山国家级自然保护区苔藓植物区系及多样性研究[D].湖北民族大学,2019.

［36］ 余夏君,刘雪飞,洪柳,等.湖北七姊妹山国家级自然保护区苔类植物区系[J].浙江农林大学学报,
　　　 2019,36(01):38-46.

［37］ 余夏君,刘雪飞,洪柳,等.湖北苔类植物名录[J].湖北农业科学,2018,57(23):109-117.

［38］ 余夏君,刘雪飞,洪柳,等.不同干扰程度下苔藓植物物种组成差异性研究:以恩施区为例[J].湖北林
　　　 业科技,2018,47(04):63-66＋71.

［39］ 范苗,伍玉鹏,胡荣桂,等.武汉城区苔藓植物多样性和分布及与环境因子的关系[J].植物科学学报,
　　　 2017,35(06):825-834.

［40］ 李粉霞,汪楣芝,贾渝.湖北宜昌大老岭国家自然保护区苔藓名录(英文)[C]//. Chenia:Contributions
　　　 to Cryptogamic Biology,2011,10:60-67.

［41］ 项俊,孙灿,胡章喜,等.鄂东大别山苔藓植物资源研究[J].湖北农业科学,2008(01):36-38.

［42］ 王小琴,刘胜祥,马俊改.湖北星斗山国家级自然保护区药用苔藓植物的研究[J].江西科学,2007
　　　 (05):648-650.

［43］ 项俊,胡章喜,方元平,等.湖北罗田大别山药用苔藓植物资源研究[J].安徽农业科学,2007(04):
　　　 1083-1084＋1088.

［44］ 项俊,胡章喜,方元平,等.湖北团风大崎山苔藓植物名录(英文)[J].黄冈师范学院学报,2006(06):
　　　 47-53＋78.

［45］ 项俊,胡章喜,方元平,等.湖北黄冈大崎山药用苔藓植物调查研究[J].生态科学,2006(05):405-407.

［46］ 杨志平.鄂西南地区苔藓植物物种多样性及区系研究[D].贵阳:贵州大学,2006.

［47］ 马俊改.湖北星斗山国家级自然保护区苔类植物初步研究[D].武汉:华中师范大学,2006.

［48］ 王小琴.湖北星斗山国家级自然保护区藓类植物的初步研究[D].武汉:华中师范大学,2006.

［49］ 马俊改,刘胜祥,王小琴.神农架国家级自然保护区药用苔藓植物的研究[J].中国野生植物资源,
　　　 2005(06):14-17.

［50］ 李作洲,黄宏文,唐登奎,等.湖北后河国家级自然保护区生物多样性及其保护对策[C].中国生物多
　　　 样性保护与研究进展:第六届全国生物多样性保护与持续利用研讨会论文集.2004:188-209.

［51］ 吴展波,李俊,刘胜祥.湖北苔藓植物资源研究:武汉马鞍山森林公园马尾松林苔藓植物群落的研究
　　　 [J].湖北林业科技,2003(04):8-11.

［52］ 郑桂灵,刘胜祥,陈桂英,等.湖北九宫山藓类植物垂直分布的初步研究[J].武汉植物学研究,2002
　　　 (06):429-432.

[53] 彭丹. 湖北后河国家级自然保护区藓类植物区系及生态群落的初步研究[D]. 武汉:华中师范大学,2002.

[54] 刘双喜,彭丹,秦伟,等. 湖北苔藓植物资源研究:武汉苔藓植物区系[J]. 华中师范大学学报(自然科学版),2001(03):326-329.

[55] 刘胜祥,彭丹,王克华,等. 湖北苔藓植物资源研究:湖北发现叶附生苔[J]. 华中师范大学学报(自然科学版),2001(03):330-337.

[56] 刘胜祥,田春元,吴金清,等. 湖北苔藓植物资源的研究 I. 神农架地区苔藓植物的种类和分布(英文)[J]. 华中师范大学学报(自然科学版),1999(03):420-434.

[57] 彭丹,彭光银,彭亚军,等. 神农架国家级自然保护区提灯藓科植物资源的研究[J]. 华中师范大学学报(自然科学版),1998(03):91-97.

[58] 田春元,刘胜祥,雷耘. 神农架国家级自然保护区苔藓植物区系初步研究[J]. 华中师范大学学报(自然科学版),1998(02):86-89.

[59] 伊丽娜. 蒙古高原丛藓科买氏藓亚科植物的分类学研究[D]. 呼和浩特:内蒙古大学,2020.

[60] 刘晶晶. 蒙古高原毛口藓亚科和反纽藓亚科植物的分类学研究及腋毛在丛藓科中的分类学意义[D]. 内蒙古大学,2020.

[61] 苏日娜. 蒙古高原丛藓科丛藓族植物的分类学研究[D]. 呼和浩特:内蒙古大学,2019.

[62] 乌吉斯古楞. 蒙古高原丛藓科湿地藓族植物的分类学研究[D]. 呼和浩特:内蒙古大学,2019.

[63] 刘永英,赵建成,牛玉璐,等. 中国广义真藓科研究进展[C]//中国植物学会八十五周年学术年会论文摘要汇编(1993—2018),2018:291-292.

[64] HODGETTS NG,SÖDERSTRÖM L,BLOCKEEL TL,et al. 2020. An annotated checklist of bryophytes of Europe,Macaronesia and Cyprus[J]. Journal of Bryology. 42(1):1-116.

[65] 魏青永. 中国亚热带东部地区凤尾藓属(Fissidens)植物的多样性和地理分布研究[D]. 上海:上海师范大学,2016.

[66] 任冬梅. 中国丛藓科植物系统分类及区系地理分布研究[D]. 呼和浩特:内蒙古大学,2012.

[67] 邓坦. 贵州牛毛藓科、凤尾藓科植物分类及区系研究[D]. 贵阳:贵州大学,2009.

[68] 梁阿喜. 贵州曲尾藓科(Dicranaceae)植物分类及区系研究[D]. 贵阳:贵州大学,2009.

[69] 赵东平. 内蒙古丛藓科植物系统分类及区系研究[D]. 呼和浩特:内蒙古大学,2008.

[70] 曹娜. 中国北方真藓科(Bryaceae,Musci)植物分类学研究[D]. 石家庄:河北师范大学,2008.

[71] 古丽妮尔尔·穆太力普. 新疆曲尾藓科(Dicranaceae)植物的分类与区系研究[D]. 乌鲁木齐:新疆大学,2020.

[72] 燕丽梅. 山东真藓科苔藓植物研究[D]. 济南:山东师范大学,2017.

[73] 张娇娇. 广东和海南牛毛藓科、珠藓科及指叶苔科植物研究[D]. 上海:上海师范大学,2010.

[74] 曹娜,赵建成. 真藓科(Musci:Bryaceae)芽胞形态特征及其分类学意义[J]. 植物研究,2009,29(03):264-269.

[75] 牛燕. 翠华山苔藓植物区系及真藓属植物研究[D]. 西安:西北大学,2009.

[76] 陈秋艳,王虹. 新疆天山一号冰川10种真藓属植物叶片结构的研究[J]. 植物研究,2016,36(06):818-826.

[77] CAO T,ZHU RL,GUO SL,et al. A brief report of the first red list of endangered bryophytes in China[J]. Bulletin of Botanical Research,2006,26,756-762.

[78] 曹同,朱瑞良,郭水良,等. 中国首批濒危苔藓植物红色名录简报[J]. 植物研究,2006,26:756-762.

[79] 王晓蕊,黄士良,李敏,等.河北芦荟藓属和盐土藓属植物初步研究[J].西北植物学报,2014,34(02):404-410.

[80] 古丽尼尕尔·塔依尔,买买提明·苏来曼.新疆毛灯藓属的种类与分布(纤细毛灯藓、圆叶毛灯藓、拟毛灯藓与毛灯藓)[J].华中师范大学学报(自然科学版),2020,54(05):849-856.

[81] 古丽尼尕尔·塔依尔.新疆提灯藓科(Mniaceae)植物的分类学研究[D].乌鲁木齐:新疆大学,2020.

[82] 买买提明·苏来曼,艾尼瓦尔·阿不都热衣木,尤丽突孜·卡德尔亚搁玛,等.新疆提灯藓科(Mniaceae)植物的种类与分布[J].干旱区地理,2010,33(04):547-556.

[83] 王桂花,谢树莲,刘晓铃,等.山西提灯藓科植物的研究[J].山西大学学报(自然科学版),2010,33(03):430-435.

[84] 刘卓.中国紫萼藓科(Grimmiaceae)植物分子系统学研究[D].齐齐哈尔:齐齐哈尔大学,2012.

[85] 尹倩平.世界缩叶藓属(*Ptychomitrium*)植物分子系统学初步研究[D].上海:上海师范大学,2011.

[86] 魏博嘉,张学文,王幼芳,等.青藓科(Brachytheciaceae)植物假鳞毛形态及其分类学意义[J].植物研究,2022,42(05):733-740.

[87] 魏倩倩.新疆柳叶藓科、青藓科和灰藓科植物分类及区系[D].上海:华东师范大学,2014.

[88] 于宁宁.耳平藓属(*Calyptothecium*)的分类学修订[D].石家庄:河北师范大学,2011.

[89] 杭璐璐.中国平藓属的分类学研究[D].杭州:浙江农林大学,2012.

[90] 左勤.东亚棉藓属(*Plagiothecium*)的分类学修订及分子系统学研究[D].上海:华东师范大学,2012.

[91] 裴林英.蔓藓属(*Meteorium*)的分类学修订[D].上海:华东师范大学,2010.

[92] 朱永青.东亚地区绢藓属(*Entodon*)植物分类学和分子系统学研究[D].上海:华东师范大学,2009.

[93] 于宁宁.裸帽藓属 *Groutiella Steere* 的分类学修订[D].济南:山东师范大学,2008.

[94] 季必金.贵州木灵藓科(Orthotrichaceae)植物分类及区系研究[D].贵阳:贵州大学,2008.

[95] 潘峰.贵州锦藓科(Sematophyllaceae)植物分类及区系研究[D].贵阳:贵州大学,2007.

[96] 贾渝.小锦藓属的分类学修订[D].成都:四川大学,2006.

[97] 李成梅.藓类植物羽藓科及其相关科属分子系统学研究[D].北京:首都师范大学,2004.

[98] 章为平.中国合叶苔属(*Scapania*)的系统分类学研究[D].上海:华东师范大学,2017.

[99] 毕行风.片叶苔属 *Riccardia* 的分子系统发育[D].上海:华东师范大学,2020.

[100] 尹相博.中国绿片苔科 Aneuraceae 的分类学修订[D].上海:华东师范大学,2017.

[101] 李友军.中国疣鳞苔属(*Cololeieunea*)的分类学修订[D].上海:华东师范大学,2016.

[102] 邱琼.冠鳞苔属(*Lopholejeunea*)的分子系统发育和分类[D].上海:华东师范大学,2014.

[103] 王健.中国细鳞苔科植物的分类学研究[D].上海:华东师范大学,2010.

[104] 叶文.唇鳞苔属(*Cheilolejeunea*)的分子系统学研究[D].上海:华东师范大学,2011.

[105] 周国艳.中国裂萼苔属—异萼苔属—齿萼苔属类群植物的分类修订[D].杭州:杭州师范大学,2011.

[106] PROMMA C.扁萼苔属荞夷扁萼苔亚属(*Amentuloradula*)的分类学和系统发育学[D].上海:华东师范大学,2020.

[107] 张莉娜.中国扁萼苔属 *Radula* 的系统分类学研究[D].上海:华东师范大学,2016.

[108] 刘胜祥,郑敏,邓长胜.湖北五峰后河国家级自然保护区地衣和苔藓植物图谱[M].武汉:湖北科学技术出版社,2023.

[109] 曹同.苔藓教授的思忆杂记[M].武汉:湖北科学技术出版社,2022.

[110] 冯永.苔[M].济南:济南出版社,2020.

[111] 张力,左勤,毛俐慧.苔藓之美(增订本)[M].南京:江苏凤凰科学技术出版社,2019.

［112］ 张力,左勤,洪宝莹. 植物王国的小矮人(中英文版)［M］.广州:广东科技出版社.2015.

［113］ 陈圆圆,郭水良,曹同.藓类植物的无性繁殖及其应用［J］.生态学杂志,2008,27(6):993-998.

［114］ BEDNAREK-OCHYRA H,SAWICKI J,OCHYRA R,et al. Dilutineuron,a new moss genus of the subfamily Racomitrioideae (Grimmiaceae,Bryophyta)［J］. Acta Musei Silesiae Scientiae Naturales,2015,64:163-168.

［115］ FEDOSOV VE, FEDOROVA AV, LARRAÍN J，et al. Unity in diversity:phylogenetics and taxonomy of Rhabdoweisiaceae (Dicranales, Bryophyta)［J］. Botanical Journal of the Linnean Society,2021,195(4):545-567.

［116］ 赵建成,刘永英.中国广义真藓科植物分类学研究［M］.石家庄:河北科学技术出版社,2021.

［117］ LIU YY,QUAN YP,WU YH. A new moss species from northwestern China: *Bryum glacierum* (Bryaceae)［J］. Phytotaxa,2021,510(2):148-15.

［118］ 刘永英,柴晓亮,廖雨佳,等. 中国藓类新记录种:马氏真藓［J］.植物科学学报,2023,41(02):159-165.

［119］ 刘永英,黄文专,舒蕾,等. 奥地利真藓:中国新记录种［J］.西北植物学报,2022,42(12):2152-2157.

［120］ WANG XR, LI M,SPENCE JR,et al. *Haplodontium altunense* (Bryaceae, Bryopsida), a new moss species from Northwest China［J］. Phytokeys, 2021,183:9-19.

［121］ FEDOSOV VE, FEDOROVA AV, IGNATOVA EA, et al. New taxonomic arrangement of Dicranella s. l. and Aongstroemia s. l. (Dicranidae, Bryophyta)［J］. Plants,2023,12(6):1360.

［122］ YI YJ, XIAO XX, Xu XX, et al. Revisit of European-Asiatic connections in *Tayloria rudolphiana* (Splachnaceae, Bryophyta) based on molecular data and new morphological evidence［J］. Phytotaxa,2020,438(4):247-255.

［123］ YI Y J, HE S. *Plagiomnium wui* (Mniaceae), a New Combination from Hubei, China［J］. A Journal for Botanical Nomenclature,2014,23(4):494-498.

［124］ YI Y J, XIAO XX, WU L, et al. Molecular data affirming a new occurrence of *Encalypta streptocarpa* (Encalyptaceae, Bryophyta) in Central China.［J］. Herzogia, 2020,33(2):309-318.

中文名索引

九　　画

十　　画

十一画

十二画

十三画

十五画

十八画

二十画

拉丁名索引